ERINNERUNGEN
BEKENNTNISSE UND BETRACHTUNGEN

VON

GOTTLIEB HABERLANDT

MIT 8 ABBILDUNGEN
UND EINEM BILDNIS

Springer-Verlag Berlin Heidelberg GmbH
1933

ISBN 978-3-662-35910-5   ISBN 978-3-662-36740-7 (eBook)
DOI 10.1007/978-3-662-36740-7

DEM ANDENKEN MEINES SOHNES

LUDWIG

WIDME ICH DIESES BUCH

Vorwort.

Als ich vor einigen Jahren, von Frau und Kindern aufgemuntert, anfing, meine Lebenserinnerungen niederzuschreiben, da hatte ich noch nicht die Absicht, sie auch drucken zu lassen. Je mehr aber die Arbeit fortschritt, die mir Freude machte, desto mehr wurde der Wunsch in mir rege, auch meinen Freunden, Kollegen, Fachgenossen und Schülern zu erzählen, wie es mir im Leben ergangen ist, und was ich wissenschaftlich erstrebt und erreicht habe. Ich kann doch von mancherlei berichten, was lesenswert ist, und wenn ich in den Gang der Erzählung ernste und heitere Anekdoten einstreue, so wird das eine erwünschte Abwechslung sein.

Da ich bis zum Weltkriege kein Tagebuch geführt habe, so mußte ich mich auf mein Gedächtnis verlassen, das mich nur selten im Stiche ließ. Auch standen mir Aufzeichnungen über meine Vorfahren zur Verfügung. Bei der Niederschrift in chronologischer Folge habe ich noch nicht an die Einteilung des reichen Stoffes gedacht, sondern unbekümmert Seite an Seite gereiht. Darum verursachte mir am Schlusse die Gliederung in einzelne Kapitel einiges Kopfzerbrechen. Nicht immer scharf abgegrenzt folgen sie nun in bunter Reihe aufeinander, und der freundliche Leser mag sich nach Geschmack auswählen, was ihn am meisten lockt. Möge er das Buch wohlwollend gesinnt aus der Hand legen.

Berlin-Wilmersdorf, Weihnachten 1932.

G. HABERLANDT.

Inhaltsverzeichnis.

Erstes Buch.
Die Heimat.

Am 28. November 1854 wurde ich in einem Turmzimmerchen des Schlosses zu Ungarisch-Altenburg geboren. Der stattliche Marktflecken, Hauptort des Wieselburger Komitates, liegt in der kleinen ungarischen Tiefebene, nahe der Mündung der Leitha in den Donauarm, der die „kleine Schüttinsel“ südlich begrenzt. Das alte Schloß, das der Sage nach auf den Trümmern eines römischen Kastells errichtet worden und zur Zeit der Türkenkriege der Schauplatz heftiger Kämpfe war, ist ein unregelmäßiger Viereckbau mit mächtigen Türmen als Eckpfeilern. Er repräsentierte das Hauptgebäude der k. k. höheren landwirtschaftlichen Lehranstalt, an der mein Vater als Professor gewirkt hat. Zahlreiche Wirtschaftsgebäude, Scheunen und Stallungen, viele Gärten und ein ansehnlicher Teich umgaben das Schloß, worin meine Eltern gleich der Mehrzahl der übrigen Professorenfamilien, eine Dienstwohnung besaßen.

Ungarisch-Altenburg zählte in meiner Kindheit etwa 2500 Einwohner, der großen Mehrzahl nach Deutsche, wenn sie sich auch mehr oder minder ausgesprochen als Ungarn fühlten. Der Ort hatte den Charakter eines architektonisch reizlosen ungarischen Landstädtchens. In seiner Mitte die katholische Pfarrkirche mit ihrem Barockturm, unweit davon das bescheidene Türmchen des in die Häuserreihe eingebauten Piaristenklosters. Als dem Sitz der Komitatsbehörden wohnten in Ungarisch-Altenburg eine Anzahl ungarischer Beamter, außerdem aber auch der Wirtschaftsdirektor und andere Angestellte der großen Gutsherrschaft des Erzherzog ALBRECHT, des „Siegers von Custozza“. Fast die ganze nähere und weitere Umgebung bestand aus den land- und forstwirtschaftlichen Ländereien dieser Herrschaft, worin die Felder der landwirtschaftlichen Lehranstalt nur eine nicht eben große Insel bildeten. Erzherzoglich war auch die große „Hofmühle" und das Bräuhaus, dicht neben der Leitha gelegen. So kam es, daß es in Ungarisch-Altenburg zwar viele Landwirte, aber keine landwirtschaftlichen Gutsbesitzer gab und der Stock der Bevölkerung nur aus Kaufleuten und Handwerkern bestand. Einen besonderen Stempel drückten dem Orte natürlich die Hörer der landwirtschaftlichen Lehranstalt auf, der einzigen, die Österreich damals besaß. Aus dem ganzen Reiche, auch aus dem Auslande, strömten die Studierenden hier zusammen, teils Söhne von Großgrundbesitzern, teils Anwärter auf höhere landwirtschaftliche Beamtenstellen. Da der Unterrichtsbetrieb — natürlich wurde nur deutsch gesprochen — dem einer Hochschule entsprach, mit Vorlesungen, Demonstrationen, Übungen und Exkursionen, so fühlten sich die jungen Leute als Hochschulstudenten und bewiesen dies auch in Sitten und Gebräuchen. Es fehlte nicht an lustigen Studentenstreichen, und alljährlich wurde dem sehr beliebten Direktor der Anstalt an seinem Geburtstage ein solenner Fackelzug gebracht. Wenn sich nach Einbruch der Sommernacht die feurige Schlange, vom Qualm und Rauch der Pechfackeln verdüstert, vom Orte her gegen das Schloß zu wälzte, dann durchrieselte uns Kinder ein Wonneschauer und das stolze Gefühl der Zugehörigkeit zu der Anstalt, deren Direktor in so erhebender Weise gefeiert wurde.

Wenn man vom Markt gegen das Schloß zu schritt, passierte man zunächst eine Brücke über den Leithaarm, der für die Hofmühle die Wasserkraft lieferte. Neben der Brücke befand sich das von Professoren und Studenten vielbesuchte Kaffeehaus, aus dessen sonnig gelegenem Garten mein Vater eines Tages einige Palmenkeimpflanzen heimbrachte, die aus weggeworfenen Dattelkernen erwachsen waren. Ich erinnere mich noch sehr gut, wie enttäuscht ich war, als diese jungen Palmen nur schmale, grasartige Blätter trugen. Ging man dann weiter gegen das Schloß zu, so war es zunächst noch von einem ihm bogig vorgelagerten Erdwall verdeckt, dem Reste einstiger Befestigungsanlagen, der jetzt blühende Gärten trug, in seinem Innern aber ausgedehnte Eiskeller barg, worin die riesigen Bierfässer der erzherzoglichen Brauerei lagerten.

S. JOANNES BAPTISTA DE LA SALLE
Cong. Fratrum Schol. Christ. Fundator.

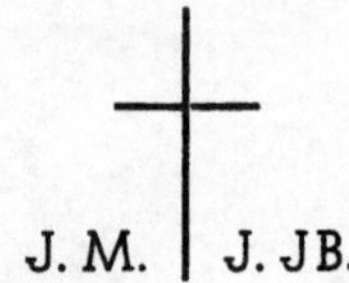

J. M. | J. JB.

„Wie könnte ich dem Herrn all das vergelten,
was er an mir getan hat."
Ps. 115, 3.

ERINNERUNG

an das

25JÄHR. ORDENSJUBILÄUM

des ehrwürdigen

Fr. THEODULF RAVE

F. S. C.

1922 · Fest Maria Empfängnis · 1947

O Jesus, der du in Maria lebst,
komm und lebe in meiner Seele!

Dieser Erdwall war von einem kurzen Tunnel, dem „Schwib-
bogen" durchbrochen. Hatte man ihn passiert, so stand man vor
der Hauptfront des Schlosses.

Da sah man vor sich eine bescheidene Parkanlage, eine Reihe
von Kugelakazien und dahinter den zweistöckigen Bau mit seinem
hohen Dache und grünen Fensterläden, flankiert von zwei großen,

Das Schloß zu Ungarisch-Altenburg.

plumpen, viereckigen Türmen, deren linker auf der Spitze eine
eiserne schwarzgelbe Wetterfahne trug. Darunter eine große
Scheibe, dem Zifferblatt einer Turmuhr ähnlich, auf der die vier
Himmelsrichtungen verzeichnet waren. Ein mächtiger Zeiger, der
im Sturme unruhig hin und her schwankte, gab die herrschende
Windrichtung an. Dies war der Apparat, an dem ich als Schul-
knabe meine ersten meteorologischen Beobachtungen anstellte.
Mein Lehrer hatte mir aufgetragen, täglich zweimal die Windrichtung abzulesen und in eine Tabelle einzutragen, die ich ihm
am Ende jeder Woche aushändigen mußte. Da aber die Tabellen
bald häufige Lücken aufwiesen, verzichtete er nach einer Strafpredigt auf die Fortsetzung der Eintragungen. — Durch das Schloß-

tor gelangte man in einen viereckigen Hof, dessen Pflaster meist kümmerlichen Graswuchs und mancherlei Unkraut trug, das sich zwischen den Steinen unausrottbar eingenistet hatte. In einer Ecke befand sich ein Ziehbrunnen und neben dem mittleren Eingang am rückseitigen Flügel des Schlosses, in dem die Hörsäle, Sammlungsräume und Laboratorien untergebracht waren, hing eine große Glocke; noch heute klingt mir ihr schriller Klang in den Ohren, wenn sie vom frühen Morgen an allstündlich die Studierenden zum Vorlesungsbesuche einlud.

Die elterliche Wohnung befand sich im ersten Stockwerk. Von ihren Räumen ist mir nur das Turmzimmerchen in Erinnerung geblieben, in dessen Erker meine Mutter so fleißig am Nähtisch saß, und der lange breite Gang, der auf der Hofseite sich längs der Zimmerflucht erstreckte. Hier tummelten sich die Kinder bei schlechtem Wetter, liefen mit einer jungen Trappe um die Wette, die einst mein Vater von der Jagd heimbrachte, übten sich im Blasrohrschießen und studierten, wenn sie endlich müde waren, die riesige Landkarte von Europa, die mein Vater auf eine Längswand geklebt hatte. Vom Hinterende des Ganges ging's in die geräumige Speisekammer, an die ich mich nur deshalb so deutlich erinnere, weil ich in einem langen Winter nach und nach einen großen Honigtopf fast ausgeschleckt habe, unter steten Gewissensbissen, die die einzige Strafe für diese Untat waren.

Von den Fenstern unserer Wohnung aus sahen wir auf kleine Hausgärten hinunter, die sich die Professorenfamilien nach und nach angelegt hatten. In unserem Garten verfolgte ich staunend das rasche Wachstum einiger Ailanthusbäume und mit noch größerem Staunen beobachtete ich die Reizbewegungen der Sinnpflanze, die mein Vater mit großer Sorgfalt auf einem kleinen Beete heranzog. Das war das erste pflanzenphysiologische Wunder, das mir begegnete und den lebhaften Wunsch in mir wachrief, den Ursachen dieser Erscheinung nachzuspüren. Je jünger man ist, desto höher sind die Ziele, die man sich ahnungslos steckt. — Hinter den Gärten lag die große Meierei der Lehranstalt, in der eine stattliche Anzahl von Kühen der Mariahofer Rasse gehalten und gezüchtet

wurde. Ich hatte immer meine helle Freude an den schönen
milchweißen Tieren mit ihren rosigen Mäulern, wenn sie zur Tränke
aus den Ställen in den großen Hof getrieben wurden. Und wenn
schließlich ganz allein der mächtige weiße Stier erschien, war meine
Freude mit bewundernder Angst gemischt. Hier war es auch, wo
mir zum ersten Male das Rätsel der Vererbung entgegentrat.
Eines Tages tauchte auf dem Hofe ein schwarzweiß geschecktes
Kalb auf, und bald folgten ihm andere von gleicher Färbung. Das
kam mir sehr sonderbar vor und den Meiersleuten, dem Guts-
verwalter und den Professoren noch weit mehr. Am Mittagstisch
erzählte nun nach einiger Zeit mein Vater der Gattin, unbekümmert
um die Kinderschar, die mit am Tisch saß — ich, der Älteste, war
damals etwa neun Jahre alt —, daß die Lösung des Rätsels gefunden sei. Dem milchweißen Stier, der in seinem Felle nicht *ein*
schwarzes Härchen aufwies, sei in den Rachen geguckt worden,
und da hätte man auf der Unterseite seiner Zunge ein kleines
kohlschwarzes Fleckchen entdeckt. Ich konnte mir freilich keinen
Reim darauf machen und meine Frage, was denn die schwarzen
Flecken im Fell der Kälber mit der Zunge des Stieres zu tun
hätten, blieb unbeantwortet.

Hinter der Meierei führte eine Brücke über die Leitha, in den
großen erzherzoglichen Park hinein, mit seinen herrlichen Baumgruppen, weiten Wiesen und vielem Strauchwerk, worin zur
Frühlingszeit die Nachtigallen schlugen. Das Interessanteste
waren aber dem Knaben einige Wassergräben mit ihrem mannig-
faltigen Getier, worunter Tritonen im Hochzeitskleide alljährlich
fürs Aquarium mit dem Schmetterlingsnetz herausgefischt wurden.
Vom Park aus gelangte man in den recht ausgedehnten botanischen
Garten, den zu besuchen uns Professorenkindern jederzeit gestattet war. Wir machten von dieser Erlaubnis auch fleißig Gebrauch, doch muß ich gestehen, daß mich der Blumenflor des
Gartens weniger interessierte als das Arboretum mit seinen Birn-
und Apfelbäumen. Am verlockendsten war aber die große Schottergrube im Hintergrund des Gartens, die mir einmal fast zum Ver-
hängnis wurde. Im Garten wurde zu Fuhrzwecken ein Esel ge-

halten. Eines Tages setzte mich ein Gärtnerbursche rittlings auf das Grautier und gab ihm einen tüchtigen Klaps. Im Galopp stürmte es davon, gerade auf die Schottergrube zu, indeß ich mich krampfhaft an seiner Mähne festzuklammern suchte. Knapp vor dem Absturz am Rande der Grube blieb das Untier plötzlich stehen, und ich flog im Bogen über die Eselsohren hinweg mitten in die Grube hinein, zum Glück auf einen großen Sandhaufen, von dem ich mich nach einer Weile verdutzt erhob. Als ich fast ein Menschenalter später in Kairo auf einem ebenso klugen wie vorsichtigen ägyptischen Esel durch das Straßengewühl ritt, oder im Mokattamgebirge an Steilabhängen vorüber, da mußte ich immer wieder an jenes tolle Abenteuer des Knaben denken, das leicht schlimm hätte enden können.

Über den Park und den botanischen Garten hinaus bin ich als Kind nur mit meinem Vater gekommen, den ich auf seinen Spaziergängen zuweilen begleiten durfte. Oft wanderten wir in die „Marktau" hinaus, wo im ersten Frühjahr so viele Schneeglöckchen blühten: Waldpartien wechselten mit Wiesen ab, und wenn wir weit genug vorgedrungen waren, lag der Donaustrom vor uns, mit seinen träge dahinfließenden, leise gurgelnden Wassern. Es überkam mich stets eine andächtige Stimmung, wenn ich am Ufer des Stromes stand und ringsherum eine große Stille war, nur selten unterbrochen vom Schrei eines Vogels, dem Klopfen des Spechts und anderen geheimnisvollen Naturlauten. Noch häufiger nahm mich mein Vater auf seinen Wanderungen durch die Felder der Umgebung mit, wo ich die Arbeit des Landwirts vom Frühjahr bis zum Herbst aufmerksam verfolgte. Auch die Anleitung zu minutiöser Naturbeobachtung fehlte nicht. Als mein Vater sich mit der Lebensweise der Weizengallmücke beschäftigte, die damals vielen Schaden anrichtete, handelte es sich u. a. darum, die Weibchen bei der Eiablage zu beobachten. Da lag ich stundenlang regungslos neben meinem Vater bäuchlings im Weizenfelde und war froh erregt, wenn ich ihm zuflüstern konnte, daß sich eben eine Mücke auf einen Halmknoten gesetzt hätte und Eier legen wolle. Überhaupt hat in den Kinderjahren die Tierwelt weit mehr meine Aufmerksamkeit erregt als die Pflanzenwelt, und wenn auch mein Vater mich zum Botanisieren ermunterte und mir die Anlegung eines Herbariums nahelegte, so hatte ich doch keine rechte Freude daran, und die Pflanzennamen, die ich vernahm, waren meist bald wieder vergessen. So bereitete es mir mehrmals eine arge Verlegenheit, wenn Studierende der landwirtschaftlichen Lehranstalt vor der Prüfung in Botanik, die sie bei meinem Vater abzulegen hatten, auf Spaziergängen mich um die Namen dieser oder jener Pflanzenart befragten, in der nicht unberechtigten Meinung, daß das Söhnchen eines Botanikers derlei Dinge wissen müsse, und ich nun beschämt meine Unkenntnis eingestehen mußte.

In zoologischen Dingen war ich aber schon 9—10 jährig wohlbeschlagen. Besonders war es die Vogelfauna der näheren und weiteren Umgebung, die ich leidenschaftlich beobachtete. Die Gelegenheit dazu war auch besonders günstig. Den Park bevölkerten zahlreiche Singvögel, deren Nester ich aufstöberte, an den Ufern der Leitha und der Donau gab's allerlei Wassergeflügel und aus den Sümpfen des „Hansag" brachte mein Vater oft die seltsamste Jagdbeute nach Hause, an deren Bestimmung ich eifrig teilnahm. Einmal, an einem nebligen Novembertag, schoß mein Vater sogar eine vermeintliche Mandelkrähe, die sich aber, als er den erlegten Vogel in der Hand hielt, als ein grün und blau gefiederter Papagei entpuppte, der seine Flucht aus dem Käfig mit dem Tode büßen mußte. Mich konnte nur die Versicherung meiner Eltern trösten, daß das arme Tier im kalten, nassen Novemberwetter ohnedies bald gestorben wäre. — Meine ornithologischen Kenntnisse erfuhren eine ansehnliche Bereicherung, als ich meinem Vater bei der Ordnung der großen Vogelsammlung im zoologischen Museum helfen durfte. Bei der sorgfältigen Revision der Bestimmungen wurde LEUNIS' Synopsis des Tierreiches zu Rate gezogen, und ich merkte mir gut die Artmerkmale einer großen Anzahl von Vogelspezies.

Der Anblick so vieler gut ausgestopfter Vögel erweckte in mir den heißen Wunsch, auch selbst ausstopfen zu können, und da ein Schüler meines Vaters sich auf diese Kunst sehr gut verstand, so wurde er gebeten, mich darin zu unterrichten. Es wurde ausgemacht, daß eine Taube aus dem Taubenschlage des Gutshofes für diesen Zweck geopfert werden sollte. Aus Versehen wurde sie nicht tot, sondern lebendig in die elterliche Wohnung geliefert. Nun sollte sie durch starken Druck unterhalb beider Flügel getötet werden. Niemand wollte sich dazu verstehen, ich am allerwenigsten, und als dann der Ausstopflehrer erschien, flehten wir ihn alle an, das schöne Tier am Leben zu lassen. Er stimmte lachend um so bereitwilliger zu, als meine Mutter der Taube bereits recht ausgiebig die Flügel gestutzt hatte, um sie zur Freude der Kinder dauernd an die Wohnung zu fesseln. Noch ein zweites Mal wurde ein Anlauf zur Erlernung des Vogelausstopfens gemacht, und zwar sollte es diesmal auf autodidaktische Weise geschehen. Auf meine Bitte hin brachten mir zwei Schulfreunde einen frisch gefangenen Stieglitz, wiederum lebend, und waren schon im Begriff, ihm vor meinen Augen den Hals umzudrehen, als mich wieder das Mitleid packte und dem Vögelchen das Leben rettete. Es wurde in einen alten Käfig gesperrt und war bald so zahm, daß es sich mit den Händen fassen ließ, auf Geheiß tot stellte, über den Finger sprang und der ganzen Familie jahrelang große Freude bereitete.

Mit Reptilien gab ich mich nicht viel ab. Der Eidechsenfang wurde mir verleidet, als mehrmals der abgebrochene Schwanz sich zuckend auf der Erde wand. Vor Schlangen hatte ich zu großen Respekt, und nur eine ausgewachsene Sumpfschildkröte wurde mir zu einer lieben Freundin. Es war ein merkwürdig kluges Tier, das frei in der ganzen Wohnung herumkriechen durfte und besonders gern die Küche aufsuchte. Hier kam sie einmal meiner Mutter unbequem in den Weg, die sie ärgerlich mit dem Fuße wegstieß. Seither floh sie vor dieser Gegnerin, so oft sie sie erblickte. Allein nicht nur Personen-, auch Ortskenntnis und Orientierungsvermögen besaß unser Liebling. Im Sommer pflegten wir ihn in den Hausgarten mitzunehmen und allabendlich heimzutragen. Eines Tages wurde letzteres vergessen und erst spät nach Sonnenuntergang erinnerte man sich des Versäumnisses. Ich flog die Treppe hinunter und fand nun an ihrem Fuße die Vergessene, die vergeblich die erste Stufe zu erklimmen versuchte. Sie hatte den Weg vom Garten, nachdem sie sich durch den lockeren Zaun gezwängt hatte, an dem Schloßturm vorüber durch das Tor und den Hof bis zur Treppe gefunden, obgleich sie ihn niemals vorher per pedes zurückgelegt hatte.

Auch mit Amphibien hatte ich mich befreundet. Daß ich fast alljährlich einem Laubfrosch als Wetterpropheten eine kleine Leiter schnitzte, war selbstverständlich. Interessanter waren mir aber die Wassermolche, von denen schon oben die Rede war. Auch mit Kaulquappen bevölkerte ich zuweilen mein Aquarium und einigemal gelang es mir sogar, ihre Verwandlung in kleine Frösche oder Kröten zu beobachten. — Größer noch war meine Freude an den Fischen des Schloßteiches und der Leitha, zumal sie mit Anglerkünsten gewürzt war. Wenn der Angelhaken auch nur aus einer umgebogenen Stecknadel bestand, der Schwimmer aus einem Korkpfropfen mit durchgezogener Federspule, so gelang mir doch oft genug ein glücklicher Fang. Namentlich waren es junge Barsche die ich erbeutete, oder auch Weißfischchen, „Lauben", wie wir sie nannten, einmal sogar ein kleiner Hecht, der freilich, von der Angel befreit und gewandter als ich, in das heimische Naß zurückschnellte. Auch mit der Hand wurde gefischt und mancher schlüpfrige Steinbeißer zwischen Sand und Schlamm herausgeholt und zu Hause dem Aquarium einverleibt. Daß auch Schnecken und Muscheln gesammelt, Käfer und Schmetterlinge gefangen, Wanzen, Asseln und Würmer wenigstens aufmerksam betrachtet wurden, mag schließlich auch noch erwähnt werden.

Die eingehendste Naturbeobachtung war aber mit der Aufzucht der Seidenraupen verknüpft. Als ich etwa zehn Jahre alt war, begann mein Vater seine Untersuchungen über die damals immer mehr um sich greifenden Krankheiten des Seidenspinners, dieses für die südlichen Provinzen Österreichs so wichtigen Insektes. Mehrere Jahre lang schenkte er mir im Frühling ein paar hundert Eier. Als die schwarzen Räupchen ausgeschlüpft waren, hieß es sie fleißig mit fein zerschnittenen Maulbeerblättern zu füttern, sorgsam umzubetten, auf ihre Häutungen zu achten und schließlich, wenn die erwachsenen Raupen das Futter zu verschmähen und unruhig herumzukriechen begannen, aus dürrem Reisig die Stätte zu bereiten, wo sie sich einspinnen konnten. Wenn dann die weißen und goldgelben Kokons herausgeholt waren, vergnügte ich mich stundenlang daran, die Seidenfäden in warmem Wasser auf eine selbst geschnitzte kleine Haspel aufzuwickeln und zum Schluß die glänzenden glatten Seidensträhnchen mit den Fingern streichelnd zu liebkosen. Der erzieherische Wert dieser Beschäftigung war nicht gering: Ordnungsliebe, Pünktlichkeit, Sorgfalt, Geduld, und Ausdauer wurden geübt, und der Gewinn, den ich daraus zog, ist mir später, ohne daß es mir bewußt wurde, oft zugute gekommen. Wo Maulbeerbäume gedeihen, sollten in den Schulen die Kinder zu solchen Übungen in der Seidenzucht ermuntert werden, die nicht minder erzieherisch wirken als die Blumenpflege in Schulgärten und auf Blumentischen.

So sprach in meinen Kinderjahren so gut wie nichts dafür, daß ich dereinst ein Botaniker werden sollte, alles dagegen dafür, daß ich zum Zoologen geboren sei. Wahrscheinlich wird es den meisten Botanikern in ihrer Kindheit so ergangen sein, wenigstens den Pflanzenphysiologen. Denn dem Kinde ist nur der Mensch und das Tier ein lebendes Wesen, für das Leben der Pflanze hat es noch kein Verständnis, höchstens ein dunkles Ahnen.

Die Vorfahren, Eltern und Geschwister.

Der Familienname HABERLANDT ist in Österreich und Ungarn sehr selten, in Norddeutschland dagegen häufig, wobei der Name entweder mit einfachem *d* oder mit *dt* geschrieben wird. Daraus darf gefolgert werden, daß unsere Familie im Mannesstamme aus Norddeutschland nach Ungarn, und zwar nach Preßburg eingewandert ist, wo bereits mein Urgroßvater ansässig war. Wann diese Einwanderung erfolgt ist, läßt sich nicht sagen. Wahrscheinlich erst nach der Reformationszeit, denn die Familie war evangelisch inmitten einer fast ausschließlich katholischen Bevölkerung.

Mein Urgroßvater GOTTLIEB CHRISTOPH HABERLANDT war Wirt, Besitzer des Gasthofes „Zum goldenen Kreuz" in Preßburg.

Näheres über ihn war nicht zu erfahren. Er besaß drei Kinder, zwei Söhne und eine Tochter. Der ältere Sohn GOTTLIEB, mein Großvater, wurde Handwerker, und zwar Bürstenbinder. In seiner Handwerksburschenzeit durchwanderte er große Teile Österreichs und Deutschlands und hielt sich längere Zeit in München auf, wo er u. a. mit dem bekannten Kupferstecher MONTMORILLON Freundschaft schloß. In jenen Zeiten besaß das Handwerk nicht nur einen goldenen Boden, seine Vertreter waren nicht selten auch Leute mit nicht geringer Bildung und vielseitigen Interessen. Zu diesen gehörte auch mein Großvater, der mir von meinen Eltern als ein sehr beweglicher, liebenswürdiger, heiterer Mann geschildert wurde. Zu Ende des 18. Jahrhunderts geboren, starb er schon 1855 nach kurzer Krankheit an Bauchfellentzündung, vermutlich nach einer akuten Perityphlitis. Auch ich erkrankte in gleichem Alter an diesem Übel, und nur eine rasche Operation rettete mir das Leben.

GOTTLIEB HABERLANDT verehelichte sich mit THERESE BIERMANN, deren Vater Bäckermeister in Preßburg war. Sie galt als eine tüchtige, strenge Frau, von kleiner zierlicher Gestalt, mit schwarzen Haaren und blauen Augen. Schon drei Jahre nach dem Tode ihres Mannes starb sie. Ich kann mich dunkel ihrer erinnern. Als kleiner Knabe erzählte ich einst meiner Mutter, daß ich vor langer Zeit in einem Garten mit grünen Sträuchern eine alte Frau gesehen hätte, die sich mir, der ich von einem Mädchen auf dem Arm getragen wurde, auf eine Krücke gestützt, langsam genähert hätte. Ich wäre sehr erschrocken gewesen und hätte geweint. Ob das wohl Wirklichkeit oder nur ein Traum war? Erstaunt gab mir die Mutter zur Antwort, daß das meine Großmutter gewesen sei, bei der wir, als ich etwa ein Jahr alt war, in Preßburg zu Besuch waren. Der Garten sei der großelterliche Weinberg gewesen. Das ist also meine früheste Kindererinnerung.

Meine Großeltern hatten sieben Kinder, vier Söhne und drei Töchter. Der älteste, GOTTLIEB, starb schon als Kind. Auch seine Schwester LUISE siechte schon in jungen Jahren dahin, nachdem sie ihrem Gatten, einem Theologen, der erst Lehrer in Preßburg, später Pfarrer war, sechs Kinder geboren hatte. Sie wuchsen blühend heran, starben aber alle mit Ausnahme der jüngsten Tochter im Alter von etwa 20 Jahren wie ihre Mutter an Lungentuberkulose. Die Jüngste verheiratete sich, starb aber, nachdem sie einem Mädchen das Leben geschenkt, an der gleichen Krankheit. So war diese Familie ein trauriges Beispiel für die unerbittliche Vererbungskraft einer Veranlagung, die diese Volksseuche so furchtbar macht. Das dritte Kind meiner Großeltern war mein Vater FRIEDRICH. Dann folgten noch zwei Brüder, die gleichfalls der Tuberkulose erlagen und drei Schwestern, die alle ein sehr hohes Alter erreichten. Die jüngste, KAROLINE, die „Linatante", wie wir Kinder sie nannten, war ein sehr hübsches, fröhliches Mädchen, das nach dem Tode der Mutter von meinen Eltern als Stütze der Hausfrau mit offenen Armen aufgenommen wurde und dem ich als Knabe mit fast schwärmerischer Liebe anhing. Von den beiden älteren Schwestern verheiratete sich THERESE mit dem Eisenhändler THIRRING in Ödenburg, SUSANNE mit einem technischen Beamten der Tabakfabrik in Hainburg an der Donau, namens GEHRIG, einem gebürtigen Schweizer. Häufige Besuche in Ödenburg und Hainburg sind mir in froher Erinnerung geblieben. Onkel THIRRING besaß außer dem Geschäfts- und Wohnhause in der Stadt einen „Löwer", wie die Obstgärten der Umgebung mit ihren Landhäusern genannt wurden. Ihr Obstreichtum war fabelhaft, und niemals habe ich in meinem Leben soviel Äpfel, Birnen, Reineclauden, Trauben und Nüsse gegessen, wie im THIRRINGschen Löwer. In Hainburg dagegen war es der Reiz der Landschaft, der mich fesselte. Die letzten Ausläufer der Alpen rücken bis an die Donau heran, und am jenseitigen Ufer erheben sich die ersten Höhenzüge der Karpathen. Dazwischen schießt in der Stromenge von Theben die Donau mit gewaltiger Hast dahin, gegen Preßburg zu. Mehrmals bin ich mit meinem Bruder FRITZ in den Donauauen dahingewandert, wobei wir einmal ein böses Abenteuer erlebten. Beim Überschreiten einer Hutweide gerieten wir in die Nähe einer großen Kuhherde mit einem Stiere. Ich hatte meinen hellen Sonnenschirm aufgespannt, wie es damals Mode war. Das scheint dem

Stier nicht gefallen zu haben, und mit gesenkten Hörnern stürmte er auf uns los. Auf der Flucht in das nahe Gebüsch warf ich den Schirm weg, der nun vom Winde in tollen Sprüngen über die Weide gejagt wurde. Der Stier wütend hinter ihm her, bis er ihn richtig gespießt hatte. Wir beide aber zogen unbehelligt weiter.

Mein Vater FRIEDRICH HABERLANDT, von meiner Mutter und seinen Geschwistern und Freunden FRITZ genannt, wurde am 21. Februar 1826 geboren. Er besuchte das evangelische Lyzeum seiner Vaterstadt, ein humanistisches Gymnasium, das sich eines sehr guten Rufes erfreute. Hervorragende Lehrer, die auch literarisch hervorgetreten sind, wie der Germanist K. J. SCHRÖER und der Mathematiker A. FUCHS haben damals an dieser Anstalt gewirkt. Nach seiner Absolvierung studierte mein Vater an der Preßburger Rechtsakademie. Doch scheint dem zum Naturforscher geborenen jungen Manne das Rechtsstudium nicht behagt zu haben, denn nach wenigen Semestern bezog er die höhere landwirtschaftliche Lehranstalt zu Ungarisch-Altenburg, da ihm zum Besuche einer Universität die Mittel fehlten. Im Revolutionsjahre 1848 schloß er sich einem ungarischen Freikorps an, das gegen Wien marschierte, und machte das Gefecht von Schwechat mit. Nach Ungarisch-Altenburg zurückgekehrt, wurde er hier zunächst zum Assistenten und 1853 zum Professor für Mathematik, Zoologie, Botanik und landwirtschaftliche Pflanzenbaulehre ernannt. Er hatte sich also, im wesentlichen autodidaktisch, in sehr verschiedene Disziplinen einzuarbeiten und hat diese schwierige Aufgabe dank seiner vielseitigen Begabung in überraschender Weise bewältigt. Zunächst scheint er sich hauptsächlich mit mathematischen Studien beschäftigt zu haben, als deren Frucht er 1858 ein „Kompendium für den arithmetischen Unterricht, mit besonderer Anwendung auf die Verhältnisse der Land- und Forstwirtschaft" veröffentlichte. Sehr bald wandte er sich aber botanischen und zoologischen Arbeiten zu. Neben seiner Dienstwohnung befand sich ein kleines Zimmer, über dessen Tür eine Tafel mit der Inschrift „Pflanzenphysiologisches Kabinett" angebracht war. So oft ich als Knabe die Inschrift las, ging ein geheimnisvoller Zauber von ihr aus, den mir mein Vater, so gut es ging, zu erklären versuchte. In diesem kleinen Laboratorium stellte er seine zahlreichen Untersuchungen über die Physiologie der Keimung, insbesondere der Samen von Kulturpflanzen an, und ich war sehr stolz, als ich ihm dabei in der Weise behilflich sein konnte, daß ich unzählige Male je 100 Samen, die zur Keimung zwischen zwei feuchte Flanelläppchen ausgesät wurden, gewissenhaft abzählte. Zu pflanzenanatomischen Untersuchungen wurde mein Vater durch die Vorbereitungen der landwirtschaftlichen Lehranstalt für die Pariser Weltausstellung 1867 angeregt. Die gemeinsame Tätigkeit aller Dozenten sollte ein möglichst vollständiges Bild der Maispflanze entwerfen, ihrer Naturgeschichte, ihrer chemischen Zusammensetzung, ihrer so mannigfachen Verwendung in Landwirtschaft und Technik. Mein Vater hatte die naturge-

FRIEDRICH HABERLANDT 1867.

schichtliche Aufgabe übernommen. Eine ausgewachsene, blühende Maispflanze wurde von ihm in Lebensgröße auf einen großen weißen Karton gezeichnet, daneben morphologische Details und mikroskopische Abbildungen ihres anatomischen Baues. Auch eine schöne Präparatensammlung wurde zusammengestellt. In den letzten Jahren unseres Altenburger Aufenthaltes benutzte mein Vater das Mikroskop hauptsächlich beim Studium der sogenannten Fleckenkrankheit der Seidenraupen.

Die „Körperchen des Cornalia", wie man damals die Erreger der Krankheit nannte, waren das große Rätsel, um dessen Lösung sich mein Vater bemühte. Die Annahme, daß es sich um Bakterien handle, schien damals noch sehr gewagt, und es dauerte noch jahrelang, bis sie sich Geltung verschaffte.

Mein Vater war von mittelgroßer Statur, fast feingliedrig, flink in seinen Bewegungen, ein ausdauernder Geher und kühner Schwimmer. Sein lebhaftes Temperament riß ihn manchmal in Freundeskreisen, aber auch in Sitzungen der Professorenschaft zu unvorsichtigenÄußerungen hin, deren Folgen leicht beigelegt wurden, da niemand seine lautere Gesinnung und Überzeugungstreue bezweifelte. Güte und Menschenfreundlichkeit gehörten zu den Grundzügen seines Charakters. Erstaunlich war seine vielseitige, geistige Begabung. Für alle Naturwissenschaften hegte er ein lebhaftes Interesse und auch in der Dichtkunst, in der Musik, besonders aber im Zeichnen und Malen hat er über bloßen Dilettantismus hinaus Beachtenswertes geleistet. Der Band Liebesgedichte, die er seiner Braut gewidmet hat, hätte ruhig gedruckt werden können. Mit nicht eben starker, aber wohlklingender Tenorstimme sang er besonders gerne SCHUBERT- und SCHUMANNlieder, wobei ich ihn auf dem Klavier begleiten durfte. Und seine

KATHARINA HABERLANDT 1867.

landschaftlichen Zeichnungen und Aquarellskizzen waren von einer
entzückenden Zartheit und großer Sicherheit in der technischen
Ausführung. Wenn er einen großen Baum nach der Natur zeichnete, wurde stets ein kleines Kunstwerk daraus. Sein manuelles
Geschick sprach sich auch im rein Handwerklichen aus. Es unterstützte ihn bei der Anfertigung wissenschaftlicher Apparate und
erfreute die Kinder, wenn er ihnen vor ihren Augen allerlei Spiel-
zeug verfertigte. Die Krone seiner Leistungen auf diesem Gebiet
war für uns die Herstellung einer neuen Walze für eine kleine
Drehorgel, die nun einige unserer Lieblingslieder von sich geben
konnte.

In seinen früheren Altenburger Jahren kamen auch seine geselligen Gaben häufig zur Geltung und in den Abendversammlungen
eines Professorenkränzchens, „Der Stier von Uri" geheißen, war er
als „Ritter Frauenlob" der Liebling der Damen. Seiner Bewunderung SHAKESPEAREs, seiner Verehrung GOETHEs und SCHILLERs,
seiner Begeisterung für HEINRICH V. KLEIST gab er oft bewegten
Ausdruck. — Schließlich darf nicht unerwähnt bleiben, daß er auch
an politischen Dingen lebhaften Anteil nahm, wenn auch immer
nur als Kritiker und Beobachter. Seinen achtundvierziger demo-
kratischen Idealen ist er zeitlebens treu geblieben. Deutschtum
und Weltbürgertum waren ihm keine Gegensätze.

Und nun die Mutter KATHARINA geb. KOEHLER, geboren zu
Wien am 17. September 1828. Sie war eine schöne, stattliche Frau,
mit schwarzen Augen und Haaren, eine treue Gattin und Mutter,
eine fleißige, sparsame Hausfrau. Ihr Vater GOTTLIEB JOHANN
KOEHLER stammte aus Thüringen, und zwar aus dem Fürstentum
Reuß-Greiz-Schleiz-Lobenstein, wie uns die Mutter oft lächelnd
vorsagte. Sie hatte ihren Spaß daran, wenn wir Kinder diesen
zungenbrecherischen Namen nachzusprechen versuchten. Als
18jähriger Jüngling war ihr Vater aus der Heimat ausgewandert
und nach Wien gekommen, wo er in den ersten Tagen stellenlos
umherirrte. So gelangte er auch in die Praterauen, wo er sich müde
ins Gras legte, in der Langeweile seine Taschenuhr hervorzog und
das Werk mit dem Federmesser zu zerlegen begann. Er wollte

einen Einblick in seinen Mechanismus gewinnen. Plötzlich tauchte hinter ihm ein Gendarm auf, der ihn in der Meinung, er wolle eine gestohlene Uhr unkenntlich machen, verhaftete. Nach Aufklärung des Irrtums kam das lebhafte Interesse des jungen Mannes für den Aufbau von Uhrwerken nicht mehr zur Ruhe. Auch nachdem er sich eine gesicherte Lebensstellung als Kaufmann errungen hatte, gab er sich in seinen Mußestunden unermüdlich mit der Neukonstruktion von Pendeluhren ab. Es gelang ihm in der Tat eine schöne Erfindung, die darin bestand, daß das Gehwerk und das Schlagwerk der Uhr einen einzigen Mechanismus mit bloß einem Gewichte bildeten. Sein einziger Sohn JOHANN, der stets lustige „Onkel Jean", wie er von uns Kindern genannt wurde, brachte an der Erfindung noch einige Verbesserungen an, sie wurde patentiert und ein schönes Exemplar der neuen Pendeluhr paradierte auf der Wiener Weltausstellung 1873 und wurde mit der Verdienstmedaille prämiiert. Warum die Erfindung sich nicht Bahn gebrochen hat, ist mir unbekannt geblieben.

GOTTLIEB KOEHLER verehelichte sich mit ELISABETH ERNST, deren Vater MARTIN ERNST ein französischer Offizier gewesen sein soll, der unter Napoleon nach Wien gekommen war und hier die Besitzerin des Gasthofes „Zur blauen Kugel" geheiratet hat. Nur ihr Taufname KATHARINA hat sich in der Familientradition erhalten. Meine Großmutter ELISABETH KOEHLER soll eine sehr schöne, aber leichtlebige Frau gewesen sein, die in jungen Jahren gestorben ist. Sie hinterließ nur zwei Kinder.

Meine Mutter genoß eine gute Schulbildung und kam 19jährig als Erzieherin in das Haus des erzherzoglichen Güterdirektors BISCHOF in Ungarisch-Altenburg. Dort lernte sie mein Vater kennen, der eine Zeitlang den Töchtern des Hauses Unterricht erteilte. Im Jahre 1853 erfolgte die Vermählung, nachdem mein Vater definitiv als Professor angestellt worden war. Trotz der sich bald vermehrenden Hausfrauen- und Mutterpflichten bewahrte sich meine Mutter bis in ihr Alter ein lebhaftes Interesse an geistigen und literarischen Dingen. Sie liebte SCHILLER und in einem gewissen Abstande von ihm auch GOETHE, obgleich sie diesen nach Frauenart

einen „großen Egoisten" nannte. Jahrzehntelang schöpfte sie
mannigfache Anregung aus dem damals so beliebten und weitver-
breiteten Familienblatte „Die Gartenlaube" und teilte daraus den
Kindern allerlei mit, was ihr wissenswert erschien. Vor ihrer Verheiratung war sie vom Katholizismus zum Protestantismus über-
getreten, was damals in dem katholischen Österreich nicht leicht
gemacht wurde. Sie blieb zeitlebens eine gute evangelische
Christin, ohne die Dogmen der Kirche anzuerkennen. Zuweilen
äußerte sie philosophische Gedanken. Sie mußte wohl einmal von
der idealistischen Philosophie gehört haben, denn hin und wieder
sagte sie halb im Ernst, halb im Scherz zu uns Kindern: „Was wir
sehen und fühlen, scheint uns nur so." Sie schöpfte daraus in
schweren Lebenstagen einen gewissen Trost, der die Tröstungen
und Verheißungen der Religion manchmal zu überwiegen schien.
Als Erzieherin ihrer Kinder war sie gütig und streng zugleich.
Ich erinnere mich nicht, daß sie jemals zu körperlicher Züchtigung
geschritten wäre, ebensowenig wie mein Vater, was ihr zuweilen
bei ihrer leidenschaftlichen Natur recht schwer gefallen sein mag.
Da sie etwas hypochondrisch veranlagt war, so nahm sie selbst
unbedeutende Krankheitsfälle in der Familie nicht leicht und war
wohl bewandert in der Anwendung von Hausmitteln aller Art.
Bei jedem Katarrh, mochte er leicht oder schwer sein, verließ sie
sich auf die Wirksamkeit der „weißen Medizin", die sie selbst bereitete: In einem Porzellanmörser wurden Mandelöl, arabisches
Gummi und Zucker fest verrieben und mit Wasser in eine milch-
weiße Emulsion verwandelt, die den hustenden Kindern trefflich
mundete und tatsächlich gute Dienste tat.

Meine Mutter hat sechs Kindern das Leben geschenkt. Ich war
der Erstgeborene und erhielt in der Taufe die Namen GOTTLIEB
JOHANN FRIEDRICH, den ersten davon deshalb, weil beide Groß-
väter so hießen. Dann folgte mein Bruder FRITZ, ein ruhiger
Knabe mit geringem Sprachen- aber ausgesprochenem mathematischen Talent, der nach Absolvierung der Realschule die technische Hochschule in Wien besuchte, Ingenieur bei der Statthalterei
in Wien wurde, als Oberbaurat in Czernowitz in der Bukowina die

Pruthregulierung durchführte und 1919 in Graz gestorben ist. Er war ein guter, selbstloser Mensch mit stark ausgeprägtem Familiensinn, ein pflichtgetreuer Beamter, den der schwere Dienst im Weltkriege ins Grab brachte. Meine Schwester LUISE war ein stilles, sinniges Mädchen, das sich zur Volksschullehrerin ausbildéte und uns schon im Alter von 27 Jahren nach mehrjähriger Lungen-krankheit entrissen wurde. Die nächste Schwester KAROLINE, eine stattliche, schöne Erscheinung, ergriff gleichfalls den Lehre-rinnenberuf. Schon als Kind suchte sie die Einsamkeit, sprach wenig, las um so mehr und versuchte sich mit Glück auf pädago-gisch-schriftstellerischem Gebiete. Im Alter von etwa 40 Jahren verfiel sie in Schwermut und schied bald darauf zu Velden am Wörther See freiwillig aus dem Leben. Mein zweiter Bruder MICHAEL, 1860 geboren, studierte an der Wiener Universität klassische Philologie, vergleichende Sprachwissenschaft und Sanskrit und machte sich schon als Student durch seine geistvollen Aufsätze über den „Altindischen Geist" in weiteren Kreisen be-kannt. Seine Dissertation über ein schwieriges Problem der ver-gleichenden Sprachforschung wurde von der Kritik als eine un-gewöhnlich scharfsinnige Leistung gewürdigt. Nach verschiedenen Arbeiten auf indologischem Gebiet wandte er sich ethnographischen Studien zu, wurde Assistent, später Kustos an der ethnographischen Abteilung des naturhistorischen Hofmuseums in Wien und grün-dete schließlich, zur Folkloristik übergehend, den Verein für öster-reichische Volkskunde und das Volkskundemuseum in Wien, als dessen erster Direktor er jahrelang eine überaus rege Tätigkeit entfaltet hat. Auch als Privatdozent, später als a. o. Professor an der Universität Wien hat er für die Volkskunde, die im alten Österreich mit seinem Nationalitätengewirr ein so vielseitiges Forschungsfeld vorfand, mit Begeisterung Anhänger und Jünger geworben. Er selbst hat mit seinem Sohne ARTHUR auf zahlreichen Reisen und Märschen, die ihn in die entlegensten Winkel der öster-reichischen Provinzen führten, mit rastlosem Sammeleifer den größten Teil der volkskundlichen Gegenstände zusammengetragen, die jetzt das Museum in Wien zu einer besonderen Sehenswürdigkeit machen. Überhaupt besitzt er eine ungewöhnlich große Organisationsgabe und hat diese auch bei der Gründung des HUGO-WOLF-Vereins in Wien bewährt, der für die Würdigung dieses genialen Tonsetzers in weiten Kreisen Erhebliches geleistet hat. Er ist diesem „modernen SCHUBERT", der so reizbar und schwer zu behandeln war und im Irrenhause sein unglückliches Leben beschloß, zeitlebens ein treuer Freund gewesen und hat seinem Andenken auch schriftstellerisch in mannigfacher Weise gedient. Zu meinen interessantesten Erinnerungen gehört ein Abend, den ich mit HUGO WOLF im Familienkreise meines Bruders zugebracht habe. WOLF war anfänglich sehr schweigsam und mißtrauisch, taute aber plötzlich auf, als ich eine etwas boshafte Bemerkung über den Stimmcharakter einer bekannten Sängerin machte, der er lebhaft zustimmte. Auf dem Heimwege begleitete er mich zu Fuß bis in die entfernt gelegene Wohnung meiner Mutter, bei der ich als Gast logierte, in lebhaftem Gespräch über alle möglichen musikalischen Dinge und schied von mir mit freundschaftlichem Händedruck. Ich habe ihn nicht wiedergesehen.

Meine jüngste Schwester KATHARINA endlich, 1863 geboren, in Gestalt und Wesen sehr meiner Mutter gleichend, wurde wie die anderen Schwestern Volksschullehrerin in Wien und lebt seit Jahren im Ruhestande. Sie ist sehr reiselustig und bringt die Sommer- und Herbstmonate meist in Tirol oder im Salzburgischen zu, woher sie alljährlich hübsche Aquarellskizzen mitbringt. Ihr Familiensinn ist stark ausgeprägt und ihre Hilfsbereitschaft und Geschenkfreudigkeit kennt keine Grenzen. Originelle Behauptungen liebt sie sehr und polemisiert dann gerne. Doch auch hierbei ist sie die Güte selbst.

Die ersten Lehrjahre.

Im Alter von vier Jahren empfing ich von meinem Vater den ersten Lese- und Schreibunterricht. Das war wohl etwas früh und ist mir ziemlich sauer gefallen. Namentlich das Schönschreiben machte mir Mühe, wenn ich zu den Geburtstagen der Eltern die von ihnen verfaßten Gratulationsgedichte auf blumenverzierten, goldumrandeten Blättern niederzuschreiben hatte. Das hat manche Träne gekostet. Vom siebenten Lebensjahre an wurde mein Unterricht einem Studierenden der landwirtschaftlichen Lehranstalt namens CHRIST anvertraut, der mir auch die ungarische Sprache beizubringen hatte. Da es sich um eine nichtarische agglutinierende Sprache handelte, so war das für Lehrer und Schüler keine leichte Aufgabe und der häusliche Unterricht hatte auf diesem Gebiete keinen rechten Erfolg. Leichter fiel mir das Rechnen, da mich mein Vater in dieser Hinsicht gut vorbereitet hatte. Schon als sechsjähriger Junge war ich mit den Dezimalbrüchen wohl vertraut, während mir die gemeinen Brüche noch ganz unbekannt waren. Diese Umkehrung des in den Schulen üblichen Lehrganges habe ich sehr wohltätig empfunden. Am meisten behagte mir der Unterricht in Zoologie und als mir mein Lehrer einst einen ausgestopften Kolibri zeigte, den er von seinem Bruder aus Brasilien erhalten hatte, kannte mein Entzücken keine Grenzen. Schon damals erwachte in mir der lebhafte Wunsch, dereinst die Länder zu bereisen, wo Kolibris und Papageien zu Hause sind.

Bis zur vierten Volksschulklasse erhielt ich Privatunterricht. Dann kam ich in die Schule und in die Zucht eines tüchtigen, aber rohen Volksschullehrers, der während des Unterrichtes das spanische Rohr nicht aus der Hand ließ. Wenn dieses nicht lang genug war, um einen etwas abseits sitzenden kleinen Sünder zu treffen, so gab der Pädagoge die Losung aus: „Beutelt ihn!" und mit diabolischer Freude stürzten sich die Nachbarn auf den Unglücklichen und rissen ihn an Haaren und Ohren. Bei nächster Gelegenheit übte er natürlich gewaltig Rache. Sonst ist mir aus dieser Zeit nur wenig in Erinnerung geblieben.

Mit elf Jahren trat ich in die erste Klasse des Ungarisch-Altenburger Piaristen-Gymnasiums ein, und nun begann für mich zunächst eine böse Zeit. Da Ungarisch die Unterrichtssprache war, so gab's für mich anfänglich große Schwierigkeiten. Denn der Privatunterricht in der ungarischen Sprache hatte keinen besonderen Erfolg gehabt. Am schlimmsten ging es mir im Lateinischen.

Da ich die ungarischen Wörter und Sätze nicht verstand, konnte ich sie nicht ins Latein übersetzen, und ein „ungenügend" folgte dem anderen. Nach einem halben Jahre etwa ging es plötzlich besser, da ich bereits leidlich ungarisch sprechen konnte. In den anderen Unterrichtsgegenständen machte ich jetzt auch gute Fortschritte.

Die älteren Piaristen-Ordensbrüder, die als Lehrer fungierten, waren wohlwollende, tolerante Männer, die mich Evangelischen oft in Schutz nahmen, wenn meine Schulgenossen mich als „Juden" verhöhnten. Jeder Nichtkatholik war in ihren Augen ein Jude, und oft gab's heftige Kämpfe, wenn ich ihnen gegenüber meine arische Abstammung verteidigte. Noch heute klingt mir ihr höhnisches „Zsidó, zsidó!" in den Ohren. So habe ich schon in zarter Jugend die Rohheiten des Antisemitismus zu spüren bekommen. — Mein Deutschtum war den jüngeren Lehrern, die starke madjarische Chauvinisten waren, ein Dorn im Auge. Mein Taufname GOTTLIEB wurde offiziell in THEOPHIL umgewandelt, da sich ein ungarischer Name dafür nicht finden wollte und ein besonderer Hitzkopf ermahnte mich vor der ganzen Klasse mit beweglichen Worten, ich möchte meinen Vater veranlassen, seinen Familiennamen madjarisieren und in „Zabországhi" umändern zu lassen. Das klinge doch viel schöner als das deutsche „Haberlandt". Solche Erlebnisse bestärkten nur den geheimen Nationalstolz des deutschen Knaben, der sich zuweilen auch in dichterischen Versuchen Luft machte. Als in der Geschichtstunde der Sieg Ottos I. über die Ungarn auf dem Lechfelde besprochen war, erdachte ich mir heimlich ein Triumphgedicht, dessen erste Strophe ich mir bis heute gemerkt habe. Sie lautet:

> Am Lech da standen die Madjaren,
> Und mutig, wie sie immer waren,
> Durchschwammen sie den Fluß.
> Sie stürzten auf des Königs Heer,
> Das aber setzte sich zur Wehr,
> Den Feinden zum Verdruß.

Ich hütete mich, das Gedicht meinen Schulkameraden vorzulesen, das hätte mir arge Prügel eingetragen. Die älteren Piaristen waren zwar frei von jenem Chauvinismus, doch waren auch sie von ungarischem Nationalstolz erfüllt, obwohl sie sämtlich gut deutsche Namen führten. Unter ihnen bewahre ich namentlich AUGUSTIN PECK ein dankbares Andenken, einem verwachsenen Manne mit edel geschnittenem, blassem Gesichte, der namentlich meine naturgeschichtlichen Liebhabereien auf jede Weise förderte. Er war ein tüchtiger Kenner der heimischen Fauna und es bereitete mir immer eine große Freude, wenn ich ihn in seiner behaglich eingerichteten Zelle besuchen durfte, wo ein Eichhörnchen im Käfig herumsprang und Meisen, Finken, Gimpel, Zeisige und Lerchen in großen und kleinen Bauern zwitscherten und jubilierten.

Außer dem Latein wurde besonders ausführlich Geschichte und Geographie Ungarns gelehrt. Damals fing schon die Belastung des Gedächtnisses mit unzähligen historischen Jahreszahlen an, womit unsere Schuljugend noch heute geplagt wird, während ich mir die naturwissenschaftlichen Konstanten, Atomgewichte und dergleichen mit Leichtigkeit merkte. In der dritten und vierten Klasse wurde nämlich auch schon etwas Physik und Chemie gelehrt, in bescheidenem Maße auch Experimente vorgeführt. An eines davon denke ich noch heute mit Vergnügen zurück. Es war an einem Märztage, als frühmorgens schon eine ganze Anzahl von Ungarisch-Altenburger Bürgern mit ein paar Studenten, bis auf die Zähne bewaffnet, sich aufmachten, um eine Räuberbande einzufangen, die seit einiger Zeit die Umgebung unsicher machte. Etwas zerstreut folgten wir dem Chemieunterrichte; es kam gerade das Fluor an die Reihe, und um uns die ätzende Wirkung der Flußsäure zu demonstrieren, ritzte der alte Piaristenpater in die Paraffinschicht auf einer Glasplatte mit ernstem Gesichte allerlei Wörter ein, die er uns geschickt zu verbergen wußte. Dann wurde Flußsäure entwickelt, die auf die Glasplatte einwirkte, und schließlich die Paraffinschicht weggeschmolzen. Triumphierend hielt uns der Alte die Glasscheibe vor die Augen, auf der nun die Worte eingeätzt waren:

Márczius harmadikán Magyar-Ovárott
Rablóvadászat tartatott.

Auf deutsch in matter Prosa:

Am 3. März wurde zu Ung.-Altenburg eine Räuberjagd abgehalten.

Schallendes Gelächter belohnte den schmunzelnden Experimentator. Abends aber lachten sich die Räuber ins Fäustchen, denn kein einziger wurde gefangen.

Einige Jahre früher hatte ich mich schon selbst, von keinerlei chemischem Wissen beschwert, im Experimentieren versucht. An Stelle einer nicht erreichbaren Glasschale nahm ich eine große Teichmuschelschale, schüttete etwas Kochsalz hinein und goß Schwefelsäure hinzu, die ich mir, ich weiß nicht mehr wie, verschafft hatte. Schreckliches Aufbrausen, ein heftiger Hustenanfall waren das unerwartete Ergebnis. Und als ich die Muschelschale abgespült hatte, war der schöne Perlmutterbelag in einen häßlichen, kalkigen Überzug verwandelt. All dies verleidete mir jedes weitere chemische Experiment. Dafür gab ich mich mit allerlei harmlosen physikalischen Versuchen ab. Natürlich versuchte ich den Bau einer Elektrisiermaschine und verstieg mich schließlich sogar zur Konstruktion eines zusammengesetzten Mikroskopes. Von meinem Vater hatte ich schon früher ein einfaches Mikroskop erhalten, dem ich eine außen gelbbemalte, innen geschwärzte Pappröhre mit oben eingefügter großer Lupe aufsetzte. Mit großer Spannung betrachtete ich nun mit Hilfe dieses Instrumentes Kartoffelstärkekörner, die sich als strukturlose Körper von Eiform mit breitem schwarzem Rande präsentierten. Das Beobachtungsergebnis stimmte nicht zu den Abbildungen der Stärkekörner, die ich in einem botanischen Lehrbuche vorfand, worauf ich das Mikroskop enttäuscht demolierte.

Auch in den ersten Gymnasialjahren hat mir mein Vater noch oft allerlei Unterricht erteilt, allerdings nicht durch häusliche Nachhilfe, die überflüssig war. So erhielt ich von ihm den ersten Zeichenunterricht, und zwar im Zeichnen nach der Natur, wobei er sehr gründlich und systematisch zu Werke ging. Würfel, Prismen, Pyramiden, Kegel aus Holz wurden zu kleinen Stilleben zusammengestellt und nun hieß es diese Dinge perspektivisch möglichst genau abzubilden. Durch Hin- und Herschieben einer zum Visieren dienenden Stricknadel, die bald vertikal, bald horizontal gehalten wurde, gewann das Auge die nötigen Anhaltspunkte zur richtigen Abschätzung der Entfernungen der verschiedenen Ecken und des Verlaufes der Kanten. Das war eine zwar langweilige, aber sehr nützliche Beschäftigung; ihr verdanke ich es, daß mir später beim Zeichnen und Malen von Landschaften nach der Natur die Perspektive keinerlei Schwierigkeiten machte.

Von meiner Mutter erhielt ich den ersten Klavierunterricht. Bald aber löste sie ein Lehrer ab, ein kleiner beweglicher Mann mit schwarzem Schnurr- und Backenbart, der mich immer und immer wieder nur Skalen- und Geläufigkeitsübungen spielen hieß. Das war wenig erfreulich, doch habe ich es schließlich so weit gebracht, daß ich mit 14 Jahren HAYDNsche und MOZARTsche Sonaten leidlich spielen konnte. In besserer Erinnerung als die musikalischen Lehrstunden behielt ich jenen Tag im Jahre — es war der heilige Abend —, an dem ich einen stattlichen Hasen in der Küche des Lehrers als Weihnachtsgeschenk abzuliefern hatte. Neben dem Klavierspiel wurde unter der Anleitung meines Vaters auch der Liedergesang fleißig geübt, woran alle Geschwister teilnahmen. Wenn wir sechs Kinder unisono deutsche Volkslieder sangen, wobei mir die Klavierbegleitung zufiel, so waren dies meine ersten musikalischen Genüsse, die mir noch heute im Schimmer zartester Poesie nachklingen.

Da in Ungarisch-Altenburg keine evangelische Kirche existierte und auch kein evangelischer Religionslehrer vorhanden war, empfing ich den ersten Religionsunterricht von meiner Mutter. Sie beschränkte sich auf biblische Erzählungen aus dem Alten und Neuen Testament, auf die Erklärung der zehn Gebote, soweit sie dem Knaben verständlich gemacht werden konnten, und auf das Lehren einiger Gebete, von denen das Vaterunser einen großen und nachhaltigen Eindruck auf mich gemacht hat. Daß darin mit wenigen Sätzen die ganze Skala religiösen Empfindens, freudvoller Erhebung und leidvoller Selbstbetrachtung durchlaufen wird, habe ich noch in meinem späteren Leben, als jeder positive Glaube schon längst entschwunden war, in leiblicher oder seelischer Bedrängnis als wahren Trost empfunden. An hohen Feiertagen, besonders am Karfreitag fuhren die Eltern zum Kirchenbesuch nach Straß-Sommerein, einem benachbarten Dorfe des „Heidebodens", dessen deutsche Bevölkerung, aus eingewanderten Schwaben bestehend, rein protestantisch ist. Die älteren Kinder wurden dabei gewöhnlich mitgenommen, doch kann ich nicht sagen, daß mich die nüchterne Art des Gottesdienstes in der schmucklosen Kirche in besonders weihevolle Stimmung versetzt hätte. Die von rauhen Bauernkehlen nicht eben rein gesungenen Choräle ließen mich kalt, und von der Predigt verstand ich nur wenig. Nur wenn am Karfreitag der Pfarrer von den Leiden und der Kreuzigung Christi erzählte, füllten sich die Augen des Knaben mit Tränen, und ganz heimlich regte sich im Herzen der Gedanke, daß der liebe Gott seinem Sohne diese Qualen wohl hätte ersparen können. Neben dem häuslichen Religionsunterricht nahm ich auch am katholischen teil, der am Gymnasium von einem älteren Piaristenpater erteilt wurde. Natürlich war ich dazu nicht gezwungen, doch war es mir bequemer, in der Religionsstunde auf der Schulbank sitzen zu bleiben als im Freien herumzustreifen. Statt in einem beliebigen Schulbuche zu lesen, hörte ich aufmerksam zu, und als die Symbolik der katholischen Liturgie erklärt wurde, folgte ich dem Unterricht mit doppeltem Interesse und meldete mich auch zur Beantwortung von allerlei Fragen, wenn der katholische Mitschüler stumm blieb. Der Lehrer wehrte nicht ab, machte aber auch niemals Bekehrungsversuche. Auch den katholischen Gottesdienst besuchte ich zweimal im Jahre, wenn in der Piaristenkirche zu Beginn des Schuljahres ein feierliches „Veni sancte Spiritus" und am Schlusse das ebenso feierliche „Te Deum laudamus" zelebriert wurde. Dabei beneidete ich meine katholischen Mitschüler, die zur Belohnung für gute Sitten und braves Lernen im rotweißen Meßgewande als Ministranten fungieren durften und eifrig das Weihrauchbecken schwangen. In Gegenden mit konfessionell gemischter Bevölkerung würde die gegenseitige Toleranz nur gewinnen, wenn schon die Schulkinder Gelegenheit hätten, sich mit beiderlei Gottesdiensten vertraut zu machen. Nur müßte das wirklich gegenseitig sein.

Ich war ungefähr zwölf Jahre alt, als die ersten religiösen Zweifel in mir erwachten. Nicht einzelne Glaubenssätze waren es, die ich anzweifelte, auch nicht die Wunder, von denen die Bibel zu berichten weiß, sondern das Dasein Gottes. Ich fragte mich eines Tages, ob wirklich Gott am Anfange aller Dinge war, und ob nicht vielmehr auch Gott erschaffen worden sei. Und so müßte man immer wieder rückwärts fragen. Damit war mir die Existenz Gottes mit einem Schlage fraglich geworden. Dieser Zweifel löste die ärgsten Angstgefühle in mir aus. Ich glaubte unter tausenden und tausenden von Menschen der einzige zu sein, der einen so verwerflichen Gedanken gefaßt habe. Keine Vernunftgründe, keine Gebete brachten Hilfe. Mich meinen Eltern anzuvertrauen, hatte ich nicht den Mut. So verlebte ich bange Tage und Wochen, bis der Leichtsinn der Jugend meine Ängste milderte. Einige Jahre später tauchten die Zweifel von neuem in verstärktem Maße auf, doch beschränkten sie sich auf die Leugnung eines persönlichen Gottes, wie ihn die christliche Kirche lehrt, was ja noch keinen Atheismus bedeutet. So habe ich mich im Laufe der Jahre zu dem spinozistischen „Deus sive natura" durchgerungen. Ein Allerhöchstes zu verehren, eine Allmacht anzuerkennen, die den Lauf der Sterne bestimmt und auch in die Geschicke des einzelnen Menschen eingreift, nicht in bewußtem Handeln, sondern kraft einer ewigen Naturgesetzlichkeit, ist mir zu einem unabweisbaren Bedürfnis geworden. Kirchliche Gesinnung aber ist mir stets fremd geblieben.

Zur Zeit als ich noch ein gläubiges Kind war, bin ich auch allerlei Aberglauben nicht unzugänglich gewesen, den mir die dienstbaren Geister des Hauses einzuimpfen versuchten. Namentlich waren es die Hexen, die mir Sorge einflößten. An einem Winterabende versicherte mir das Kindermädchen, daß man alle Hexen der Welt erblicken könne, wenn man in der Christnacht um 12 Uhr auf einen Schemel steige, der aus zwölferlei Hölzern zusammengezimmert sei. Damals habe ich das Gruseln gelernt.

Meine Kinderjahre waren durch häufige Krankheiten getrübt. Ganz dunkel erinnere ich mich einer heftigen Halsbräune, die zu meinem Schrecken durch Ansetzen einer stattlichen Anzahl von Blutegeln bekämpft wurde. Die „weise Frau", die das besorgte, prophezeite meinen Eltern, daß ich infolge davon zeitlebens eine bleiche Gesichtsfarbe behalten würde. Sie hat so ziemlich recht gehabt. Im Alter von 4—6 Jahren litt ich zuweilen an schweren nächtlichen Beängstigungen, die lautes Angstgeschrei auslösten. Meine Mutter eilte dann stets mit einem in kaltes Wasser getauchten Schwamm herbei, womit sie mir das Gesicht kräftig abrieb, worauf ich aus meinen Angstträumen erwachte und dann ermattet bald wieder einschlief. Häufige Bronchialkatarrhe ließen mich lange das Bett hüten. Zur Zerstreuung des lebhaften, ungeduldigen Kindes brachte mir unsere Linatante das Stricken und Häkeln bei, das ich auf dem Krankenlager eifrig und gerne betrieb; eine bunte „Jagdtasche" war die stolzeste Frucht dieser Bemühungen. Auch einige Strümpfe habe ich zuwege gebracht, doch paßten sie weder mir noch den Geschwistern. War die Krankheit ernster, so wurde der Hausarzt gerufen, Dr. ANTON MASCH, ein gebürtiger Deutschböhme, der an der landwirtschaftlichen Lehranstalt Tierarzneikunde und Meteorologie lehrte und später zum Direktor der Anstalt ernannt wurde. Er war ein großer, stattlicher Mann mit ausdrucksvollem, glattrasiertem Gesicht, sehr würdevollem Auftreten, doch voll trockenen Humors, ein Kinderfreund und ausgezeichneter Arzt. Meinen Eltern begegnete er mit väterlichem Wohlwollen, sie schätzten ihn sehr hoch, und mein Vater rühmte ihn als trefflichen Direktor und geistsprühenden Tischredner.

Die Altenburger Freunde.

Es sei nunmehr auch der übrigen Kollegen und Freunde meines Vaters gedacht, mit denen er häufig verkehrte. Sein bester Freund war Professor W. HECKE, der landwirtschaftliche Betriebslehre vortrug, ein feiner, kluger Kopf, der mit seiner Besonnenheit und

Überlegung auf meinen Vater nicht selten beruhigend einwirkte, wenn dieser in seinem Feuereifer gar zu stürmisch werden wollte. Nach mehrjähriger Trennung fanden sich die beiden Freunde wieder an der Hochschule für Bodenkultur in Wien zusammen, an die sie beide nach deren Gründung im Jahre 1872 berufen wurden. Hier wurde das nahe Freundschaftsverhältnis bis zum frühen Tode meines Vaters fortgesetzt. Mit Rat und Tat stand dann der treue Freund der verwaisten Familie zur Seite, und dankbar denke ich an die mannigfache Förderung zurück, die er mir, dem jungen Doktor und Privatdozenten angedeihen ließ. Der dritte im Freundesbunde war LUDWIG HAECKER, ein gebürtiger Schwabe, der im Hauptberuf Leiter der technischen Betriebe der Gutsherrschaft des Erzherzog ALBRECHT, im Nebenamte Professor für landwirtschaftliche Technologie war. Lebhaft erinnere ich mich des rotbärtigen Feuerkopfes, der sich in dem auf eine gewisse Gemütlichkeit eingestellten österreichisch-ungarischen Milieu nur schwer durchsetzen konnte, sich in Ungarisch-Altenburg nie recht heimisch fühlte und mancherlei beruflichen Verdruß auf der Jagd zu vergessen suchte, die er leidenschaftlich betrieb. Seine Erfindung des Maisbieres, von der er sich in dem maisbauenden Ungarn viel versprach, suchte er auch in Nordamerika einzubürgern, wo er sich über ein Jahr lang aufhielt. Der damals ausgebrochene Bürgerkrieg zwischen den Nord- und Südstaaten war freilich seinen amerikanischen Erfolgen sehr hinderlich, und nicht vollbefriedigt kehrte er nach Altenburg zurück. Seine Reiseeindrücke und Erfahrungen legte er in einem Büchlein „Amerikanische Reiseskizzen" nieder, eines der ersten Reisewerke, die ich als Knabe gelesen habe, und das in mir den lebhaften Wunsch weckte, dereinst auch einmal ein solches Buch zu schreiben. Freilich habe ich mir den Inhalt schon damals ganz anders, mehr durchglüht von der Tropensonne, gedacht. HAECKER ist schon frühzeitig, erst 52-jährig, gestorben. Seine Frau JULIE stammte aus der in Württemberg wohl bekannten und angesehenen Familie SCHÜBLER, die dem Lande eine Anzahl tüchtiger Staatsbeamter, der Wissenschaft den Tübinger Botaniker GUSTAV SCHÜBLER geschenkt hat, den Amtsvorgänger Hugo Mohls. Frau Julie war eine kleine, zart gebaute, doch sehr energische und grundgescheite Frau, meine spätere Schwiegermutter.

Unter den übrigen Kollegen meines Vaters ist mir nur der Professor der Chemie J. Moser in deutlicher Erinnerung geblieben, ein ruhiger, zu Ironie und Sarkasmus neigender Oberösterreicher, dann Prof. Gustav Wilhelm, der Pflanzenbau und Viehzucht lehrte, ein sehr lebhafter, frischer Mann, der nach Jahren schicksalhaft meinen Lebenslauf beeinflußt hat, und endlich H. Hitschmann, der spätere Begründer der „Wiener landwirtschaftlichen Zeitung" und Förderer meiner ersten literarischen Bestrebungen.

In guter Freundschaft waren meine Eltern auch mit mehreren evangelischen Pfarrersfamilien verbunden, die in den deutschen Dörfern des „Heidebodens" ein idyllisches Leben führten. In dem zwei gute Fahrstunden entfernten Zurndorf waltete mein Taufpate Johann Tomka als geistlicher Hirte einer großen, wohlhabenden Gemeinde. Er war ein untersetzter, kräftiger Mann mit scharf geschnittenen strengen Zügen, ein großer Blumenliebhaber, der in Gewächshaus und Garten blumistische Neuigkeiten aus aller Welt mit großem Geschick und gärtnerischer Erfahrung hegte und pflegte. Auch auf die Gemüsezucht verstand er sich vortrefflich, und die süßesten, wohlschmeckendsten Melonen habe ich an seiner Mittagstafel verzehrt. Um mein Seelenheil hat er sich wenig gekümmert, sich aber gern an unseren Knabenspielen ergötzt. Seine Frau Luise war eine geborene Biermann, eine Cousine meines Vaters, die, da sie kinderlos war, ihre sechs Patenkinder mit besonderer Liebe umgab und betreute. Es war mir und meinen Geschwistern immer ein besonderer Festtag, wenn wir mit den Eltern nach Zurndorf fuhren, über die weite Ebene zwischen endlosen Feldern und Weiden, und wenn dann an heißen Sommertagen die Fata morgana einen fernen See mit Baumgruppen und einzelnen Kirchtürmen an den Ufern vorspiegelte. Oft übernachteten wir im weitläufigen Pfarrhause; dann wurde mir etwas unbehaglich zumute, wenn beim ersten Morgengrauen die Rinderherden durch die breite, staubige Dorfstraße getrieben wurden

und die unheimlich langen Hörner der ungarischen Ochsen und
Kühe in dichtem Gewirre an den geöffneten Fenstern vorüber-
schwankten. — Auch ein Schulfreund meines Vaters, Pfarrer
August Schuh in Gols, unweit des Neusiedler Sees, wurde bisweilen besucht, ein heiterer, geistreicher, freidenkender Mann;
er war sehr musikalisch, sang gerne und führte mich einmal nach
dem Sonntagsgottesdienste zur Orgel hinauf, wo ich klopfenden
Herzens einen Choral zu spielen versuchte. Er hat meinen Vater
um Jahrzehnte überlebt und ist erst im Alter von 98 Jahren an
Altersschwäche gestorben. Bis wenige Jahre vor seinem Tode
soll er körperlich und geistig noch überraschend rüstig gewesen
sein.

Von den Kollegen und Freunden des Vaters gehe ich über zu
den eigenen Freunden und Schulkameraden aus meiner Knaben-
zeit, deren Freundschaft die Altenburger Jahre freilich nicht
überdauert hat. Vorerst aber muß ich gestehen, daß mir nach
Jungenart die gleichaltrigen Professorentöchter ziemlich gleich-
gültig waren, obwohl sich unter ihnen recht liebe Mädchen befanden. Auch das älteste Töchterchen des Ehepaares Haecker
machte davon keine Ausnahme, ein zierliches, schönes Kind mit
einem schlagfertigen Zünglein und vielem Mutterwitz — meine
spätere Frau. Der Sohn Professor Mosers, Karl Moser, war
neben meinem Bruder Fritz mein erster Spielkamerad. Da er aber
ein ruhiger, behäbiger Knabe war, zu Balgereien wenig aufgelegt,
so war ich mit ihm nicht immer zufrieden. Befriedigender in dieser
Hinsicht war der Verkehr mit Ödön Blaskovics, dem Sohn des
Gutsinspektors der erzherzoglichen Herrschaft, mit dem ich
manchen Boxkampf ausfocht. Ein um 2—3 Jahre älterer Kamerad,
dessen Name mir entfallen ist, verleitete mich zu manchem, nicht
eben gefahrlosen Abenteuer. Zwei dieser Aventiuren, deren
Schauplatz jedesmal die Leitha war, mögen hier in Kürze erzählt
werden.

Das einemal lud er mich samt einigen Kameraden zu einer
Kahnfahrt ein. Wir fuhren gemächlich den Fluß hinab, zwischen
Schilf und Weidengestrüpp, bis auf einmal sein Bett sich

mächtig verbreiterte und wir unversehens in den Donaustrom gelangt waren. In bedenklicher Nähe klapperten die in den Strom eingebauten Wassermühlen, die Scherze verstummten, und mit kräftigen Ruderschlägen strebten wir zurück in das rettende Bett des heimatlichen Flusses. Das andere Mal liefen wir Schlittschuh auf der Eisdecke der Leitha. Der ungenannte Kamerad, ein geschickter Tausendkünstler und Taschenspieler, wollte uns eines seiner Kunststückchen produzieren und rief eine Schar von 20 bis 30 Knaben zusammen, die sich um ihn zusammenballte. In dem Momente als er ausrief: „Nun paßt auf!" gab's einen furchtbaren Krach, und die ganze Gesellschaft zappelte im Wasser und suchte die zahlreichen Eisschollen zu erklettern. Zum Glück war das Wasser an dieser Stelle nicht tief, und alle Jungen, die das kalte Bad genommen, erklommen glücklich das Ufer. Im Dauerlaufe stürmte ich dampfend nach Hause, wo mich die erschreckte Mutter sofort ins Bett steckte und mit Kamillentee erwärmte. Der Unfall lief gnädig ab, sogar der erwartete Schnupfen blieb aus.

Allerlei Friedliches, Krieg und Abschied.

Um aber wieder zu friedlicheren Beschäftigungen zurückzukehren, so möchte ich hier zuerst meiner großen Sammelwut gedenken, die freilich nicht lange vorhielt. Der Anlegung eines Herbariums konnte ich freilich, wie schon oben erwähnt wurde, keinen großen Geschmack abgewinnen. Dafür war die Käfer- und Schmetterlingssammlung ganz respektabel, wurde aber, als sie einen gewissen Umfang erreicht hatte, vernachlässigt. Mehr als die Sammlung als solche interessierte mich das Bestimmen der erbeuteten Tierchen, besonders der Käfer, das ich nach der Anleitung meines Vaters mit Hilfe des ausgezeichneten Bestimmungsbuches von REDTENBACHER ganz selbständig vornahm. Als mein Vater für sein „Pflanzenphysiologisches Kabinett" eine große Samensammlung anlegte, suchte ich es ihm gleichzutun, und da ich keine Glaszylinder zur Aufbewahrung der Samen auftreiben konnte, so höhlte ich gleichlange Stücke von entrindeten Hollunderzweigen aus, versah sie mit Kartonböden und Korkpfropfen und brachte

sie wohl geordnet in einer von mir selbst angefertigten Papp-
schachtel unter. In ihren Deckel hatte ich mehrere Reihen
kreisrunder Löcher eingeschnitten, in die dann die Samenbehälter
gesteckt wurden. Es war eine sehr säuberliche Arbeit, die mir
manches Lob eintrug. Auch eine Mineraliensammlung wurde angelegt, ein Briefmarkenalbum beklebt, und eine Vogelfedersamm-
lung mußte den verunglückten Versuch ersetzen, eine Sammlung
ausgestopfter Vögel anzulegen. Doch blieben alle diese Bestrebungen, nachdem sie den Reiz der Neuheit und überwundener
Schwierigkeiten verloren hatten, allmählich stecken, und ich küm-
merte mich nicht mehr um das mit Fleiß und Geschick Erworbene.
Zum Musealbeamten war ich nicht geboren.

Daß ich schon als Knabe ein großer Bücherfreund war, läßt sich
denken. Kindliche Unterhaltungslektüre, Robinson Crusoe, die
Lederstrumpferzählungen u. a. gaben meiner Phantasie reichliche
Nahrung. In gleichem Maße verschlang ich für die Jugend bestimmte Reisewerke, als erstes ein Buch, das Kapitän COOKs
Entdeckungsfahrten in die Südsee schilderte. Am meisten aber
fesselten mich naturhistorische Bücher: v. TSCHUDIs Tierleben der
Alpenwelt, BREHMs Tierleben u. a. Heimlich blätterte ich oft in
den Schriften der zoologisch-botanischen Gesellschaft in Wien,
deren Mitglied mein Vater war. Wenn ich auch die verschiedenen
floristischen und faunistischen Aufsätze im Alter von 11—14 Jahren
mit nur höchst mangelhaftem Verständnis gelesen habe, so gaben
sie mir doch eine ahnungsvolle Vorstellung von dem Wesen wissenschaftlicher Arbeit und Forschung, und mein sehnlichster Wunsch
war, dereinst ähnliche Leistungen aufweisen zu können. Im Alter
von etwa zehn Jahren kam mir eine Biographie LINNÉs in die
Hände und machte auf mich einen unbeschreiblichen Eindruck.
Ähnlich wirkte einige Jahre später eine Biographie ALEXANDER V.
HUMBOLDTs, dessen Porträt das Studierzimmer meines Vaters
schmückte und das ich noch heute täglich verehrungsvoll betrachte.

Meine Andacht vor großen Männern wurde in festlicher Weise
durch zwei Jubiläen bekräftigt. Am 10. November 1859 fand in
einem großen Gasthofsaale zu Ungarisch-Altenburg die Feier des

100. Geburtstages SCHILLERs statt, die von den Professoren und Studierenden der landwirtschaftlichen Lehranstalt in Gegenwart eines großen erwartungsvollen Publikums veranstaltet wurde. Lebende Bilder nach den bekannten Zeichnungen LUDWIG RICHTERs zu SCHILLERs Lied von der Glocke riefen außer den Professoren auch ihre Frauen und Kinder zur Mitwirkung auf, und ich war sehr stolz, daß ich in drei Bildern einen kleinen Abcschützen darstellen durfte. Nachher führten die Studierenden „Wallensteins Lager" vor, das des heftigen Lärmes und der kühnen Bewegungen halber, die die Krieger vollführten, mich in ängstliche Stimmung versetzte. Und als gar der dickbäuchige Kapuziner donnernd seine Strafpredigt losließ, lag mir das Weinen näher als das Lachen. Am 23. April 1864 wurde der 300. Geburtstag SHAKESPEAREs gefeiert. Mein Vater sprach einen von ihm selbst verfaßten Prolog in Stanzen, worauf drei weißgekleidete Professorentöchterchen Blumenkränze vor der Büste des Dichters niederlegten. Ich war sehr stolz, als ich meinen Vater deklamieren hörte, doch zitterte ich vor Angst, daß er — steckenbleiben könnte und war heilfroh, als alles gut abgelaufen war und reicher Beifall den Sprecher belohnte. Dann wurde der „Kaufmann von Venedig" mit verteilten Rollen gelesen, was aber den neunjährigen Jungen ziemlich kalt ließ.

Zwei Jahre später kam der Krieg von 1866. Regiment auf Regiment, Infanterie, Kavallerie und Artillerie, marschierte durch Altenburg gegen Preßburg zu; wir Knaben begleiteten die Truppen stundenlang auf ihrem Marsche. Am 25. Juni erste Siegesnachricht: Erzherzog ALBRECHT schlägt die Italiener bei Custozza. Am 28. Juni bringt mein Vater abends freudestrahlend die Nachricht nach Hause, daß General v. GABLENZ die Preußen bei Trautenau geschlagen und über die Grenze zurückgeworfen habe. Doch schon nach wenigen Tagen bangen Harrens liest mein Vater tränenden Auges und mit stockender Stimme meiner Mutter aus der „Ostdeutschen Post" einen kurzen Bericht über die Schlacht bei Königgrätz vor. „Die Schlacht — sie scheint verloren", waren die Schlußworte der

Depesche, die sich unauslöschlich in mein Gedächtnis einprägten. Dann fluteten die österreichischen Truppen zurück. Wieder gab's Durchmärsche, diesmal von abgehetzten Soldaten in vernachlässigten, schmutzigen Uniformen. Etwa 200 Mann wurden, als sie gegen Abend anrückten, über Nacht im Schlosse einquartiert und von den Professorenfrauen verköstigt. Meine Mutter kochte in wenigen Stunden einige hundert kindskopfgroße „Knödel" und Professor MOSER bereitete aus dem Alkohol des chemischen Laboratoriums eine ansehnliche Menge stärkenden Schnapses. Am 22. Juli Kanonendonner, ganz schwach, aber deutlich. Wir Kinder warfen uns vor dem Schlosse auf die Erde und drückten die Ohren ans Pflaster. Kein Zweifel, das waren Kanonenschläge. Bei Blumenau in der Nähe von Preßburg fand das letzte Gefecht dieses unseligen Bruderkrieges statt. Wir Kinder erhofften den Sieg, die Eltern hatten keine Hoffnung mehr. Die gleichzeitig eingetroffene Nachricht vom Seesiege TEGETTHOFFs bei Lissa über die italienische Flotte wurde von ihnen mit wehmütigem Stolze vernommen. — Noch einmal traten die Schrecken des beendeten Krieges an uns heran. Große Ochsenherden wurden zurückgetrieben. Auf der weit ausgedehnten Hutweide an der Leitha brach unter ihnen die Rinderpest aus, und zu Dutzenden lagen die Kadaver auf dem grünen Rasen. Unter der Bevölkerung forderte die Cholera ihre Opfer.

Der Krieg, der mit Österreichs Niederlage endete, hatte für unsere Familie sehr weittragende Folgen. Im Jahre 1867 wurde der österreich-ungarische Ausgleich geschlossen, Ungarn war in weitgehendem Maße wieder selbständig und die Ungarisch-Altenburger landwirtschaftliche Lehranstalt eine ungarische Akademie geworden. Nun handelte es sich um die Zukunft der deutschen Professoren. Die ungarische Regierung erklärte zwar, die deutsche Unterrichtssprache beibehalten zu wollen, doch war allen klar, daß das nur ein Provisorium sein könnte und daß über kurz oder lang die ungarische Unterrichtssprache an Stelle der deutschen treten würde. So strebten die Professoren weg von Altenburg und im Jahre 1869 kam es zu einem förmlichen Exodus der meisten Dozenten. Prof. HECKE wurde zum Direktor der landwirtschaftlichen Betriebe des großen Staatsgestütes zu Radautz in der Bukowina ernannt, Prof. MOSER wurde Direktor der neu errichteten landwirtschaftlichen Versuchsstation in Wien, Prof. WILHELM erhielt einen Ruf als Lehrer der Landwirtschaft an die technische Hochschule „Joanneum" in Graz, und auch die Mehrzahl der übrigen Dozenten kam in Cisleithanien unter. Direktor MASCH war schon zu alt und zu sehr mit Altenburg verwachsen, um fortzuziehen. Meinen Vater suchte man zu halten, und da er der ungarischen Sprache mächtig war, so war es so gut wie sicher, daß er in Bälde MASCHs Nachfolger werden würde. Allein mein Vater fühlte sich zu sehr als Deutscher, um dieser verlockenden Aussicht halber zu bleiben. Auf seinen Antrag hin errichtete das österreichische Ackerbauministerium in Görz im österreichischen Küstenlande eine Seidenbauversuchsstation, deren Hauptaufgabe das wissenschaftliche Studium und die praktische Bekämpfung der Seidenraupenkrankheiten sein sollte, mit denen sich mein Vater ja schon in den letzten Jahren so intensiv beschäftigt hatte. Er wurde zum Direktor der Station ernannt, und im März 1869 nahm er mit seiner Familie Abschied von der Ungarisch-Altenburger Heimat. Es war ein schmerzlicher Abschied für Eltern und Kinder, und noch heute klingt mir die bewegte Stimme meines Vaters im Ohr, als er auf dem Wieselburger Bahnhof zum Waggonfenster hinaus an die vollzählig versammelten Studierenden, Kollegen und Freunde einige herzliche Abschiedsworte richtete. Der Zug setzte sich in Bewegung, und Heimat wie Kinderzeit lagen hinter mir.

In Görz.

Man kann sich keinen größeren landschaftlichen Kontrast denken als die kleine ungarische Tiefebene und die mediterrane Landschaft mit den Karstbergen im Hintergrunde, in der wir nunmehr neue Wurzeln fassen sollten.

Görz, italienisch Gorizia, war die Hauptstadt des österreichischen Küstenlandes „Görz und Gradiska". Eigentlich ists nur ein

Städtchen mit fast rein italienischer Bevölkerung. Nahezu inmitten der Stadt erhebt sich der Schloßberg, um den herum sich die Altstadt mit ihren engen, schmutzigen Gassen und Gäßchen ausbreitet. Gleich daran grenzt die Piazza grande mit der doppeltürmigen Stadtkirche, und von ihr aus führt eine Straße schnurgrade gegen den Isonzo zu, diesen herrlichen Fluß, der im Weltkriege zu so trauriger Berühmtheit gelangt ist. Wie oft habe ich von der Isonzobrücke aus auf das tief unten rasch dahinströmende Wasser geblickt, das von einer berückenden Bläue ist und dessen felsige Steilufer von der üppigsten Mittelmeerflora bewachsen sind. Im Hintergrunde die rötlichgrauen, kahlen Felsenmassen des Vallentini und des Monte Santo und weiter gegen Osten der gestreckte Höhenzug des Tarnowaner Waldes, der uns abends oft durch purpurnes Alpenglühen entzückte. Zwischen Stadt und Fluß große Gärten und Parkanlagen mit all den mediterranen Bäumen und Sträuchern, mit Lobeerbüschen, Zypressen, Myrten, Mimosen, Efeu und Weinlaub. Um Weihnachten herum blühten gewöhnlich die letzten Rosen, und am Neujahrstag brachten wir aus der Groina die ersten Schneeglöckchen heim.

Gegen Westen eine hügelige Landschaft, bewachsen mit Obst- und Maulbeerbäumen, der Coglio, wohin wir namentlich im Herbste oft unsere Spaziergänge lenkten. Da waren dann auf den holzumrahmten Schilfmatten, worauf im Frühjahr die Seidenraupen fraßen und starben, die enthäuteten und entkernten Pflaumen im Sonnenschein zum Trocknen ausgebreitet, auch Feigen und anderes Obst, woran die Gegend so reich ist. Der Coglio flacht sich allmählich gegen die Ebene zu ab, den Friaul und weiterhin gegen Venezien, mit seinen Weizen- und Maisfeldern, durchzogen von den langen Reihen der Maulbeerbäume und Rebenstöcke. Auf einer Campagna des Vaters eines Schulkameraden, wohin ich einige Male eingeladen war, ragten drei mächtige Pinien in den blauen italienischen Himmel hinein, neben dem herrlichen Pinienhain von Belvedere bei Aquileja wohl der nördlichste Standort dieser stolzen Konifere.

Die Schönheit der Landschaft und ihres Pflanzenkleides konnte ich im ersten Halbjahr unseres Görzer Aufenthaltes noch nicht voll genießen, denn der Übertritt aus dem ungarischen in das deutsche Gymnasium machte mir Schwierigkeiten, nicht nur des verschiedenen Lehrplanes halber, sondern, so eigentümlich dies auch klingen mag, auch wegen der deutschen Unterrichtssprache, obgleich diese ja meine Muttersprache war. Ich war gewohnt, in ungarischer Sprache befragt zu werden und zu antworten. Nun stockte ich oft, wenn ich deutsch reden sollte. Am meisten machte sich dies im Lateinunterricht geltend. Ich war auf das Verhältnis der ungarischen Grammatik und Syntax zur lateinischen eingestellt, und nun sollte ich auf einmal aus dem Deutschen ins Lateinische übersetzen und umgekehrt. Alte syntaktische Fäden mußten zerrissen und neue angeknüpft werden. Das fiel mir nicht so leicht. Eine weitere große Schwierigkeit ergab sich aus dem Umstande, daß auf den ungarischen Gymnasien mit dem Unterricht in der griechischen Sprache erst in der 5. Klasse, auf der österreichischen dagegen schon in der 3. begonnen wurde. Da ich in die 4. Klasse eintrat, galt es also den griechischen Lehrstoff dreier Semester mit Zuhilfenahme der Herbstferien in einem Semester nachzuholen, was mir mit Hilfe eines Schulkameraden auch glücklich gelang. So konnte ich die Aufnahmeprüfung in die 5. Klasse mit genügendem Erfolge ablegen. In der deutschen Sprache wäre ich aber zum Gaudium meiner italienischen und slowenischen Mitschüler beinahe durchgefallen, denn die deutsche Grammatik wurde am Altenburger Gymnasium recht vernachlässigt. Auch in der Physik wäre es mir beinahe schlecht ergangen. Aus der Bibliothek meines Vaters fiel mir damals ein ausführliches Hand- und Lehrbuch dieser Wissenschaft in die Hände, in dem ich fleißig und mit größtem Interesse studierte. Als in der Schule das Quecksilberbarometer durchgenommen wurde, machte ich mich aus diesem Handbuche mit den verschiedenen Ursachen bekannt, weshalb die TORRICELLIsche Leere in der Barometerröhre nicht absolut luftfrei zu erhalten sei. Zufällig wurde ich gerade in diesen Tagen über das Barometer geprüft: „Enthält der Raum oberhalb der Quecksilbersäule Luft oder nicht?“, fragte der Lehrer, ein kurzangebundener, unwirscher Herr. „Er enthält etwas Luft", gab ich zur Antwort und wollte nun stolz meine Detailkenntnisse auskramen. „Ungenügend!", donnerte mir der Herr Professor entgegen und schickte mich in die Bank zurück. Mehr Glück hatte ich in der Botanik bei dem jugendlichen, schüchternen Professor FRANZ KRAŠAN, mit dem ich nach Jahren wieder in Graz zusammentraf. Er war ein kenntnisreicher Botaniker, ein vortrefflicher Beobachter und voll origineller, häufig freilich etwas absonderlicher Ideen. Seine botanischen Schriften enthalten mancherlei Beachtenswertes. Als Lehrer war er hilflos, als Mensch wohlwollend und von größter Bescheidenheit.

Meine Mitschüler waren ausschließlich Italiener und Slowenen, die letzteren aus der näheren und weiteren Umgebung der Stadt. Ich war der einzige Deutsche in der Klasse, habe mich aber mit allen Schulkameraden ganz gut vertragen, obgleich die meisten von ihnen italienisch-irredentistisch oder national-slowenisch, z. T. auch panslawistisch gesinnt waren. Die Lehrer in den beiden Landessprachen schürten im geheimen, ja zuweilen selbst offen die nationalistische Bewegung. So wurden z. B. meine 15—17-jährigen slowenischen Schulkameraden zur Mitarbeit an der Verfassung eines großen slowenischen Wörterbuches aufgefordert, wodurch sie sich sehr geehrt fühlten. Ob ihre sprachlichen Kenntnisse und ihre kritischen Fähigkeiten zur Erfüllung einer so schwierigen Aufgabe ausreichten, war anscheinend Nebensache. Die Italiener begnügten sich mit politischen Debatten, wobei ohne ausdrückliche Betonung die Losreißung von Triest, Görz und Gradiska von Österreich und ihr Anschluß an Italien das Hauptthema war. Nur wenige hielten sich von diesen Betrachtungen fern, u. a. der Sohn eines reichen Großkaufmanns und Gutsbesitzers, PIETRO PAULETIG, mit dem ich mich sehr befreundete. Er war ein schöner, zurückhaltender Jüngling, mit feinen Manieren, ein ausgezeichneter Mathematiker und eifriger Leser der Werke SCHOPENHAUERs. Nach Absolvierung des Görzer Gymnasiums besuchte er das Polytechnikum in Zürich und trat dann als Ingenieur in eine Neapler Torpedofabrik ein. Seither habe ich nichts mehr von ihm gehört. — Mein liebster Freund war aber ein Deutscher, AUGUST LOEHR, das einzige Kind eines Rittmeisters a. D., so alt wie ich, mir aber dank seiner hohen Begabung um eine Klasse voraus. In dem kleinen, schwächlichen Körper wohnte ein feuriger, für alles Edle und Schöne entflammter Geist, der weit über sein Alter hinaus auch scharf und kritisch zu denken vermochte und mir auch durch sein vielseitiges, gründliches Wissen mächtig imponierte. Ich war ihm leidenschaftlich ergeben und habe seinen frühen Tod — er starb kaum 18jährig als Lungenkranker zu Millstatt in Kärnten — als einen großen Schmerz empfunden.

Die Gespräche mit diesem Freunde, dem ich meine geheimsten Zweifel und Gewissensnöte anvertrauen durfte, bestärkten mich in einer Absicht, die ich im Alter von 16 Jahren mit Zustimmung meiner Eltern zur Ausführung brachte: Ich trat aus der kirchlichen Gemeinschaft aus und wurde konfessionslos. Den äußeren Anlaß dazu gab mir der Religionsunterricht seitens des streng orthodoxen, fast fanatischen Pfarrers der evangelischen Gemeinde, der mich streng zurechtwies, als ich die Existenz eines leibhaftigen Teufels in Zweifel zu ziehen wagte. Im innersten Herzen glaubte ich ja auch an einen persönlichen Gott nicht mehr. Mein Austritt aus der Kirche erregte natürlich in der Gemeinde wie in der Schule beträchtliches Aufsehen. Doch muß ich zum Lobe meiner damaligen Lehrer und Mitschüler sagen, daß mein gutes Verhältnis zu ihnen durch meinen Schritt keinerlei Trübung erfuhr. Der Pfarrer, dem ich ein solches Leid zufügen mußte, verließ bald danach Görz und nahm die Seelsorgerstelle in einer kleinen oberösterreichischen Landgemeinde an, wo er unter naiv-gläubigen Bauern keine solche Enttäuschung mehr zu befürchten hatte. Sein Nachfolger in Görz war ein schon älterer, liberal gesinnter Mann, der für die Geistesverfassung eines jungen, skeptisch veranlagten Menschen das richtige Verständnis aufbrachte. Als nach der Berufung meines Vaters nach Wien unsere Übersiedelung dahin bevorstand, legten mir daher meine Eltern nahe, den neuen Pfarrer aufzusuchen und mit ihm über die Möglichkeit und die

Voraussetzungen eines Wiedereintrittes in die evangelische Kirche zu sprechen. Für meine Eltern war dabei auch der Umstand maßgebend, daß ich als Konfessionsloser im damaligen Österreich niemals eine staatliche Anstellung würde erlangen können. Dem Wiener Historiker LUDO HARTMANN ist es ja später tatsächlich so ergangen. Er blieb bis zum Umsturz im Jahre 1918 Privatdozent. Für mich war allerdings dieser Gesichtspunkt nicht maßgebend, da ich Arzt werden oder sonst einen freien Beruf ergreifen wollte. Trotzdem suchte ich den Pfarrer auf, der mich in mehreren Unterredungen davon überzeugte, daß das Wesen des Protestantismus im Gegensatze zum Katholizismus auf der freien Auslegung der kirchlichen Lehrsätze und auf der Anerkennung des Rechtes der freien Forschung auch in religiösen Dingen beruhe. Damit konnte ich mich zufrieden geben und so wurde ich nach dreijähriger Konfessionslosigkeit wieder Protestant, wobei ich bei der kirchlichen Handlung, durch die mein Wiedereintritt in die alte Religionsgenossenschaft erfolgte, eine mit dem Geistlichen vereinbarte Erklärung abgab, worin die oben genannten Vorbehalte formuliert waren. Das apostolische Glaubensbekenntnis (dieser vielumstrittene Stein des Anstoßes bei der Konfirmation unserer Jugend) brauchte ich nicht abzulegen; auch hätte ich mich dazu nie verstanden.

In der Schule machte ich gute Fortschritte. Den klassischen Sprachen vermochte ich freilich keinen großen Geschmack abzugewinnen. Die lateinischen Klassiker ließen mich kalt, und unter den Griechen machte mir nur HOMER einen großen Eindruck. Der Genuß an den Werken der Tragiker wurde mir durch die sprachlichen Schwierigkeiten verkümmert und für die abstrusen Gedankengänge PLATOs hatte ich nur ein geringes Verständnis. Die Geschichte mit ihren ewigen Kriegen, König- und Kaiseraffären und nichtssagenden Jahreszahlen war mir lästig; ich konnte nicht finden, daß daraus viel zu lernen sei, und war in späteren Jahren sehr befriedigt, als ich las, daß auch GOETHE dieser Ansicht war. Erst als dem Septimaner BUCKLEs „Geschichte der Zivilisation in England" in die Hände fiel, und ich von naturgesetzlichen Zusammenhängen im Leben der Völker Überraschendes erfuhr, wurde mein lebhaftes Interesse an dieser Art der Geschichtsschreibung wachgerufen. Freilich sagte ich mir schon damals, daß dabei die Rolle großer Persönlichkeiten im Laufe der Geschichte zu kurz käme. — In den Naturwissenschaften trat mein Interesse für Zoologie und Botanik eine Zeitlang stark in den Hintergrund; erst als ich FRANZ UNGERs kleinen Grundriß der Pflanzenanatomie aus meines Vaters Bibliothek in die Hände bekam und zum ersten Male anatomische Abbildungen bewunderte, als ich ERNST HAECKELs Generelle Morphologie mit halbem Verständnis durchblätterte und DARWINs Riesengestalt vor meinen Augen auftauchte, bekam ich die erste Vorstellung von dem Wesen und den Aufgaben der wissenschaftlichen Biologie. Damals war es auch, daß ich zum ersten Male im Laboratorium meines Vaters in ein Mikroskop schauen durfte: Eine Blattepidermis mit ihren Spaltöffnungen war das erste pflanzenanatomische Präparat, das ich staunend betrachtete. Doch waren das nur vorübergehende Interessen. Andauernder fesselten mich Chemie und Physik; im chemischen Laboratorium der Seidenbau-Versuchsstation machte ich mich unter der Leitung des Adjunkten Dr. VERSON mit den Elementen der qualitativen chemischen Analyse vertraut, und erst die Explosion einer Spiritusflasche, bei der ich mit heiler Haut davonkam, bereitete meiner chemischen Experimentalarbeit ein jähes Ende.

All dies trat aber allmählich in den Hintergrund, als mein Interesse für die deutschen Dichterwerke und deutsche Literaturgeschichte erwachte. LESSING und SCHILLER, UHLAND und RÜCKERT, später auch HEINE fesselten mich in hohem Maße, und den literar-historischen Zusammenhängen ging ich mit Eifer nach. Das lockte zu eigenen dichterischen Versuchen, und zahlreiche Verse, Lieder, Balladen und auch einige dramatische Entwürfe häuften sich in der Schreibtischlade an. Ein einaktiges Lustspiel in fünffüßigen Jamben wanderte in den Papierkorb einer kleinen Wiener Theaterkanzlei. Mehr Glück hatte ich mit der Veröffentlichung kleiner Prosaskizzen, die im Feuilleton der Wiener landwirtschaftlichen Zeitung unter dem Pseudonym FRIEDRICH KÜRENBERG erschienen. Gymnasiasten war ja publizistische Tätigkeit unter eigenem Namen streng verboten. Meine erste Skizze behandelte die Zikaden, die in Görz mit so schrillem Gesange die Luft erfüllten, die zirpenden Grillen und Heuschrecken, von denen ich allerlei Selbsterlebtes und aus Dichtung und Sage Zusammengetragenes zu berichten wußte. Zu meinem Ärger wandelte der Redakteur den Titel des Aufsatzes „Singende Insekten“ in „Ein musikalisches Kleeblatt“ um, eine Geschmacklosigkeit, die mich sehr verdroß. Sehr stolz war ich, als ich mein erstes Honorar erhielt, für das ich mir HEINEs „Buch der Lieder“ im Prachteinband kaufte. Nach den singenden Insekten kam der Sperling an die Reihe, dann der Igel, die Seidenraupen und anderes Getier. Auch die Pflanzenwelt mußte mir Themen liefern, die Kürbisfrüchtler, das Unkraut und anderes mehr. Eine Fundgrube bei der Themenwahl war mir VICTOR HEHNs Werk über „Kulturpflanzen und Haustiere in ihrem Übergange aus Asien nach Griechenland und Italien sowie in das übrige Europa“, das 1870 erschienen war. So arbeitete ich einen flüchtig hingeworfenen Gedanken über die Erfindung der Butter zu einer dramatisch sehr bewegten kulturhistorischen Skizze aus, die im Familien- und Freundeskreise viel Beifall fand. Dies alles schrieb ich im Alter von 15—18 Jahren und verdiente mir damit ein hübsches Taschengeld. Der mit meinem Vater befreundete Herausgeber der Wiener landwirtschaftlichen Zeitung, HUGO HITSCHMANN, von dem schon früher die Rede war, fand an meinen Erzeugnissen einen solchen Gefallen, daß er meinem Vater riet, mich zum Journalisten ausbilden zu lassen. Ich bin nicht unglücklich, daß nichts daraus geworden ist.

Einen großen Einfluß übte in dieser Zeit ein junger Gymnasiallehrer, Dr. JOSEPH SCHENK, auf mich aus, mit dem ich in nahe freundschaftliche Beziehungen trat. Ein gebürtiger Tiroler war er einer der originellsten, bedeutendsten Menschen, die ich kennengelernt habe, dem aber mangelnde Selbstzucht und unbezähmbare Spottlust das Leben verdarben. Sein Hauptfach war klassische Philologie, daneben Logik und Psychologie, worin er sich als

trefflicher, wenn auch infolge seines Sarkasmus nicht allgemein
beliebten Lehrer bewährte. Sein etwas schwerfälliger Gang, der
den Gebirgler verriet, hinderte ihn nicht, mit seinen Schülern
weite Spaziergänge zu unternehmen, und da ihm das Sitzen so
schwer fiel, entwich er mit seiner Klasse an schönen Tagen aus
der Unterrichtsstunde und dem Schulgebäude in benachbarte
Parkanlagen, um hier den Unterricht peripatetisch fortzusetzen.
Das trug ihm natürlich Rügen ein, die er leichtherzig abschüttelte.
Er lud mich bald häufig in seine Junggesellenbude ein, wo ich
ihm aus Werken SCHOPENHAUERs vorlas, indes er, aus einer langen
Pfeife schmauchend, im Zimmer langsam auf und ab schritt. Dazwischen schaltete er lange, nicht selten von allerlei Witzen durchsetzte Erklärungen ein und machte mich so nach und nach mit
den Grundgedanken der Philosophie SCHOPENHAUERs vertraut.
Er selbst suchte in geistreicher Weise dieses philosophische Gebäude weiter auszubauen und im Anschluß an SCHOPENHAUERs
Ethik, die das Mitleid als Grundlage hinstellte, die Mitlust als
das Grundprinzip der Kunst nachzuweisen. Er hat diesen ori-
ginellen Gedanken später in einer kleinen Schrift, die er im Selbst-
verlage herausgab, eingehender entwickelt. Anerkennung scheint
sie nicht gefunden zu haben; sie ist offenbar ganz verschollen.
Von SCHOPENHAUER aus lenkte er meine Blicke rückwärts auf
KANT, HUME und LOCKE und förderte so meine philosophische
Ausbildung in hohem Maße. Auch aus Dichterwerken ließ er sich
vorlesen, wobei vor allem HEINE bevorzugt wurde, dessen spötti-
sches Wesen dem seinigen besonders zusagte. Doch auch GOETHE
liebte er sehr und meine Verehrung dieses Dichters schlug ihre
Wurzeln in einem von SCHENK sorgsam zubereiteten Erdreich.
Das Beispiel meines Vaters tat das übrige.

Nach unserer Übersiedelung nach Wien entspann sich zwischen
uns ein lebhafter Briefwechsel, fast ausschließlich wissenschaftlichen Inhaltes. Am Schlusse meines ersten Universitätsjahres
tauchte er plötzlich in Wien auf: Er war vom Unterrichtsministerium plötzlich fristlos entlassen worden. Abgesehen von verschiedenen Disziplinwidrigkeiten beim Unterricht, wovon oben ein

Beipsiel mitgeteilt ist, haben ihm seine antireligiösen und anti-
kirchlichen Bemerkungen, die er auch den Schülern gegenüber
nicht unterdrücken konnte, seinen Lehrstuhl gekostet. Mein Vater
hatte großes Mitleid mit ihm und empfahl ihn der sehr liberalen
Landesregierung von Niederösterreich, die unabhängig vom Mi-
nisterium die Besetzung der Lehrstellen an den Landesgymnasien
und Realschulen vornehmen konnte. Es wurde ihm sofort eine
offene Lehrstelle am Gymnasium in Korneuburg, einem bescheidenen, reizlosen Städtchen in der Nähe von Wien angeboten. Er
trat die Stelle an, kam aber schon nach drei Tagen triumphierend
mit der Bemerkung nach Wien zurück, es sei in dem Krähwinkel
nicht auszuhalten, was er der Landesregierung in einem Schrift-
stück mit den Worten angezeigt hatte: „Veni, vidi, fugi!". Mein
Vater war natürlich empört, die Herren im Wiener Landhause
desgleichen. Trotzdem verwendete sich mein Vater nochmals
für ihn, und zwar diesmal bei der böhmischen Landesregierung.
Er bekam eine Lehrstelle am Gymnasium in Kaaden, wo er es
einige Jahre lang aushielt. Dann gab er auch diese Stellung auf und
kehrte, im Besitze eines kleinen Vermögens, als Privatmann nach
Innsbruck zurück. Hier befreundete er sich mit Erzherzog HEIN-
RICH, der als Sonderling in Tirol lebte und dessen Gesellschafter
und quasi Privatsekretär er wurde. Meine brieflichen Beziehungen
zu ihm hatten sich allmählich gelockert und wurden schließlich
ganz abgebrochen. Auch mit Erzherzog HEINRICH scheint er sich
entzweit zu haben, denn nach einigen Jahren siedelte er nach
Meran über, wo er bis zu seinem Lebensende verblieb. Ich habe
ihn dort gelegentlich der Naturforscherversammlung im Jahre 1905
gemeinsam mit SCHWENDENER und CORRENS besucht, was er in
seiner gedrückten und resignierten Stimmung als eine letzte große
Freude und Auszeichnung empfand. Wenige Jahre danach ist er
unter kümmerlichen Verhältnissen gestorben.

Wenn ich das Leben dieses Mannes ausführlicher geschildert
habe als es wirklich geboten war, so tat ich dies deshalb, weil
außer meinem Vater und meinem Lehrer SCHWENDENER wohl
kein Mensch auf meine geistige Entwicklung in den Jugendjahren

einen so großen nachhaltigen Einfluß ausgeübt hat. Es ist eine Dankesschuld, die ich hiermit abtrage.

Die Eingewöhnung in die neuen Verhältnisse, die von denen in Ungarisch-Altenburg so gänzlich abwichen, fielen meinem Vater leichter als meiner Mutter. Der erstere stürzte sich mit Feuereifer auf die Einrichtung der neuen Seidenbauversuchsstation, die in einer von einem ziemlich großen Park umgebenen Villa jenseits des Giardino publico, nicht weit vom Isonzo untergebracht war. Ihm zur Seite stand als Adjunkt ein chemisch gut ausgebildeter Mediziner, Dr. ENRICO VERSON, ein gebürtiger Triestiner, der später als Direktor der Seidenbauversuchsstation nach Padua berufen wurde. Die Hauptaufgabe der Station war die Bekämpfung der Krankheiten des Seidenspinners, insbesondere der Pebrine. Nachdem ihr Charakter als Infektionskrankheit erkannt war, hat LOUIS PASTEUR ein ebenso einfaches wie erfolgreiches Mittel zu ihrer Bekämpfung vorgeschlagen: die sogenannte Zellengrainierung. Da die parasitischen Bakterien von den Eltern durch Vermittlung der Eier auf die Nachkommenschaft übertragen werden, so läßt die mikroskopische Untersuchung jedes Elternpaares mit Sicherheit erkennen, ob die vom Weibchen gelegten Eier bakterienfrei, also gesund sind oder nicht. Zu diesem Behufe wird jedes Schmetterlingspärchen unmittelbar nach der Paarung in ein kleines Tüllsäckchen gesperrt und verbleibt hier bis nach erfolgter Eiablage. Dann wird es nach seinem Tode in einem kleinen Mörser zerrieben und ein Tropfen des Breies mikroskopisch auf das Vorhandensein von Bakterien untersucht. Das Ergebnis der Untersuchung entscheidet, ob das Säckchen mit den Eiern aufbewahrt oder vernichtet wird. Behufs Gewinnung größerer Eiermengen sind natürlich viele Tausende von Pärchen zu untersuchen, was nur unter Zuhilfenahme zahlreicher geschulter Hilfskräfte möglich ist. Mein Vater löste diese Aufgabe durch Ausbildung einer größeren Anzahl junger Mädchen in der mikroskopischen Technik, die sich dann auch gut bewährt haben. Oft habe ich, wenn ich zur Mittagszeit im Institutspark mit meinen Geschwistern auf und ab spazierte, mit einem gewissen Respekt die muntere Schar der jungen Mikroskopiermädchen lachend und scherzend aus dem Arbeitssaale herausflattern sehen. Ich ahnte damals nicht, daß ich einige Jahrzehnte später selbst in die Lage kommen würde, junge Mädchen im Mikroskopieren zu unterrichten.

Die praktische Durchführung der Zellengrainierung hatte einen lebhaften Briefwechsel meines Vaters mit PASTEUR zur Folge, den er auch einige Male in der herrlichen Villa Vicentina im Friaul besuchte, die ihm ihr Besitzer Napoleon III. als Erholungsaufenthalt zur Verfügung gestellt hatte. Mein Vater kam von diesen Besuchen immer in gehobener Stimmung zurück; der große Forscher hat ihm einen tiefen Eindruck gemacht.

Während so mein Vater in Görz ganz in seinem Elemente war, fühlte sich meine Mutter in dem italienisch-slowenischen Milieu nicht glücklich. Es fehlte ihr der Umgang mit deutschen Frauen und als sie gar eines Morgens in einem Pantoffel ihres Gatten einen großen Skorpion entdeckte, war ihr Görz vollends verleidet.

In den meist überaus heißen Sommermonaten wurde fast alljährlich von der ganzen Familie eine Erholungsreise nach Kärnten angetreten. Die Fahrt ging durch das Isonzotal zunächst nach Flitsch, dann über den romantischen Predilpaß nach Raibl und Tarvis; der Mangart, Triglav und die Wischberge waren die ersten Bergriesen, die ich bestaunte, der Dobratsch der erste Berg, den ich bestieg, und der Raibler wie die Weißenfelser Seen lieferten mir mit ihren großartigen Hintergründen die ersten Motive für meine zeichnerischen und aquarellistischen Versuche. Ich war dafür von dem Zeichenlehrer der Görzer Realschule, der auch am Gymnasium Unterricht erteilte, gut vorbereitet worden. Seither hat mich mein Aquarellmalzeug auf allen Reisen, wie auch in die Sommerfrischen, treu begleitet und Hunderte von mehr oder minder gelungenen Aquarellen füllen nunmehr meine Mappen. Wenn ich sie hin und wieder betrachte, so wird nicht nur die Erinnerung an die vielen, vielen Landschaftsbilder wieder wach, auch alle Nebenumstände, die sich beim Malen einstellten, jedes Mädchen, jeder Bauer, der mir über die Schulter guckte, jede Regenwolke, die mir drohte, tauchen vor meinem geistige Augen lebhaft auf und beleben auf das angenehmste die Erinnerung. Die gespannte Aufmerksamkeit, die das Zeichnen und Malen erfordert, erstreckt sich unwillkürlich auch auf das Nebensächliche und gräbt es tief in das Gedächtnis ein. So ragen die vielen schönen Stunden, in denen ich malte, wie Inseln aus dem Meer meiner schon vielfach ineinander fließenden Reiseerinnerungen empor.

Im Juli 1870 war bei Ausbruch des deutsch-französischen Krieges die ganze Familie mit ihrer nationalen Begeisterung und Siegesgewißheit in dem italienischen Görz um so einsamer, als auch nicht wenige deutschösterreichische Beamte — von den Italienern ganz abgesehen — den „Preußen" wenigstens im geheimen eine rechte Niederlage wünschten. Ich hatte im Gymnasium einen schweren Stand. Bald aber verstummten die Gegner, und als uns am 3. September mein Vater, aus der Stadt kommend, in dem von der Nachmittagsonne durchglühten Park der Versuchsstation beim schrillen Gezirpe der Zikaden, den Sieg von Sedan und Napoleons Gefangennahme zujubelte, da sangen wir zum erstenmal unter dem tiefblauen italienischen Himmel freudig bewegten Herzens die Wacht am Rhein.

Im Sommer 1872 erhielt mein Vater den Ruf als Professor des landwirtschaftlichen Pflanzenbaues an die neugegründete Hochschule für Bodenkultur in Wien. Wenn er auch die Aufgaben, die ihm in Görz gestellt waren, im wesentlichen erfüllt hatte, so fiel ihm doch die Annahme des Rufes sehr schwer. Er stellte sich die Wiederaufnahme seiner früheren Tätigkeit als Forscher und Lehrer schwieriger vor, als es wirklich der Fall war. Nach einem langwierigen, für die ganze Familie aufregenden Hin und Her entschloß er sich endlich die Berufung anzunehmen. Nicht wenig trug dazu die Rücksicht auf meine Mutter und auf die Zukunft der Kinder bei. So übersiedelten wir im Herbst 1872 nach Wien. Ich hatte eben die 7. Gymnasialklasse (die der preußischen Unterprima entspricht) absolviert und mußte nun das letzte Jahr vor der Maturitätsprüfung an einem Wiener Gymnasium unter mir fremden Lehrern zubringen. Trotz dieser unwillkommenen Aussicht fiel mir der

Abschied von Görz nicht schwer. Wenn ich hier auch viel Schönes erlebt habe und aus dem Kinde zum Jüngling heranreifte, zur zweiten Heimat ist es mir nicht geworden.

Der Wiener Student und Doktor.

Das erste Jahr meiner Wiener Zeit gehört zu den schlimmsten, die ich erlebt habe. Meine Eltern hatten eine Wohnung in der Josefstadt gemietet und so besuchte ich die 8. Klasse des benachbarten Piaristen-Gymnasiums, an dem übrigens mit Ausnahme des Direktors nur weltliche Lehrer angestellt waren, fast durchgehends engstirnige, pedantische Köpfe, die den Neuling mit Mißtrauen betrachteten. Besonders der Lehrer im Latein und Griechischen war ein unangenehmer Herr, der statt uns für die alten Klassiker zu erwärmen, auf grammatikalischen und linguistischen Schrullen herumritt und nicht nur mir das Leben sauer machte. Einmal bekam ich eine schlechte Note, weil ich nicht rasch genug aus meinem Gedächtnisse alle die Formen, in denen das Verbum $\varphi\eta\mu\iota$ auftritt, zusammenscharren konnte; und ein andermal erhielt ich für eine schriftliche Schularbeit ein „ungenügend", weil ich statt einer bestimmten kitzlichen lateinischen Konstruktion eine Umschreibung derselben vorgenommen und mich so „fein und geschickt aus der Schlinge gezogen" hatte, wie der Pedant bei der Besprechung der Arbeit selbst zugeben mußte. Solche klassische Philologen soll es noch heute geben. Sie tragen wesentlich mit dazu bei, daß das humanistische Gymnasium seiner Auflösung entgegengeht, was ich im Gegensatze zu vielen Vertretern der Naturwissenschaften an den deutschen Universitäten aufrichtig bedauere.

Das humanistische Gymnasium wird nur zu retten sein, wenn es die griechische Sprache aufgibt. Es braucht deshalb noch kein Realgymnasium zu werden und auch seinen Charakter als eine humanistische Lehranstalt nicht aufzugeben. Der überwältigende Formenreichtum des Griechischen bedeutet eine zu große Belastung des Gedächtnisses und seine Syntax ist so liberal und dehnbar, daß grobe Fehler beim Übersetzen ins Griechische nicht

leicht gemacht werden können. So ist der Gewinn für Verstandes-
schärfung beim rein sprachlichen Unterricht nur ein geringer.
Was aber die Erziehung zu den humanistischen Idealen durch die
Lektüre der griechischen Kassiker, von HOMER bis SOPHOKLES und
PLATO betrifft, so kann diese sicherlich auch mittels guter Über-
setzungen, an denen es ja nicht mangelt, erzielt werden. Diese Erziehung könnte viel intensiver sein, wenn bei gleichbleibender Zahl
der „griechischen" Unterrichtsstunden die sprachlichen Schwierigkeiten, die wie ein Bleigewicht Lehrer und Schüler hemmen, wegfallen
würden. So würde auch mehr Zeit für das Studium der griechischen
Architektur und bildenden Kunst gewonnen. Also Beibehaltung des
Unterrichtes in der Kultur der alten Griechen, aber ohne Erlernung
der griechischen Sprache. Das ist nur scheinbar eine paradoxe
Forderung. Denn die Erlernung zweier toter Sprachen ist in
unserer Zeit eine unerträgliche Belastung der Jugend geworden.
Anders steht es mit dem Unterricht in der lateinischen Sprache.
Für seine Beibehaltung von der ersten Klasse des Gymnasiums
an spricht außer den allbekannten Gründen, die hier nicht wiederholt zu werden brauchen, auch ein Umstand, der meines Wissens
bisher nicht genügend betont worden ist. Die strenge Syntax des
Lateinischen, die von der der deutschen und überhaupt der modernen Sprachen in so vielen Punkten abweicht, schärft das kritische Urteil der Schüler in ganz hohem Maße, wie dies auf keine
andere Weise erreicht werden kann. Beim Übersetzen aus dem
Deutschen ins Lateinische noch viel mehr, als im umgekehrten
Falle. Diese Übung des kritischen Denkvermögens, das später
der Jurist, der Mediziner, wie überhaupt jeder, der in einem akademischen Berufe tätig ist, so nötig hat, kann weder durch den
Unterricht in der Mathematik bewirkt werden, für die eine spezifische Begabung erforderlich ist, noch durch den Unterricht in
den Naturwissenschaften, am wenigsten im biologischen Unterricht.
Um in diesen eine mehr als oberflächliche Kritik zu üben, sind zu
viele Detailkenntnisse notwendig, die das Gymnasium nicht vermitteln kann. Auf diesem Gebiete muß sich der Unterricht auf
die Erweckung und Schärfung der Beobachtungsgabe beschränken

und diese bis zur Beobachtungsfreude zu steigern suchen. — Also
Beibehaltung des Lateinunterrichtes im bisherigen Umfange, und
zwar schon von der ersten Klasse an, worauf dann in einer höheren
Klasse der Unterricht in einer modernen Fremdsprache, am besten
im Französischen, zu erfolgen hätte. So sind ja die Lehrpläne im
wesentlichen an den österreichischen Realgymnasien eingerichtet.
An den preußischen dagegen wird mit einer modernen Fremdsprache, jetzt dem Französischen, begonnen, und erst in einer
höheren Klasse setzt der Lateinunterricht ein. Das heißt aber doch
den historischen Werdegang auf den Kopf stellen. Von den humanistischen sind freilich die Realgymnasien überall durch eine tiefe
Kluft geschieden: Die griechische Kultur existiert für sie so gut
wie gar nicht. So können sie das tiefere Verständnis unserer deutschen Klassiker, vor allem GOETHES nicht oder nur mangelhaft
vermitteln. Leider wird das heutzutage häufig mit gleichgültigem
Achselzucken konstatiert.

*　　*　　*

Nach dieser Abschweifung soll der Eindruck in Kürze geschildert
werden, den mir die Großstadt machte. Er war im ganzen kein
erfreulicher. Das Menschen- und Wagengewühl in den Straßen
verwirrte mich, die Prachtbauten der Ringstraße ließen mich kalt,
der Stefansdom in seiner erhabenen Größe und Herrlichkeit er-
schütterte mich, doch löste er keine Begeisterung aus. Auch die
landschaftliche Umgebung Wiens mit ihren sanften Reizen
machte dem an die herbe Schönheit des Karstes, an die Süße der
italienischen Landschaft Gewöhnten keine rechte Freude. Nur
der Blick vom Kahlen- oder Leopoldsberg auf die von Dunst und
Rauch meist halbverschleierte Riesenstadt, aus deren Mitte der
schlanke Stefansturm wie eine Nadel in die Lüfte ragt, indes der
Donaustrom in stolzer Breite sich gegen die Thebener Enge wälzt,
wo fern am Horizont die letzten Ausläufer der Alpen den Anschluß
an die Karpathen suchen — nur dieser grandiose Anblick hat jedesmal den tiefsten Eindruck auf mich gemacht.
So lebte ich das erste Jahr in Wien ziemlich freudlos dahin.

Ich zog mich in mich selbst zurück, zumal ich unter den neuen Schulkameraden keinen Freund finden konnte, und verwandte die freie Zeit, die mir nach Erledigung meiner häuslichen Schulaufgaben übrig war, zur Fabrikation von Versen und zur Feuilletonschreiberei. Meine Vorbereitung auf die Maturitätsprüfung wurde im Frühjahr 1873 grausam durch meine schwere Erkrankung an Scharlach unterbrochen, der alle sechs Geschwister befiel. Im Fieberdelirium träumte ich einen schrecklichen Traum: Der Vollmond sauste mit großem Getöse auf die Erde zu, verklebte mit meinem Kopfe, und während ich mit den Füßen an die Erde gefesselt war, flog der Mond mit Windeseile ins Weltall zurück. Ich wurde unter rasenden Schmerzen zu einem dünnen Draht ausgezogen. Tobend raste ich aufs Fenster zu, um mich hinauszustürzen. Schwer kämpfend hielt mich meine Mutter zurück.

In Görz war ich immer Vorzugsschüler gewesen, in Wien ging ich nur mit Bangen und Zagen der Maturitätsprüfung entgegen. Nur in der Mathematik und im Deutschen wurde mir sehr guter schriftlicher Arbeiten halber die mündliche Prüfung erlassen. Am bedenklichsten war meine Lage in der Geschichte. Die Entwicklung und Besitzverhältnisse des römischen Ager publicus sowie die Entwicklungsgeschichte der englischen Verfassung waren die Hauptfragen, die mir gestellt wurden. Man ersieht daraus, wie töricht damals geprüft und das Gedächtnis gefoltert wurde. Bis in mein Greisenalter hinein habe ich unter den Folgen dieser geistigen Überreizung zu leiden gehabt. Immer wieder träumte ich von Zeit zu Zeit, im besten Falle nur zwei- bis dreimal im Jahr, daß ich die Maturitätsprüfung nachzuholen hätte und daß vom Erfolg der Prüfung meine Weiterbelassung im akademischen Lehramt abhinge. Natürlich kam es nie zur Prüfung, ich wachte stets schon vorher schwer geängstigt auf. Ich will zugeben, daß diese Angstträume meine Gegnerschaft gegen das Abiturium nicht unwesentlich verschärft haben. Wenn ein junger Mann bis in die oberste Gymnasialklasse hinauf versetzt worden ist, so hat er damit seine geistige Reife zum Hochschulstudium genügend erwiesen. Es bedarf dazu nicht noch einer gewaltigen Gedächtnisprobe, die mit „geistiger Reife" nichts zu tun hat. Seit der Zeit, als ich die Reifeprüfung ablegte, ist ja vieles besser geworden, allein bei dem jetzigen Prüfungsmodus rückt wieder die Gefahr des wissenschaftlichen Dilettantismus und hohlen Phrasentums in bedenkliche Nähe. Die völlige Abschaffung des Abituriums ist wohl nur eine Frage der Zeit. Wer geistig unreif die Hochschule besucht, tut dies auf eigene Gefahr und Verantwortung.

Nachdem ich diese gefährliche Klippe glücklich hinter mir hatte, schickten mich meine Eltern leider nicht zur Erholung aufs Land; ich stürzte mich vielmehr in den sinnverwirrenden Trubel der Wiener Weltausstellung, die im Mai 1873 eröffnet worden war. Der Redakteur der Wiener landwirtschaftlichen Zeitung betraute mich mit der Berichterstattung über das internationale Bauerndorf, das im Prater auf dem Ausstellungsgelände aufgebaut war. Vor allem aus Österreich-Ungarn waren da die verschiedensten Bauernhaustypen samt vollständiger Einrichtung zur Schau gestellt und so hatte ich reichlich Gelegenheit zu volkskundlichen Studien, die ich unter Hinzuziehung aller mir zugänglichen Literatur mit Ernst und Eifer betrieb. Ihr Ergebnis ist in einer Reihe von Schilderungen, die in der genannten Zeitschrift erschienen sind, niedergelegt.

Geistig überarbeitet und nervös geworden trat ich im Oktober 1873 an das Universitätsstudium heran, nachdem vorher meine „derzeitige militärische Dienstuntauglichkeit" festgestellt worden war. Ich schwankte, ob ich mich dem Studium der Naturwissenschaften, insbesondere der Botanik, oder dem der deutschen Sprache und Literatur widmen sollte. Als ich daher behufs der Inskription vor den Dekan der philosophischen Fakultät, Prof. EDUARD SUESS, dem berühmten Geologen, trat und dieser einen Blick in meinen Index lectionum warf, worin Vorlesungen über Botanik, Chemie, Physik, deutsche Sprache und Literatur einträchtig nebeneinander verzeichnet waren, da schüttelte er mißbilligend den Kopf und machte mich auf das Unverträgliche dieser Zusammenstellung aufmerksam. Ich erwiederte, daß ich mich noch nicht entschieden hätte und mir beide Studienwege offen hatten wolle. Schweigend gab der Dekan seine Unterschrift. Schon hier sei erwähnt, wie sich die Dinge weiter entwickelten. Prof. RICHARD HEINZEL, der ausgezeichnete Germanist, hatte ein Kolleg über „Historische Grammatik der deutschen Sprache" angekündigt. Ich besuchte es voller Erwartung, allein der inhaltlich gewiß sehr treffliche Vortrag war äußerlich so abschreckend, daß schon nach einer Woche das Kolleg JULIUS WIESNERs über „Anatomie und Physiologie der Pflanzen", das formell hoch über dem HEINZELs stand, den Sieg davontrug und mich endgültig für das Studium der Botanik gewann. So können unberechenbare Zufälligkeiten entscheidend in die Laufbahn des Menschen eingreifen. Hätte umgekehrt HEINZEL gut und WIESNER schlecht vorgetragen, so wäre ich wahrscheinlich Germanist geworden.

Daß ich mich für die Botanik entschied und nicht Zoologe wurde, hatte einen doppelten Grund: zunächst meinen Widerwillen gegen die Zergliederung des tierischen Körpers, insbesondere gegen die des Säugetierleibes, meine unüberwindliche Scheu, ein Tier zu töten (schon als Knabe hat mich die Schlachtung eines Kalbes, bei der ich zufällig zugegen war, mit Entsetzen erfüllt) und der Widerwille gegen jede Art von Vivisektion, so sehr mir ihre Notwendigkeit im Interesse der Wissenschaft schon frühzeitig einleuchtete. Dies alles war auch der Grund, weshalb ich nicht Arzt wurde, was ich früher oft im Sinne hatte. Ein zweiter Grund, der mich der Scientia amabilis in die Arme trieb, war ein mehr äußerlicher: das Beispiel meines Vaters. Wenn ich heute auf meine Lebensarbeit zurückblicke, so darf ich sagen, daß die Beschäftigung mit der Pflanzenwelt meiner Begabung und meinen Neigungen doch am meisten entsprochen hat.

Als ich meine Universitätsstudien begann, hatte der Unterricht in der Botanik an der Universität Wien soeben ein kritisches Stadium überwunden. Der Systematiker EDUARD FENZL, der Nachfolger STEPHAN ENDLICHERs, ein geistvoller Gelehrtenkopf und kenntnisreicher Botaniker, war damals schon ein hochbejahrter Mann, der mich um so weniger zu fesseln vermochte, als mir ja die reine Systematik wenig behagte. Ich erinnere mich, nur eine einzige Vorlesung von ihm gehört zu haben, in der er die Integumente der Samenanlage sehr drastisch mit seinem Hemd und seinem Rocke verglich, wobei er an diesen mit beiden Händen sehr kräftig zerrte. Der Nachfolger des genialen FRANZ UNGER, H. KARSTEN, dessen Berufung ein Mißgriff war, war eben schwerer Händel mit der Studentenschaft halber mit vollem Gehalte pensioniert worden, JULIUS SACHS in Würzburg und HUBERT LEITGEB in Graz hatten den Ruf nach Wien abgelehnt und so fiel die Wahl auf den erst 36jährigen JULIUS WIESNER, der damals als Professor der Botanik an der Forstakademie in Marienbrunn bei Wien und als Dozent für pflanzliche Rohstofflehre am Wiener Polytechnikum wirkte. Es war im ganzen eine glückliche Wahl. Seine Ernennung erfolgte kurz vor Beginn meines Universitätsstudiums; ich war Zeuge seiner Antrittsvorlesung.

WIESNERs erste Aufgabe war die Gründung eines pflanzenphysiologischen Instituts, das bis dahin der Universität fehlte. Das Institut wurde provisorisch in einigen Räumen des Gymnasiums in der Wasagasse hinter dem chemischen Institute untergebracht. Als Hörsaal diente ein genügend großes Schulzimmer, auf dessen für Knaben berechneten Bänken wir Studenten uns nicht sehr behaglich fühlten. Als Mikroskopierraum wurde ein größeres Zimmer eingerichtet, daneben gab es einige kleine Nebenräume und schließlich das Arbeitszimmer des Direktors. Das war alles. Außer ein paar Mikroskopen so gut wie gar keine Apparate und Instrumente, keine Sammlungen, keine Bibliothek. Hier lernte ich mit den bescheidensten Mitteln wissenschaftlich arbeiten und habe zeitlebens daraus Nutzen gezogen.

JULIUS WIESNERs erstes Hauptkolleg über Anatomie und Physiologie der Pflanzen war sehr gut besucht. Er war ein ausgezeichneter Redner, der seine Hörer zu fesseln verstand, obgleich, von Wandtafeln abgesehen, kein Demonstrationsmaterial zur Verfügung stand und auch Vorlesungsversuche so gut wie ausgeschlossen waren. Heutzutage wird ja in dieser Hinsicht des Guten eher zu viel getan und die Konzentration der Hörer auf den Inhalt der Vorlesung leicht beeinträchtigt. Im anatomischen Teil des Kollegs

wurden besonders jene Gewebe und Zellinhaltsbestandteile ausführlich besprochen, die als pflanzliche Rohstoffe Verwendung
finden, was bei der damaligen Arbeitsrichtung WIESNERs begreiflich
war. Das galt auch für das mikroskopische Praktikum, in dem mit
einer sehr eingehenden Untersuchung verschiedener Stärkesorten
begonnen wurde. Nachdem ich mich damit genügend vertraut
gemacht hatte, wurde mir die Stärke der Samen von Zizania
aquatica zur genauen Untersuchung übergeben. Ich entledigte
mich dieser Aufgabe mit größter Sorgfalt, schrieb die Ergebnisse
ausführlich nieder, legte auch Zeichnungen bei und war sehr enttäuscht, als die Arbeit zwar gelobt, aber der Veröffentlichung
nicht für wert befunden wurde. Ein besseres Schicksal hatte meine
zweite Arbeit „Über die Nachweisung der Zellulose im Korkgewebe", die im Jahre 1874 in der Österreichischen botanischen
Zeitschrift erschienen ist.

Im mikroskopischen Praktikum, das von etwa einem halben
Dutzend Praktikanten besucht wurde, gab es wenig Anregung.
WIESNER, der vollauf mit der Abfassung seines bekannten Hand-
buches der pflanzlichen Rohstofflehre beschäftigt war, ließ sich
nicht häufig sehen und sein Assistent A. BURGERSTEIN war selbst
noch Anfänger. Die anatomischen Untersuchungsmethoden waren
damals ja noch überaus einfach, und so waren wir im Praktikum im
allgemeinen mehr oder minder geschickte Autodidakten. Mit
Vergnügen erinnere ich mich an unsere gemeinsamen Versuche aus
mit Siegellack an Holzklötzchen befestigten Nußschalen mit Hilfe
eines großen drehbaren Schleifsteins Dünnschliffe herzustellen.

Unter den Praktikanten, die gleichzeitig mit mir arbeiteten,
haben sich später THEODOR HANAUSEK und KARL MIKOSCH durch
eine Reihe von wissenschaftlichen Arbeiten einen Namen gemacht.
Mit letzterem, einem stillen, schwermütig veranlagten, charakter-
vollen Manne, der nach einer Reihe von Assistentenjahren als
Professor an der technischen Hochschule in Brünn gewirkt hat,
habe ich treue Freundschaft geschlossen. Ebenso mit meinem
Banknachbar im chemischen Kolleg ROCHLEDERs, dem Zoologen
CARL GROBBEN, mit dem ich in den Studienjahren häufig verkehrte

und dessen ruhiges, vorsichtiges, kritisches Urteil meiner zu theoretischen Spekulationen hinneigenden Art bisweilen einen berechtigten Dämpfer aufsetzte. GROBBEN hat sich zu einem hervorragenden Zoologen entwickelt und an der Universität Wien als Ordinarius für Zoologie viele Jahre lang sehr verdienstlich gelehrt und geforscht.

Die Anregungen, die ich von meinem Lehrer WIESNER empfangen habe, waren nicht sehr bedeutend. Viel eindrucksvoller hat JULIUS SACHS durch sein berühmtes Lehrbuch der Botanik auf mich gewirkt, dessen 4. Auflage mein Vater dem angehenden Botaniker auf den Weihnachtstisch legte.

Die Anatomie und Physiologie der Pflanzen war damals ganz von den mächtigen Impulsen beherrscht, die von den Werken C. NÄGELIs, W. HOFMEISTERs und JULIUS SACHS' ausgingen. Es war die Zeit erfolgreicher Konsolidierung unserer Wissenschaft, der kritischen Sichtung des Überlieferten, der Einordnung fundamentaler neuer Forschungsergebnisse in die Teildisziplinen. SACHS ist mit seinem Handbuch der experimentellen Pflanzenphysiologie zum Erneuerer dieser Wissenschaft geworden und die anatomischen und entwicklungsgeschichtlichen Arbeiten von HUGO MOHL, FRANZ UNGER und CARL NÄGELI bildeten die Grundlage, auf der der Bau der deskriptiven Pflanzenanatomie durch A. DE BARY seiner Vollendung entgegenging.

Alles dies faßte das Lehrbuch von SACHS, durchsetzt von manchen neuen Gedanken, in genialer Weise und künstlerischer Gestaltung zusammen. Ich studierte es mit großem Eifer immer wieder und gewann aus ihm erst einen Überblick über den damaligen Stand der allgemeinen Botanik. Erst durch SACHS wurde ich auch, um nur eines hervorzuheben, in den von W. HOFMEISTER entdeckten Generationswechsel der Moose, Gefäßkryptogamen, Gymnospermen und Angiospermen eingeweiht, über den man in den Vorlesungen der damaligen Dozenten der Botanik an der Wiener Universität nichts erfahren konnte. Und unter der Führung des SACHSschen Lehrbuches setzte ich mich zu Hause an ein MERZsches

Mikroskop und sah und zeichnete vieles, was im offiziellen Praktikum übergangen wurde.

Mit Dankbarkeit muß ich aber anerkennen, daß mir WIESNER stets mit großem Wohlwollen begegnete. Er war ja überhaupt eine liebenswürdige, heitere Natur, voll Begeisterung für seine Wissenschaft und reich an Ideen, mit denen er allerdings nicht immer Glück hatte. Sein rascher Aufstieg steigerte in beträchtlichem Maße sein Selbstgefühl, das sich allmählich zu ausgesprochener Eitelkeit entwickelte, die aber einen harmlosen Eindruck machte und andere selten verletzte. Nach der baldigen Übersiedelung des pflanzenphysiologischen Instituts in ein Haus der benachbarten Türkenstraße, wo auch die physikalischen Institute von STEFAN und LANG kümmerlich genug untergebracht waren, konnten sich Lehrer und Schüler etwas freier bewegen. Hier hat dann WIESNER seine ausgezeichneten, in vieler Hinsicht grundlegenden Untersuchungen über den Phototropismus ausgeführt, hier habe ich auch meine erste Akademiearbeit „Zur Kenntnis der Lentizellen" und später meine Doktordissertation „Über die Winterfärbung ausdauernder Blätter" zuwege gebracht.

Außer bei WIESNER hörte ich auch bei den übrigen Dozenten der Botanik verschiedene Kollegien. JOSEPH BOEHM, der Professor an der Hochschule für Bodenkultur und Extraordinarius an der Universität war, ist ein sehr origineller Forscher und beliebter Lehrer gewesen. Ein kleiner, wohlbeleibter, sehr beweglicher Herr mit einem edel geschnittenen Antlitz, würzte er seine Vorlesungen mit allerlei zynischen Witzen und verschmähte gelegentlich auch ein saftiges Zötchen nicht. In besonderen Eifer geriet er, wenn er gegen SACHS, den „Papst von Würzburg", wie er ihn nannte, loszog, dessen Imbibitionstheorie des Saftsteigens er leidenschaftlich bekämpfte. Tatsächlich war ja BOEHM der erste, der damals für das Aufsteigen des Transpirationsstromes im Lumen der Gefäße und Tracheiden eintrat, sowie er auch durch den bekannten Versuch mit dem im Dunkeln auf einer Zuckerlösung schwimmenden entstärkten Laubblatt als erster die Fähigkeit der Chlorophyllkörner demonstrierte, nicht nur aus Kohlensäure und Wasser, sondern auch aus Zucker

Stärke zu bilden. Ich erinnere mich noch genau, wie diese Annahme in WIESNERs Institut als arge Ketzerei angesehen wurde. Der makroskopische Nachweis der Stärke im Laubblatt, die sogenannte Jodprobe, die später SACHS benutzte, ist demnach nicht von diesem, sondern von BOEHM zuerst angewendet worden. Daß in der pflanzenphysiologischen Literatur stets SACHS als ihr Erfinder bezeichnet wurde, hat BOEHM mit Recht sehr gekränkt.

Vorlesungen über Algen, Pilze, Moose und Pteridphyten hielt in dreisemestrigem Turnus der a. o. Professor und Kustos am botanischen Hofmuseum H. W. REICHARDT ab. Sie waren sehr gut besucht, denn REICHARDT verstand es, in fließendem Vortrage den Gegenstand seinen Hörern so elementar und bequem als möglich zurechtzulegen. Der Generationswechsel der Archegoniaten existierte aber für ihn nicht. Entweder wußte er selbst nichts davon oder er wagte es nicht, seine Hörer damit zu behelligen. Lieber als seine Vorlesungen waren mir seine botanischen Exkursionen, auf denen ich mich mit der Flora der Umgebung Wiens ziemlich gut vertraut machte. Da lernte ich ihn als einen freundlichen, wenn auch etwas steifen Herrn näher kennen. Als alternder Junggeselle hing er mit rührender Liebe an seiner Mutter, nach deren Tod er freiwillig aus dem Leben schied.

Ein rechter Sonderling war der Privatdozent JOHANN PEYRITSCH, gleichfalls Kustos am botanischen Hofmuseum. Als Schüler DE BARYs interessierte er sich besonders für Pilze und hat unsere Kenntnisse über die auf Fliegen schmarotzenden Laboulbeniaceen durch mehrere Arbeiten wesentlich gefördert. Daß er sich aus allen Weltgegenden Fliegen kommen ließ, um nach den Parasiten zu fahnden, gab uns Studenten Anlaß zu mancherlei Scherzen. Größeres Interesse erregten seine Untersuchungen über die Verursachung von Vergrünungen der Blüten durch Blattläuse, einer der ersten Beiträge zur „experimentellen Morphologie". Seine Vorlesungen über Blüte und Frucht der Phanerogamen waren sehr inhaltsreich, aber wegen ihrer formellen Mängel schwer genießbar. Doch war ich ein beharrlicher, oft nur der einzige Zuhörer. Als er einmal von einem Kollegen befragt wurde, ob seine Vorlesungen

gut besucht würden, gab er mürrisch zur Antwort: „Von der größeren Hälfte". Auf die weitere Frage, wieviel Hörer er überhaupt
hätte, erwiederte er zögernd: „Zwei!". Auch ein Praktikum hielt
PEYRITSCH, und zwar in seiner Privatwohnung ab, worin ich die
so sehr ersehnte Anleitung zum Untersuchen von Samenanlagen,
Embryosäcken usw. zu finden hoffte. Daß er mir gleich zu Anfang
zumutete, den Bau des Fruchtknotens von Viscum album aufzuklären, der so vielen Botanikern Kopfzerbrechen verursacht hat, war
mir wegen der Erfolglosigkeit meiner Bemühungen ein deprimie-
rendes Ansinnen. Pädagogisches Geschick besaß PEYRITSCH offenbar nicht. Er hat als Professor in Innsbruck ein trauriges Ende
gefunden.

Kürzer kann ich mich bei der Aufzählung meiner übrigen
Universitätslehrer fassen. Zoologie hörte ich bei CARL CLAUS und
LUDWIG SCHMARDA, Chemie bei ROCHLEDER und SCHNEIDER; im
Laboratorium des letzteren übte ich mich in der qualitativen und
quantitativen chemischen Analyse. Physik hörte ich bei STEFAN.
Mit besonderer Aufmerksamkeit folgte ich aber den Vorlesungen
von EDUARD SUESS, die großen Zulauf hatten. Der Hörsaal seines
Instituts war stets überfüllt. Dieses allgemeine Interesse galt
aber nur zum Teile der geologischen Wissenschaft, zum vielleicht
größeren Teile der fesselnden Persönlichkeit dieses genialen Mannes.
Wenn seine große Gestalt mit dem edlen Christuskopf das Katheder
betrat, hing alles gespannt an seinem Munde, aus dem in oft etwas
müder, aber stets höchst anregender Rede Beobachtungstatsachen,
Theorien und Hypothesen kunstvoll verkettet den Hörern darge-
boten wurden. SUESS stand damals als freisinniger Politiker und
Reichsratsabgeordneter auf dem Gipfel seines Ruhmes. Wir hatten
oft den Eindruck, daß ihn seine intensive Tätigkeit als Forscher,
Lehrer und Politiker überanstrenge; nicht anders konnten wir uns
den leidenden Zug in seinem blassen Antlitz erklären. Eine Erholung war ihm alljährlich die große geologische Exkursion, die er
mit einer großen Schar nach Nordböhmen oder in die Alpen unternahm. Auch ich habe an einer solchen teilgenommen; sie führte
uns von dem seit GOETHE berühmten Kammerbühl bei Eger über

Franzensbad, Karlsbad, Teplitz und Außig bis Dresden, und gehört zu den schönsten und lehrreichsten Erlebnissen während meiner akademischen Studienzeit.

Mein Besuch der Vorlesungen des hervorragenden, zu früh verstorbenen Paläontologen MELCHIOR NEUMAYR schloß mit einer wissenschaftlichen Arbeit ab, die einem glücklichen Funde ihre Entstehung verdankte. Gelegentlich eines Familienausfluges nach Kalksburg bei Wien bot mir ein Steinbrucharbeiter ein großes Fossil zum Kaufe an, das ich sofort als den Steinkern einer Schildkröte erkannte. Als ich meinem Vetter, dem Geologen THEODOR FUCHS davon erzählte, lachte er mich aus und meinte, ich hätte einen der ziemlich häufigen Clypeaster mit einer Schildkröte verwechselt. Als ich ihm den Fund vorzeigte, nahm er diesen Vorwurf allerdings rasch zurück und ermunterte mich, das Objekt wissenschaftlich zu bearbeiten. Leicht fand ich mich auf dem betreffenden Spezialgebiet zurecht und beschrieb das Fossil als erste in Österreich aufgefundene tertiäre Landschildkröte unter dem Namen Testudo praeceps — es handelte sich um eine neue Art — in einer Abhandlung, die dann im Jahrbuch der geologischen Reichsanstalt veröffentlicht wurde. Das Unikum selbst überließ ich als Geschenk der paläontologischen Sammlung des geologischen Instituts als Zeichen meiner Dankbarkeit für den großen Genuß und die reiche Anregung, die mir die Vorlesungen und der persönliche Verkehr mit EDUARD SUESS geboten haben.

Noch ein anderer Naturwissenschaftler, der später zu großer Berühmtheit gelangt ist, war in Wien mein Lehrer: der Privatdozent für Klimatologie und Meteorologie JULIUS HANN. Ein unscheinbarer, fast schüchterner Mann, dem man nicht anmerkte, mit welch großen Problemen er sich schon damals trug. Ich bin in späteren Jahren häufig mit ihm zusammengekommen, als er seine Wiener Professur aufgegeben hatte und für kurze Zeit an die Universität Graz übersiedelt war. Es lag etwas Kindlich-liebenswürdiges in seinem Wesen, das namentlich dann sich äußerte, wenn er harmlose Späße und Anekdoten zum besten gab. Doch auch wissenschaftliche Gespräche habe ich nicht selten mit ihm geführt,

und als ich ihm einmal auseinandersetzte, daß man auf Grund
des anatomischen Baues fossiler Pflanzen Rückschlüsse auf die
Beschaffenheit der vorweltlichen Klimate ziehen könne, munterte
er mich lebhaft auf, diesen Dingen näher nachzugehen. Freilich
bin ich nie dazu gekommen.

Natürlich habe ich auch philosophische Vorlesungen gehört.
Der Herbartianer ROBERT ZIMMERMANN, ein stattlicher, gravitä-
tischer Herr mit langem Vollbart, las Geschichte der Philosophie;
um Weihnachten herum war er gewöhnlich mit der Einleitung
fertig. Eine interessantere Persönlichkeit war FRANZ BRENTANO,
der vor kurzem aus Würzburg berufene Psycholog und Erkenntnis-
theoretiker, der in der äußeren Form seinen geistvollen Vorlesungen den katholischen Priester nicht verleugnete, der er vordem
gewesen war.

Am studentischen Treiben nahm ich nur wenig teil. Als Bur-
schenschafter oder Korpsbruder habe ich mich nie betätigt, schon
deshalb nicht, weil mein Magen mehr als ein bis zwei Glas Bier
nicht vertrug. Auch sind mir Mensuren schon damals nicht
sympathisch gewesen. Ich sah nicht ein, weshalb ein paar tüchtige
Schmisse im Gesichte die Zeichen männlichen Mutes sein sollten.
Dagegen war ich ein fleißiges Mitglied des akademischen naturwissenschaftlichen Vereins, der neben wissenschaftlicher Betäti-
gung durch das Abhalten von Vorträgen auch ungezwungene
studentische Geselligkeit mit Gesang und Bierreden pflegte.
Auch Vereinsschriften wurden herausgegeben und in einem Hefte
derselben erschien mein Vortrag „Über Verbreitung und Physio-
gnomik der Gräser", eine rein kompilatorische Arbeit, zu der ich
durch ALEX. VON HUMBOLDTs Ansichten der Natur und KABSCHs
Pflanzengeographie angeregt wurde. Sie war ganz im Stil meiner
naturwissenschaftlichen Feuilletons gehalten und unterschied sich
von diesen nur durch eine mehr wissenschaftliche Drapierung.

Eine zweimalige, sehr unerfreuliche Unterbrechung erfuhren
meine akademischen Studien durch schwere Krankheitsfälle. Ein
böser, höchst schmerzhafter akuter Gelenkrheumatismus, der alle
Gelenke befiel, fesselte mich sechs Wochen lang unbeweglich ans

Bett und ein Jahr darauf holte ich mir gelegentlich einer geologischen Exkursion nach Nußdorf bei Wien den Typhus, der mich aber lange nicht so mitnahm, wie erstere Krankheit. In beiden Fällen kam ich ohne böse Nachwirkungen davon.

So rückte allmählich nach dreijährigem Studium die Zeit der Doktorprüfungen heran, denen ich mich im Oktober und November 1876 unterzog. Als Dissertation legte ich auf WIESNERs Wunsch die schon oben erwähnte Untersuchung „Über die Winterfärbung ausdauernder Blätter" vor, obwohl ich lieber meine schon vorher veröffentlichten Beiträge „Zur Kenntnis der Lentizellen" dazu ausersehen hätte. In diesen entsprach die Verbindung anatomischer und physiologischer Beobachtungen mehr meinen Neigungen, als der rein physiologische und chemische Inhalt der erstgenannten Arbeit. Im zweistündigen Hauptrigorosum prüften mich in Botanik WIESNER und FENZL, in Chemie der vor kurzem aus Prag berufene LIEBEN. Bei WIESNER gings ganz glatt, FENZL, der Systematiker, machte mir Schwierigkeiten. Die Beantwortung der Frage nach den Unterschieden zwischen Gramineen und Cyperaceen, die mir unbequem war, zog ich zum Gaudium der zahlreichen Zuhörerschaft dadurch in die Länge, daß ich mich ausführlich über das Gramineen-Diagramm und seine Ableitung vom typischen Monokotylen-Diagramm, sowie über die Entwicklung des Gramineen-Embryo verbreitete, die mir aus HANSTEINs vor kurzem erschienener bekannten Arbeit geläufig war. Einen zweiten Heiterkeitserfolg hatte ich bei der Prüfung in Chemie, in der ich die Frage nach der Entstehung des Äthylalkohols mit Hilfe zahlreicher komplizierter chemischer Formeln zu beantworten suchte, bis mir, nachdem LIEBEN schon ungeduldig geworden war, aus dem Publikum das erlösende Wort „Hefe" zugeflüstert wurde. Im einstündigen Nebenrigorosum aus Philosophie prüften mich ZIMMERMANN und BRENTANO. Ich hatte mir auf Anraten JOSEPH SCHENKs, von dem oben die Rede war, LOCKEs „Essay concerning human unterstandig" (natürlich in deutscher Übersetzung) als dasjenige philosophische Werk zum eingehenden Studium gewählt, über dessen Inhalt ich geprüft zu werden wünschte. Ich kann nicht sagen, daß ich aus diesem langatmigen Werke nachhaltige Belehrung geschöpft habe. ZIMMERMANN war als Examinator gnädig und stellte vorwiegend geschichtliche Fragen. Schärfer ging mir BRENTANO zu Leibe, doch bestand ich auch dieses Rigorosum „mit Auszeichnung". Als ich einige Jahrzehnte später als ordentliches Mitglied der Preußischen Akademie der Wissenschaften BRENTANO, der damals hochbetagt in Florenz lebte, zu seiner Wahl zum korrespondierenden Mitglied gratulierte, erinnerte ich ihn scherzhaft an das lebhafte Wortgefecht, das wir bei meinem Rigorosum führten. Am 11. November 1876, einen Tag nach der Enthüllung des Schillerdenkmals, erfolgte im Senatssaale der Universität unter dem Rektorat JOSEPH STEFANS meine Promotion zum Doktor der Philosophie. In meiner Dankrede knüpfte ich unter Hinweis auf die vorausgegangene Feier an das bekannte Distichon SCHILLERs an:

Immer strebe zum Ganzen, und kannst du selber kein Ganzes
   Werden, als dienendes Glied schließ an ein Ganzes dich an.

Ein halbes Jahrhundert später durfte ich bei meinem goldenen Doktorjubiläum dem Rektor der Universität Berlin, Prof. TRIEPEL, die Versicherung geben, daß ich die Mahnung des Dichters treu befolgt habe.

Wenige Tage nach meiner Promotion holte ich vom Bahnhofe die kleine Freundin meiner Knabenjahre ab, die ich seither nicht wiedergesehen hatte und die inzwischen zu einer sehr hübschen, zierlichen, jungen Dame herangewachsen war. Sie war eine Woche lang Gast im elterlichen Hause und in dieser Zeit spannen sich die ersten zarten Fäden gegenseitiger Neigung zwischen uns beiden an.

*　　*　　*

Im Herbst 1876 zog der Assistent meines Vaters, FRANZ VON HÖHNEL zu DE BARY nach Straßburg, und da ein geeigneter Ersatz für ihn nicht gefunden wurde, so übernahm ich als Assistentenstellvertreter auf ein Jahr die freigewordene Stelle. Im Institut für landwirtschaftlichen Pflanzenbau machte ich mich nun mit den Aufgaben dieses Zweiges der angewandten Botanik vertraut, half beim Unterricht im Praktikum mit und bearbeitete aber bei meinen nunmehr ganz selbständigen Untersuchungen nach wie vor rein wissenschaftliche Themen. Die Hauptarbeit aus dieser Zeit behandelte „Die Schutzeinrichtungen in der Entwicklung der Keimpflanze", die ich als selbständige Schrift 1877 herausgab. In ihr sind bereits manche Ansätze zur physiologischen Pflanzenanatomie zu finden, deren Aufgaben mir damals allerdings erst in verschwommenen Umrissen vor das geistige Auge traten. Ich schickte ein Exemplar der Schrift auch an CHARLES DARWIN, der mir in einem eigenhändigen Schreiben sehr freundlich dafür dankte. Er hätte viel daraus gelernt, hieß es in dem Briefe, was zwar sicher nur als gütige Aufmunterung gemeint war, mich aber doch in hohem Maße beglückte und mit Stolz erfüllte.

Im Laufe dieses Jahres lernte ich EDUARD STRASBURGER kennen, der mit seiner Frau zu Besuch in Wien weilte. Er hatte gerade seine schöne Entdeckung der Adventivembryonie gemacht und zeichnete mit flotten Strichen Nuzellarembryonen auf ein Papierblatt, das er mir zum Andenken mitgab. Ich besprach mit ihm auch meinen Plan, das nächste Studienjahr an einer reichsdeutschen Universität zuzubringen, da mir zu diesem Zwecke ein Stipendium seitens des Unterrichtsministeriums in Aussicht gestellt war. Es war damals unter den jungen Botanikern, die die akademische Laufbahn anstrebten, allgemein üblich, entweder SACHS in Würzburg oder DE BARY in Straßburg aufzusuchen. WIESNER riet mir, indem er seine Eifersucht auf SACHS und seine Erfolge in anerkennenswerter Weise zurückdrängte, nach Würzburg zu gehen. Ich hatte aber anderes im Sinne. Vor kurzem war S. SCHWENDENERs Werk über „Das mechanische Prinzip im anatomischen Bau der Monokotylen" erschienen, worin zum ersten Male Bau und Anordnung eines pflanzlichen Gewebesystems mit seiner physiologischen Funktion in Verbindung gebracht und aus dieser erklärt wurde. Ich darf es mir als Verdienst anrechnen, daß ich schon in so jungen Jahren die große Tragweite dieses Werkes für die gesamte Pflanzenanatomie erkannt habe und infolgedessen den lebhaften Wunsch hegte, SCHWENDENER persönlich kennenzulernen und

in seinem Institute zu arbeiten. Als ich STRASBURGER diese meine
Absicht mitteilte, meinte er kopfschüttelnd, daß ich ohne sehr
gründliche Kenntnisse in Mathematik und Mechanik bei SCHWEN-
DENER nicht viel profitieren würde. Doch ließ ich mich durch diese
Bemerkung nicht irre machen und zog im Spätherbste 1877 nach
Tübingen.

In Tübingen bei Schwendener.

An einem der letzten Oktobertage 1877 traf ich in Tübingen ein,
begleitet von der tatkräftigen Tante meiner späteren Frau, Fräulein
ELISE SCHÜBLER, der Nichte des Botanikers und Agrikultur-
chemikers GUSTAV SCHÜBLER. Sie hielt sich schon dieser botanischen Beziehungen halber für verpflichtet, mich bei meinem
Einzuge in das Universitätsstädtchen unter ihre Fittiche zu nehmen,
zumal sie lange in Tübingen gelebt hatte und die Schwierigkeiten
bei der Wahl einer geeigneten Studentenbude genau kannte. Nach
langem Suchen fand sich ein passendes Quartier in der Villa eines
Landsmannes, des Privatdozenten Dr. MILNER in der Neckarhalde.
Es war ein hochgelegenes Mansardenzimmer mit schöner Aussicht
in das Neckartal und auf die rauhe Alb. Weniger schön war die
arge Kälte, die ich in dem grimmig kalten Winter 1877/78 in dieser
Bude auszuhalten hatte. Mehrmals war frühmorgens in der
Waschschüssel das Wasser gefroren.

Mein erster Besuch galt natürlich Professor SIMON SCHWEN-
DENER, der erst vor kurzem aus Basel nach Tübingen berufen
worden war. Er bewohnte als Junggeselle, der er zeitlebens ge-
blieben ist, die Amtswohnung im botanischen Institut am anderen
Ende des Städtchens. Ich traf ihn in seinem Studierzimmer am
Schreibtisch an, wo er mit der Redaktion seiner großen Arbeit über
die „Mechanische Theorie der Blattstellungen" beschäftigt war.
Er stand damals im 49. Lebensjahre, ein kräftiger, mittelgroßer
Mann, in stolzer, aufrechter Haltung, mit einem edel geschnittenen
Gesicht, zierlich gestutztem Schnurrbart und schwachem,
schütteren Vollbart, vor allem aber mit schönen, tiefblauen, geist-
sprühenden Augen, deren Ausdruck durch die fast vollständig

fehlenden Brauen nicht beeinträchtigt wurde. Gleich bei den ersten Willkommensworten, die er sprach, fiel mir das Pathos seiner Sprache auf, das durch eine sonore, wohlklingende Stimme noch wesentlich gehoben wurde. So war sein ganzes imponierende Äußere, das er bis ins höchste Alter bewahrte, ganz dazu angetan, um ihm später in Berlin den Titel „Der Meister" zu verschaffen, als der er von seinen Schülern bis an sein Lebensende verehrt wurde.

S. SCHWENDENER, am 10. Februar 1829 zu Buchs in der Schweiz geboren, war der Sohn eines Bauern und hat als Knabe Kühe auf die Weide getrieben und Roßhändlern Pferde vorgeritten. Dann hat er ein Lehrerseminar besucht, hat eine Zeitlang in einer Privatanstalt den Lehrerberuf ausgeübt und ist dann, nach Höherem strebend, nach Zürich gezogen, um an der dortigen Universität Mathematik und Naturwissenschaften zu studieren. Hier wurde er Schüler CARL NÄGELIS, der den ihm kongenialen jungen Mann zu seinem Assistenten und Mitarbeiter machte. Das seinerzeit berühmte Werk „Das Mikroskop" war die Frucht gemeinsamer Arbeit. Dann folgte die Habilitation in Zürich und eine Reihe anatomischer und entwicklungsgeschichtlicher Untersuchungen über den Flechtenthallus, die ihren Abschluß in der epochemachenden Schrift über „Die Algentypen der Flechtengonidien" fanden. Der hier geführte Nachweis, daß die Flechten keine selbständige Pflanzenklasse, sondern „symbiotische" Vereinigungen von Algen und Pilzen sind, machte in der botanischen Welt und darüber hinaus das größte Aufsehen und stieß auf den leidenschaftlichen, freilich erfolglosen Widerspruch der Lichenologen. Nach langer Privatdozentenzeit erhielt SCHWENDENER den Ruf auf den botanischen Lehrstuhl der Universität Basel, wo er „Das mechanische Prinzip" verfaßte, und bald darauf nach WILHELM HOFMEISTERs Emeritiernng und Tod den Ruf nach Tübingen. — Das war der Mann, den ich mir zum Lehrer ausersehen hatte.

Das erste und wichtigste, was nun zu überlegen war, war die Wahl eines Themas für meine wissenschaftliche Arbeit. SCHWENDENER schlug mir zwei Themen vor: Die anatomisch-physiolo-

5*

gische Untersuchung der Zellen und Gewebe, die in hygroskopischen Samen und Früchten Bewegungen ausführen, und als zweites die Entwicklungsgeschichte des mechanischen Gewebesystems. Ich wählte das letztere, da es meinen Neigungen und Fähigkeiten besser entsprach. Es sollte untersucht werden, ob auch die Entwicklungsgeschichte Argumente für die anatomisch-physiologische Selbständigkeit des mechanischen Systems, insbesondere des Bastgewebes, zu liefern vermag.

Das botanische Institut, worin ich meine Arbeit alsbald begann, befand sich in einem ziemlich desolaten Zustande. SCHWENDENER, vollauf beschäftigt mit seinen Blattstellungsstudien, hatte noch nicht Zeit gefunden, das Institut in Ordnung zu bringen und einigermaßen modern einzurichten. Gleich bei der Auswahl des Mikroskopes gab es Schwierigkeiten. Schließlich wurde ein altes PLÖSSLsches Instrument, das noch aus MOHLs Zeiten herstammte, für geeignet befunden und im großen Arbeitssaale für die Praktikanten aufgestellt. Doch war ich darin nur der einzige vorgeschrittene Arbeiter; zweimal in der Woche erschien noch ein Anfänger, um zu mikroskopieren. Einen Assistenten gab es nicht. Mit HOFMEISTER war auch sein Hilfsassistent TH. STIRM, ein stadtbekannter Sonderling und ewiger Student, der sich niemals eine Prüfung abzulegen getraute, aus dem Institut verschwunden. Nur ein oder das anderemal tauchte seine lange, hagere Gestalt wie ein Schatten in den Institutsräumen auf, um gleich wieder zu entweichen.

Meine Arbeit ging recht flott von statten, zumal mir der botanische Garten mit seinen Gewächshäusern reichliches Untersuchungsmaterial lieferte. Nur ein- oder zweimal in der Woche ließ sich SCHWENDENER an meinem Arbeitsplatze sehen und über den Fortgang der Untersuchung Bericht erstatten. Er erkannte bald, daß ich selbständig zu arbeiten imstande sei und unterließ jede Einflußnahme auf den Gang der Arbeit und die Wahl der Untersuchungsobjekte. Der Nachweis, daß die Bastbündel ebenso aus kambialen bzw. prokambialen Strängen hervorgehen wie die Gefäßbündel, befriedigte ihn sehr, da er eine willkommene Bestätigung seiner Ansichten war. Ebenso war ihm der zahlenmäßige Nachweis des aktiven Spitzenwachstums der jungen Bastzellen willkommen. Und eine Überraschung war ihm und mir die Entstehung kleiner Bastbündelchen im Dermatogen verschiedener Cyperus-Arten, von dem man bis dahin annahm, daß es nur rein epidermale Elemente, Epidermiszellen, Haar- und Spaltöffnungszellen erzeugen könne. Als ich diese Entdeckung dem Extraordinarius der Botanik FR. HEGELMAIER mitteilte, schüttelte er zuerst ungläubig den Kopf; nachdem er sich aber von der Richtigkeit der Beobachtung überzeugt hatte, meinte er halsstarrig: „Das sind eben keine echten Bastzellen, sondern nur bastähnliche Epidermiszellen!" Die Keimblättertheorie der Zoologen hatte damals auch in den Köpfen der orthodoxen Pflanzenmorphologen einige Verwirrung angerichtet.

In der ersten Zeit meines Tübinger Aufenthaltes fühlte ich mich ziemlich vereinsamt. An dem studentischen Leben nahm ich nicht teil, und so bestand zunächst meine einzige Zerstreuung darin, daß ich abends MOZARTsche und BEETHOVENsche Sonaten von den Notenblättern ablas, da mir ja kein Klavier zur Verfügung stand. Ich kannte diese kostbaren Musikstücke von früher hinlänglich genau, um die Klangwirkungen auf mein geistiges Ohr einwirken zu lassen und so einen wenn auch gedämpften musikalischen Genuß zu erleben. Später brachten Einladungen seitens verschiedener Professorenfamilien, denen ich Besuche abgestattet hatte, erwünschte Abwechslung. Im gastfreien Hause des Professors der Landwirtschaft WEBER und seiner lebensprühenden Gattin, einer der ersten Frauenrechtlerinnen Deutschlands, verlebte ich in Gesellschaft von Assistenten, Studenten und liebenswürdigen jungen Damen manche vergnügte Stunde. Noch lebhafter ging es im Hause des Chemikers LOTHAR MEYER zu, eines der beiden Entdecker des periodischen Systems der Elemente, dessen gemessenes Wesen — auf einem Kostümfeste machte er mit seinem langen weißen Bart als arabischer Scheich einen höchst patriarchalischen Eindruck — in der frischen und munteren Art seiner geistreichen Gemahlin eine wohltuende Ergänzung fand. Der Zoologe THEODOR

Eimer, ein feiner Kopf, und seine Frau nahmen sich meiner gleichfalls freundlich an, und im Hause des hochbetagten Theologen Landerer lernte ich die altschwäbische Gastfreundschaft kennen. Ich hätte sie mir beinahe verscherzt, als ich in dem damals ausgebrochenen russisch-türkischen Kriege für die Türken Partei nahm, was für einen Österreicher selbstverständlich war. Auch dem fast 70jährigen Geologen und Paläontologen Quenstedt und seiner Frau war ich empfohlen worden. Als ich meinen Antrittsbesuch machte, war er nicht zu Hause und als ich mich seiner Frau vorstellen wollte, blickte mich das schwäbische Dienstmädchen vorwurfsvoll an und sagte: „Sell gaht net, d' Frau Professor hat geschtern a Büble kriegt." Bestürzt eilte ich von dannen. Bei der Wiederholung meines Besuches empfing mich ein stattlicher, korpulenter alter Herr in langem Schlafrock, faßte mich alsbald an einem Rockknopf und bugsierte mich nun, lebhaft auf mich einsprechend, mehrere Male in der riesigen Stube herum, in der Bücher, Gesteinsbrocken und Fossilien ein anmutiges Durcheinander bildeten.

An der Tübinger Universität wirkten damals als Ordinarien mehr norddeutsche als schwäbische und überhaupt süddeutsche Professoren, was zwar nicht zu Reibereien, immerhin aber doch zu kleinen Eifersüchteleien Veranlassung gab. Ein unruhiger Privatdozent der Philologie, namens Flach, schürte diese Gegensätze nach Kräften. Nach Veröffentlichung eines Pamphletes über die Vetterlewirtschaft in Tübingen war er unmöglich geworden und mußte das Weite suchen. Zu offenem Ausbruch des Gegensatzes zwischen Nord und Süd kam es aber nicht selten, wenn die Professorenkinder aus der Schule nach Hause gingen. Der leidenschaftliche Zuruf „Du Nordkaffer" war das mindeste, was dem norddeutschen Jungen passieren konnte.

Die Professoren der mathematisch-naturwissenschaftlichen Fakultät kamen allwöchentlich abends in einem Gasthause zusammen, wo bei einem Glase Bier über wissenschaftliche und andere Dinge debattiert wurde. Schwendener hatte mich in dieses Kränzchen eingeführt, was mir viele Anregung brachte. Ich lernte hier u. a. den physiologischen Chemiker G. Hüfner kennen, einen stillen, sehr kenntnisreichen, klugen Kopf, der mich einlud in seinem Laboratorium im alten Schloß die Methoden der Gasanalyse zu erlernen. Ich folgte dieser Aufforderung natürlich sehr gerne und fand mich eine Zeitlang regelmäßig in der großen Ritterküche ein, von deren geschwärzter Decke noch die mächtigen Eisenhaken zum Aufhängen der Bratenstücke herabhingen. Dies war der Raum, der für gasanalytische Zwecke eingerichtet war. Auch das physikalische Institut war im alten Schloß untergebracht, in dem sein Direktor, der alte Prof. REUSCH, auch ein Original, dem Kränzchen einmal eine Gastvorstellung gab. Es war eben die Kunde von der Erfindung des Telephons in die Welt hinausgedrungen, und REUSCH hatte schnell mit seinem Assistenten einen solchen Apparat zusammengestellt. Nun sollte aus einem Flügel des Schlosses in einen anderen hinübertelephoniert werden. Als erster wurde SCHWENDENER, als Stimmgewaltigster, aufgefordert in den Apparat hineinzusprechen. Mit wahrer Stentorstimme zitierte er SCHILLER. Unverständliches wurde zurückgebrüllt.

Zur Erheiterung von jung und alt trugen auch manche Studentenstreiche bei, die sich bald im Städtchen herumsprachen. Nur einer ist mir in dauernder Erinnerung geblieben. Fast jede studentische Verbindung besaß ihren mächtigen Bernhardiner oder Neufundländer, einer größer als der andere. Während der Vorlesungen trieben sie sich in der Vorhalle des Universitätsgebäudes herum und belästigten Studenten und Professoren. Als nun einmal der kleine alte Professor TEUFFEL, ein klassischer Philologe, von einem dieser Köter umgerannt wurde, trat der akademische Senat zusammen und beschloß die Verbannung der Hunde aus Tübingen. Die Ausführung dieses Beschlusses erfolgte in feierlichster Weise. Auf blumenbekränzten vierspännigen Ochsenwagen, auf denen je eine heulende Bestie angekettet war, zog der lange Troß, von den Chargierten in vollem Wichs zu Pferde begleitet, bei Trompetenklang und Trommelwirbeln in das benachbarte Bierdorf Lustnau hinaus, wo die Verbannten bei gefälligen Leuten in Kost und Quartier gegeben wurden. Hinter den Fenstergardinen schauten entzückt die Frauen und Töchter der Professoren

dem noch nie dagewesenen Schauspiel zu und auch die Mitglieder
des Senates sollen heimlich, doch schmunzelnd den Anblick genossen haben. Daß im übrigen ganz Tübingen auf den Beinen war,
kann man sich denken.

Die anmutige Umgebung Tübingens verlockte im Frühjahr und
Sommer 1878 zu manchen Spaziergängen und Ausflügen, zumeist
in Gesellschaft einiger Assistenten und jungen Doktoren, unter
denen ich namentlich eines Chemikers, Dr. HARTMANN, der früh
gestorben ist, treulich gedenke. Von Zeit zu Zeit zogs mich nach
Stuttgart in das Haus der Witwe des Freundes meines Vaters,
LUDWIG HAECKER, die nach seinem Tode mit den Kindern aus
Ungarisch-Altenburg in ihre Vaterstadt Stuttgart zurückgekehrt
war. Mit der älteren Tochter CHARLOTTE, der ich schon zweimal
in diesem Buche gedachte, verknüpften mich bald zarte Bande
gegenseitiger Neigung, die wir vor uns selbst noch geheim hielten.
Es war das alte süße Lied. Die jüngere Tochter GERTRUD, kaum
flügge geworden, ahnte bereits, um was es sich handelte, und die
beiden Söhne VALENTIN, in der Familie Velten genannt, und
WALTER, zwölf- und zehnjährige frische Knaben, führten mit
dem Gaste eindringliche Gespräche über Vögel, Käfer und
Schmetterlinge. VALENTIN HAECKER, der spätere WEISMANN-
Schüler, betrat die akademische Laufbahn und wirkte als hervorragender Zoologe und Vererbungsforscher, zuerst an der technischen
Hochschule in Stuttgart, dann an der Universität Halle. Ich habe
mit ihm im Laufe mehrerer Jahrzehnte viele anregende wissenschaftliche Gespräche geführt. WALTER HAECKER wurde Theologe und landete schließlich als Seminarrektor in Heilbronn, wo er
in seinen freien Stunden eifrig Familienforschung trieb und sich
auf diesem Gebiete in Württemberg einen angesehenen Namen
gemacht hat. Seine zahllosen reizenden Gelegenheitsgedichte
erfreuten groß und klein.. Beide Brüder sind vor einigen Jahren
rasch hintereinander gestorben. Zuweilen traf ich bei HAECKERs
auch den Onkel der Kinder, den Eisenbahndirektor ADOLF SCHÜB-
LER aus Straßburg an, der mir deshalb besonders interessant war,
weil SCHWENDENER in seinem „Mechanischen Prinzip" sich oft

auf das von SCHÜBLER und LAISSLE verfaßte ausgezeichnete Werk über Brückenbau bezogen hat.

Durch die Familie HAECKER wurde ich auch in verschiedene Verwandtschafts- und Freundeskreise eingeführt, unter denen ich nur die Familien des Prälaten HAUBER in Ludwigsburg und des Sanitätsrates Dr. STEUDEL in Stuttgart erwähnen will. Prälat HAUBER war einer der angesehensten Kirchenmänner Württembergs, ein hochbetagter, fröhlicher Mann, der mich gelegentlich eines naturwissenschaftlichen Gespräches mit der Bemerkung überraschte, daß sich der christliche Glaube ganz wohl mit der DARWINschen Lehre von der Abstammung des Menschen befreunden könne. Dr. STEUDEL, ein echter, kleiner, untersetzter Schwabe, war Hausarzt bei HAECKERs und gab als Adoptivsohn LUDWIG UHLANDs gern Anekdoten aus dem Leben seines großen Landsmannes zum besten. Nur eine ist mir im Gedächtnis geblieben. Als das kinderlose Ehepaar UHLAND sich entschlossen hatte, ein Adoptivkind anzunehmen, wurden ihm drei frische Abc-Schützen vorgestellt. Er war unschlüssig, welcher zu wählen sei. Da haschte der kleine STEUDEL mit flinker Hand nach einer Fliege, die ihn umschwärmte und fing sie. „Das ist der Rechte!" rief UHLAND aus und so war die Entscheidung gefallen.

Im botanischen Institut arbeitete ich fleißig weiter. Allmählich ließ sich SCHWENDENER häufiger sehen und führte lange Gespräche mit mir, wobei zuweilen auch die Zukunft der physiologischen Pflanzenanatomie gestreift wurde, wie sie ihm damals vor Augen schwebte. Am klarsten sprach er sich darüber nach dem Erscheinen der rein deskriptiv gehaltenen „Vergleichenden Anatomie der Vegetationsorgane der Phanerogamen und Farne" von DE BARY aus, die 1877 erschienen ist. „Das ist ein von vornherein veraltetes Buch!" war sein Urteil, das er, wie in anderen Fällen, mit großer Bestimmtheit aussprach und begründete. Ich kann es heute nicht mehr für ganz gerecht halten. DE BARGYs Buch war der mit kritischer Umsicht und enormem Fleiß durchgeführte Abschluß der rein morphologischen Richtung der pflanzenanatomischen Forschung, die die feste Basis für die physiologische Pflanzenanatomie geschaffen hat. SCHWENDENERs Sinn für historische Entwicklung war nur schwach ausgeprägt, und so begreift man sein abfälliges Urteil.

Während meines Tübinger Aufenthaltes erhielt SCHWENDENER den Ruf an die Universität Berlin. Es überraschte mich in hohem Maße, wie offen und ausführlich er mit mir darüber sprach und mich immer wieder ins Vertrauen zog. Lange schwankte er, ob er den Ruf annehmen oder ablehnen solle, denn das Großstadtleben war ihm nicht sympathisch. Schließlich siegte die Überlegung, daß ihm Berlin in viel höherem Maße Gelegenheit geben würde, inmitten eines großen Schülerkreises für seine Ideen zu wirken, als dies voraussichtlich in Tübingen der Fall sein könnte. Die Aussicht auf äußere Ehren, die ihn kalt ließen, wenn er sie auch nicht ausschlug (wie dies EDUARD SUESS getan hat), war für seinen Entschluß nicht maßgebend.

Auffallend war mir, daß ich SCHWENDENER niemals am Mikroskopiertisch gesehen habe. In Tübingen hing dies teilweise damit zusammen, daß er mit seiner „Mechanischen Theorie der Blattstellungen" beschäftigt war, in der mehr die Theorie als die unmittelbare Beobachtung zur Geltung kam. Aber auch bei meinen späteren Besuchen in Berlin habe ich in seinem Arbeitszimmer im botanischen Institut niemals ein Mikroskop aufgestellt gesehen. Die Präparate ließ er sich von seinem Assistenten herstellen, auch die Zeichnungen rührten wohl meist von diesem her. Er beschränkte sich auf die geistige Verarbeitung des Gesehenen, worin er es ja zu so großer Meisterschaft gebracht hat. Sein Sinn für eigenes Schauen, seine Freude an unmittelbarer Naturwahrnehmung nahm mit den Jahren immer mehr ab. Die Anregungen zu neuen Arbeiten, auch zu denen der Schüler, flossen immer spärlicher, und so kam es, daß er im letzten Vierteljahrhundert seines langen Lebens den Kontakt mit der fortschreitenden Wissenschaft fast ganz verlor. Nur noch polemische Aufsätze, besonders in Sachen der Blattstellungstheorie, die sein Lieblings- und Schmerzenskind blieb, gingen aus seiner Feder hervor. So war das Geschick des Altgewordenen wahrlich ein tragisches zu nennen.

Gegen das Ende meines Tübinger Aufenthaltes, im Frühjahr und Frühsommer 1878, rückten ein schmerzliches und ein glückliches Erlebnis zeitlich nahe zusammen.

Mein Vater beobachtete schon seit längerer Zeit ein immer mehr zunehmendes Anschwellen seines rechten Oberschenkels. Die Ärzte konnten keine bestimmte Diagnose stellen. Kurz vor Ostern schrieb mir mein Vater, daß er sich zu einer Operation entschlossen habe. Der Brief war in sehr trüber Stimmung verfaßt; Todesahnung war zwischen den Zeilen zu lesen. Einige liebevolle väterliche Lehren schlossen mit dem GOETHESCHEN Verse: „Des echten Mannes wahre Feier ist die Tat." Ein Telegramm Prof. HECKEs meldete den glücklichen Verlauf der Operation: ein kiloschweres Lipom war aus der Muskulatur herausgeschält worden. Doch schon wenige Tage danach rief mich ein zweites Telegramm an das Krankenbett. Tieferschüttert fand ich meinen Vater am Wundfieber schwer erkrankt vor. In hellen Augenblicken erkannte er mich, ein frohes Lächeln glitt über sein abgezehrtes Antlitz, und mit äußerster Anstrengung suchte er meinem stotternd vorgebrachten Bericht über das Ergebnis meiner Untersuchungen zu folgen. Es gelang ihm nicht mehr. Nach einer für die ganze Familie qualvollen Woche verschied er, erst 52 Jahre alt, in der ersten Mainacht. Die Begräbnisfeierlichkeiten am 4. Mai legten Zeugnis davon ab, welche Liebe, Freundschaft und Verehrung ihm weit über den Kreis der Angehörigen, der Kollegen und Schüler hinaus entgegengebracht wurden.

Bald darauf reiste ich wieder nach Tübingen zurück, um noch einige ergänzende Untersuchungen auszuführen und mich auf die endgültige Heimreise vorzubereiten. Am Pfingstsonntag verlobte ich mich nach einem schönen Familienausfluge in die weitere Umgebung Stuttgarts mit der Gespielin meiner Kinderjahre, Fräulein CHARLOTTE HAECKER. Wenige Tage darauf kehrte ich nach Wien zurück.

Der Wiener Privatdozent.

Nach dem Tode meines Vaters begann für die Hinterbliebenen eine schwere Zeit. Die geringen Ersparnisse meiner Eltern waren durch die Erziehung der sechs Kinder und zuletzt durch die Krankheit des Vaters und die Begräbniskosten aufgezehrt worden. Die Pension unserer Mutter betrug jährlich 500 Gulden; Zulagen für die unmündigen Kinder gab es nicht. So waren wir drei Brüder auf die Erteilung von Privatunterricht angewiesen, worin MICHAEL, obwohl er der jüngste war und das Gymnasium noch nicht absolviert hatte, das meiste leistete. Ich selbst bemühte mich, einem reichen jüdischen Privatmanne, der allerlei naturwissenschaftliche Interessen hatte und an den ich von WIESNER empfohlen war, verschiedene Kapitel der allgemeinen Botanik schmackhaft zu machen. Doch faßte mein Schüler die Sache mehr als bloße Unterhaltung auf. Noch weniger Freude hatte ich beim Unterricht der 15jährigen Tochter eines Wiener Großindustriellen und Kohlenbergwerksbesitzers. Alle meine Bemühungen scheiterten an der Lethargie der jungen Dame, die nie die Miene verzog und aus der kein Wort herauszubringen war. Sie langweilte sich fürchterlich.

Meine Hauptbeschäftigung war aber in dieser recht anstrengenden Zeit — doppelt anstrengend deshalb, weil die gemütlichen Aufregungen infolge der Krankheit und des Todes meines Vaters und der materiellen Sorgen zu einer „Spinalirritation" geführt hatten, die mich noch jahrelang quälte — meine Hauptbeschäftigung war die Bearbeitung der Tübinger Untersuchungsergebnisse und daneben die endgültige Redaktion eines von meinem Vater hinterlassenen umfangreichen Manuskriptes über den „Allgemeinen landwirtschaftlichen Pflanzenbau", die ich gemeinsam mit Prof. HECKE vornahm. Meine Schrift über „Die Entwicklungsgeschichte des mechanischen Gewebesystems der Pflanzen", die mit neun lithographierten Tafeln ausgestattet wurde, erschien zu Ende des Jahres 1879 im Verlage von WILHELM ENGELMANN in Leipzig, der auch SCHWENDENERs Mechanisches Prinzip und die Mechanische Theorie der Blattstellungen verlegt hat. Alle meine späteren selbständigen Schriften und Bücher habe ich im Laufe von nahezu einem halben Jahrhundert mit wenigen Ausnahmen im gleichen Verlage veröffentlicht, der mich durch das weitgehende Entgegenkommen seiner Inhaber, die drei Generationen der Familie

ENGELMANN angehörten, zu aufrichtigem Danke verpflichtet hat. Im Schlußkapitel der genannten Schrift wurde zum ersten Male in Kürze das Programm der „Physiologischen Pflanzenanatomie", die Erklärung von Bau und Anordnung der pflanzlichen Gewebe aus ihrer physiologischen Funktion, entwickelt, und der Einteilung der Gewebe nach rein morphologischen (DE BARY) oder didaktischen (SACHS) Gesichtspunkten der Fehdehandschuh hingeworfen. Obgleich es nur ein Samthandschuh war, blieb doch scharfe Kritik nicht aus. Ein anonymer Schüler DE BARYs zollte zwar in einer ausführlichen Rezension den mitgeteilten neuen Beobachtungstatsachen alle Anerkennung, bekämpfte aber die ganz unerlaubte Verquickung morphologischer und physiologischer Betrachtungsweise mit heftigen Worten.

Im Sommersemester 1878 wurde durch die Berufung ANTON KERNERSs nach Wien als Nachfolger EDUARD FENZLs der Lehrstuhl der Botanik an der Universität Innsbruck frei. An erster Stelle wurde für denselben JOHANN PEYRITSCH, an zweiter pari loco ich und ALFRED BURGERSTEIN vorgeschlagen. Das war für mich, der ich, erst 24jährig, noch nicht einmal habilitiert war, eine große Auszeichnung, die ich zum großen Teile der Fürsprache WIESNERs verdankte. Auch KERNER, dem bei seiner Vorliebe für ökologische Dinge meine Arbeit über die Schutzeinrichtungen der Keimpflanze besonders gefiel, hätte mich nicht ungern als seinen Nachfolger gesehen. Der um so vieles ältere und verdientere PEYRITSCH konnte aber nicht übergangen werden. Er schwankte eine Zeitlang, ob er den Ruf annehmen solle, da er sein geringes Lehrtalent selbst gut kannte, und so wäre ich beinahe KERNERs Nachfolger in Innsbruck geworden.

Noch eine zweite Möglichkeit, bald eine Professur zu erlangen, winkte mir im Sommer 1878. Die Kollegen meines verstorbenen Vaters, besonders Prof. HECKE, die mir wohlwollten, dachten daran, mich für den erledigten Lehrstuhl des landwirtschaftlichen Pflanzenbaues an der Hochschule für Bodenkultur in Vorschlag zu bringen. Hatte ich mich doch mit dieser Disziplin während meiner einjährigen Assistententätigkeit im Institut meines Vaters bis zu einem gewissen Grade vertraut gemacht und auch einige kleinere Arbeiten auf diesem Gebiete, so über die Beziehungen der Farbe des Rotkleesamens zu seiner Keimungsfähigkeit, über die Keimung geölten Kleesaatgutes, über die Samenproduktion einiger Unkräuter u. a., veröffentlicht. Freilich fehlte mir jegliche Erfahrung auf praktisch-landwirtschaftlichem Gebiete. Prof. HECKE stellte mir nun im Namen seiner Kollegen meine Berufung in Aussicht, wenn ich bereit wäre, vorher noch ein Jahr lang auf einem größeren Gute zu praktizieren und mich mit dem Anbau der landwirtschaftlichen Kulturpflanzen vertraut zu machen. Das war eine große Versuchung; ich hätte mir, wenn ich ja gesagt hätte, die Möglichkeit verschafft, bald meiner Mutter und meinen Geschwistern materiell unter die Arme zu greifen, und mir selbst die baldige Gründung eines eigenen Hausstandes sichern können. Dieser verlockende Vorschlag konnte mich aber von meiner Absicht, der rein theoretischen Forschung treu zu bleiben und die Universitätslaufbahn einzuschlagen, nicht abbringen. So lehnte ich ihn, ohne mich viel zu besinnen, mit dem Gefühle aufrichtiger Dankbarkeit für meine Gönner ab. Ich habe es nicht zu bereuen gehabt.

Im Herbst 1878 traf ich meine Vorbereitungen zur Habilitation als Privatdozent der Botanik an der Universität Wien. Sie ging glatt vonstatten. Als Habilitationsschrift legte ich meine soeben erschienene Schrift über die Entwicklungsgeschichte des mechanischen Gewebesystems vor und in dem Kolloquium mit WIESNER, KERNER und CLAUS befriedigte ich durch meine zum Teil kritischen Auseinandersetzungen über den Bau der Vegetationsspitzen der Moose, Farne und Phanerogamen, worin ich namentlich auf die Mängel der HANSTEINschen Gliederung des Stammscheitels der Angiospermen hinwies. Von den Bemerkungen der Kommissionsmitglieder ist mir nur die Äußerung KERNERs im Gedächtnis geblieben, daß seiner Ansicht nach jede Zelle des Pflanzenkörpers ausnahmslos eine physiologische Funktion zu erfüllen habe, eine Behauptung, der ich damals vorbehaltlos zustimmte, in späteren Jahren aber nicht mehr in so apodiktischer Form hätte beitreten können. In der Probevorlesung behandelte ich die Gefäßbündel und ihre physiologischen Aufgaben, ein etwas kühnes Unterfangen, bei dem es nicht ohne Aufstellung mehr oder minder anfechtbarer Hypothesen abging. Doch wurde mir das „In magnis voluisse sat est" zugebilligt.

Im Sommersemester 1879 hielt ich mein erstes Kolleg über einzelne Kapitel aus der physiologischen Pflanzenanatomie ab. Ich hatte etwa ein Dutzend Zuhörer, darunter die meisten Praktikanten des WIESNERschen Instituts. Nach den einzelnen Vorlesungen kam es nicht selten zu lebhaften kritischen Auseinandersetzungen mit meinen Hörern, an denen sich zuweilen auch WIESNER beteiligte. Im ganzen wurde die neue Richtung, die ich einschlug, mit ziemlicher Skepsis beurteilt. Ich fühlte mich im Institut nicht mehr recht zu Hause und zog es deshalb vor, meine wissenschaftliche Arbeit nicht in diesem, sondern ganz ungestört in meiner Bude in der Bennogasse fortzusetzen. Hier hatte ich mir wegen der Beschränkheit der Wohnung meiner Mutter und Geschwister ein kleines Zimmer gemietet, was ich um so mehr tun konnte, als mir inzwischen vom Unterrichtsministerium ein „Stipendium zur Heranbildung akademischer Lehrkräfte" verliehen worden war. So richtete ich mir nun ein kleines Privatlaboratorium ein, zu welchem mir meine Mutter den Mikroskopiertisch in Form eines festgebauten alten Nähtischchens und die optische Firma REICHERT gegen ratenweise Abzahlung das Mikroskop lieferte.

Mit hochfliegenden Plänen ging ich nun an die Arbeit. Ich hatte mir vorgenommen, im Lauf einer Reihe von Jahren ein anatomischphysiologisches Gewebesystem nach dem andern zu untersuchen, und seine allgemeinen und besonderen Bauprinzipien zu ermitteln. Dann erst sollte eine Zusammenfassung in Form eines Grundrisses der physiologischen Pflanzenanatomie unternommen werden. Daß es anders gekommen ist und anders kommen mußte, wird später geschildert werden.

Es wäre nun nahegelegen, zunächst die Hautgewebe, die Epidermis mit ihren Haaren, soweit sie zum Schutze der Pflanze dienen, sowie das Korkgewebe in Angriff zu nehmen. Wenn ich mich für das chlorophyllführende Assimilationssystem der Laubblätter und der grünen Stengelorgane entschied, so war für mich der Umstand entscheidend, daß dieses System das spezifisch pflanzliche Gewebesystem darstellt, das den Tieren fehlt, so daß bei seiner Bearbeitung keine Gefahr bestand, durch falsche Analogien mit tierischen Geweben auf Abwege zu geraten. Ein altes, ziemlich kümmerliches Exemplar von Ficus elastica, das vom Blumentisch meiner Mutter stammte, lieferte mir das erste Untersuchungsobjekt. Das war ein glücklicher Griff, denn nur bei wenigen Pflanzen ist das zweite Bauprinzip, das das Assimilationssystem beherrscht, das Prinzip der Stoffableitung auf möglichst kurzem Wege, so in die Augen springend, wie bei dieser Ficus-Art. Die Zuleitungseinrichtungen vom Palisadengewebe zu den die Kohlehydrate ableitenden Leitbündelscheiden sind hier in besonderer Vollkommenheit ausgebildet. Zum Verständnis der Palisadenzellen, deren Schichten das spezifische Assimilationssystem repräsentieren, war aber noch ein anderes Bauprinzip heranzuziehen. Ich wurde auf dieses durch eine Abbildung in SACHS' Lehrbuch der Botanik hingewiesen, das den Teil eines Querschnittes durch eine Pinus-Nadel darstellt. Ich sagte mir sofort, daß die in die Zellumina einspringenden Membranleisten und -falten keine mechanische Bedeutung haben könnten, sondern durch innere Oberflächenvergrößerung Platz für eine möglichst große Anzahl von wandständigen Chlorophyllkörnern zu schaffen hätten. Nun war aber noch die Verbindung, der Übergang von den so merkwürdigen Assimilationszellen des Pinus-Blattes zu den typischen langgestreckten Palisadenzellen der meisten Angiospermen-Laubblätter herzustellen. Nach längerem Suchen fand ich ihn durch die Entdeckung der „Armpalisadenzellen" in den Blättern des Hollunders und verschiedener Ranunculaceen. Hier reichen eine oder mehrere Membranleisten oder -falten senkrecht zur Oberfläche des Blattes in die Zellen hinein und lösen diese gewissermaßen in mehrere palisadenförmige Arme auf. Werden statt der Leisten durch Zellteilungen durchgehende Wände eingeschaltet, was zu einer noch vollkommeneren Zellform führt, so kommen die gewöhnlichen echten Palisadenzellen zustande. Zwei Bauprinzipien beherrschen sonach den Bau des Assimilationssystemes: erstens das Prinzip der Oberflächenvergrößerung behufs Platzschaffung für eine möglichst große Anzahl von Chlorophyllkörnern und die dadurch bewirkte Vergrößerung der Assimilationsenergie, und zweitens das Prinzip der Stoffableitung auf möglichst kurzem Wege senkrecht zur Blattfläche behufs Entlastung des Assimilationssystems von der Aufgabe des Stofftransportes, die vom allgemeinen Prinzip der Arbeitsteilung gefordert wird.

Ich bin auf diese Gedankengänge und Untersuchungsergebnisse deshalb etwas näher eingegangen, weil ich in ihnen ein besonderes instruktives Beispiel für die Methodik der physiologischen Pflanzenanatomie in den ersten Jahren ihres Bestehens erblicke. Es sollte gezeigt werden, wie durch bloß vergleichend histologische Untersuchungen zwingende Schlüsse auf die Beziehungen zwischen Bau und Funktion der Gewebe gezogen werden können. Der gänzliche Mangel einer experimentellen Beweisführung in dieser Arbeit ist mir später mehrmals zum Vorwurf gemacht worden. Ich durfte mich darüber um so eher hinwegsetzen, als einige Jahre später A. F. W. Schimper in seiner schönen Arbeit über die Wanderung der Kohlehydrate in den Laubblättern meine aus vergleichend-anatomischen Beobachtungen gezogenen Folgerungen experimentell in allen wesentlichen Punkten bestätigen konnte.

In der Einleitung meiner im Juli 1880 abgeschlossenen, aber infolge starker Druckverzögerung erst 1881 in Pringsheims Jahrbüchern für wissenschaftliche Botanik erschienenen Arbeit bin ich auch auf die Frage eingegangen, was unter einer erschöpfenden physiologischen Gesamterklärung eines morphologischen Gebildes zu verstehen sei. Ich unterschied bereits zwei verschiedene, einander ergänzende Erklärungsweisen: die kausal-mechanische und die funktionell-physiologische. Erstere deckt sich mit jener Forschungsrichtung, die W. Roux später als „Entwicklungsmechanik" bezeichnet hat, die man aber besser und weniger anspruchsvoll „Entwicklungsphysiologie" nennt. Letztere dagegen ist die betriebsphysiologische Morphologie bzw. Anatomie, die dem Zusammenhang zwischen Bau und Funktion nachgeht. Es ist die alte aristotelische Unterscheidung zwischen den Causae efficientes und den Causae finales, die hiermit erneuert wurde. Das war nun freilich nur cum grano salis zu verstehen.

Meine Wiener Dozententätigkeit währte nur zwei Semester lang. Im Februar 1880 besuchte uns ein alter Freund der Familie, Prof. Gustav Wilhelm aus Graz, der mir mitteilte, daß an der dortigen technischen Hochschule durch den Verzicht Prof. Leitgebs die Stelle eines supplierenden Professors für Botanik frei geworden sei. Ich erklärte ihm kurz entschlossen meine Bereitwilligkeit, einem eventuellen Rufe Folge zu leisten. Das Professorenkollegium schlug mich tatsächlich vor, und so wurde ich bald darauf als „Supplent für Botanik", wie der offizielle Titel lautete, der Nachfolger Leitgebs auf dem Lehrstuhle, den einst Franz Unger viele Jahre lang innehatte. Gleichzeitig bewirkte ich die Übertragung meiner Venia legendi als Privatdozent von der Wiener auf die Grazer Universität. Ich war sehr glücklich, einen ganz selbständigen Wirkungskreis gefunden zu haben und trat am 1. März 1880 meine Stelle in der Hauptstadt der Steiermark voll froher Hoffnungen an.

Zweites Buch.

Die ersten Grazer Jahre.

Ende Februar 1880 übersiedelte ich nach Graz. Mein erster Spaziergang galt dem Schloßberg, der sich steil inmitten der Stadt erhebt. Bei einem Rundgange auf seinem Plateau mit dem alten Glockenturm genießt man eine prächtige Aussicht auf die nahe und ferne Umgebung. Ein rascher Gebirgsfluß, die Mur, schlängelt sich mitten durch die Stadt, hart am westlichen Steilabfall des Schloßberges vorüber. Am rechten Ufer ausgedehnte Häuserzeilen, die an der Peripherie mit Fabrikschornsteinen abschließen, am linken die Altstadt mit dem Hauptplatz, der stattlichen Herrengasse mit dem architektonischen Juwel aus der Renaissancezeit, dem Landhaus und von ihr rechts und links abzweigend allerlei alte Gassen und Gäßchen, die manches merkwürdige altersgraue Haus bergen, manchen kühlen Hof mit steinernen Altanen — ein Anblick, der an Salzburg oder Innsbruck erinnert und an den nahen Süden gemahnt. Und dann am Fuß des Schloßberges der wunderschöne große Stadtpark mit seinem prunkvollen Brunnen, der auf der Wiener Weltausstellung die Mitte der Rotunde geschmückt hatte; daran sich anschließend neuere Stadtteile, gegen den Rand zu immer lockerer gebaut, in einzelne Villen und Gärten sich auflösend. Damals war das noch eine stille friedliche Gegend, später brachten staatliche Neubauten, vor allem die neue Universität und die klinischen Anstalten ein lebhafteres Getriebe in diese Bezirke.

Und wenn sich das Auge an dem bunten Stadtbilde satt gesehen hatte, dann schweifte der Blick in die Ferne, zur Hügellandschaft des Rosenberges und Rainerkogels, zu den Hilmteichhügeln und der Platte, dann weiter zum Höhenzuge des Plabutsch, zur Murenge und zur Kanzel — bloße Namen für den Leser, der Graz nicht kennt, liebliche Erinnerungsbilder für jeden, der das Glück hatte, in dieser Landschaft zu verweilen. Dahinter im Norden der langgedehnte Rücken des Schöckl, des über 1400 m hohen Berges, der Graz vor rauhen Stürmen schützt, und weiter westwärts die bis tief in den Frühling hinein mit Schnee bedeckten Gipfel der obersteirischen Berge. Im Südwesten der hohe Koralpenzug und südlich das weite flache Grazerfeld, mit seinen malerischen Murauen, wo vom Strome herabgetragen manche Hochgebirgspflanze verwundert blüht, mit Wiesen, Feldern und Dörfern, begrenzt vom bläulichen Bacherngebirge, wo damals noch mächtige Buchenwälder urwaldähnlich Botaniker und Zoologen an sich lockten.

Diese an Schönheiten aller Art so reiche Landschaft ist mir fast drei Jahrzehnte lang eine teure Heimat gewesen. Mit Freude und Wehmut werde ich bis an das Ende meiner Tage an sie zurückdenken.

Inmitten der Altstadt, nahe der Mur, steht das alte Joanneumgebäude, in dem das vom Erzherzog JOHANN 1811 gegründete

6*

Polytechnikum, „Joanneum" genannt, untergebracht war. Daran schloß sich der botanische Garten, mit ziemlich baufälligen Gewächshäusern und einem herrlichen Arboretum, in dem sich der schönste Ginkgobaum befand, den ich gesehen habe und eine mächtige Pterocarya caucasica, mit ihren weit ausladenden stammartigen Ästen. Das Joanneum, ursprünglich ein Institut des Landes Steiermark, wurde 1873 verstaatlicht, und die meisten Lehrkanzeln der nunmehrigen k. k. technischen Hochschule, die im alten Joanneumgebäude nicht mehr Platz hatten, fanden in Mietshäusern eine notdürftige Unterkunft. Im Joanneum blieben nur die naturwissenschaftlichen und landeskundlichen Sammlungen zurück, sowie das chemische, physikalische, mineralogische, zoologische und das botanische Institut. Das letztgenannte, in das ich einzog, war freilich nur ein Zwerginstitut, doch hatte es eine rühmliche Vergangenheit hinter sich. Bis 1829 war L. von Vest Professor der Chemie und Botanik; dann wurden beide Lehrkanzeln getrennt und die für Botanik bis 1832 provisorisch dem bekannten Floristen Dr. Josef Maly verliehen, der die erste Flora Steiermarks verfaßt hat; in diesem Jahre wurde Josef Hayne zum Professor der Botanik ernannt, und nach dessen schon 1835 erfolgtem Tode erfolgte die Berufung Franz Ungers, der damals Landgerichtsarzt in Kitzbühel war. Bis zum Jahre 1849 wirkte dieser geniale Naturforscher am Joanneum. Dann wurde er neben Eduard Fenzl als Nachfolger Stephan Endlichers an die Wiener Universität berufen. Ihm folgte Joh. Bill, ein wenig bekannter Name, und diesem 1871 der hervorragende Systematiker und Verfasser des rühmlich bekannten „Blütendiagramme" August Wilhelm Eichler, der 1873 nach Kiel und später nach Berlin übersiedelte. Nach seinem Abgang wurde der botanische Lehrstuhl am Joanneum nicht wieder besetzt, sondern dem Professor der Botanik an der Universität, Hubert Leitgeb im Nebenamte als „Supplenten" übertragen. Im Jahre 1879 legte Leitgeb die Supplentur nieder, behielt aber die Direktion des botanischen Gartens bei. Nun wurde ich sein Nachfolger.

Das botanische Laboratorium — der Name Institut wäre zu

anspruchsvoll gewesen — bestand aus einem mäßig großen
Zimmer, durch dessen einziges Fenster man auf den botanischen
Garten hinausblickte. Von Apparaten und Instrumenten war nur
ein gutes Mikroskop vorhanden. Bücher fand ich nicht vor. Die
Bewilligung einer außerordentlichen Dotation von einigen hundert
Gulden ermöglichte mir die Anschaffung von Glassachen, einer
Waage und der nötigsten Bücher. Das war für den Anfang genug.
Schon nach zwei Jahren bot sich die Gelegenheit, das Labora-
torium räumlich etwas zu erweitern. Durch den Tod des Professors
der darstellenden Geometrie war dessen bescheidene Amtswohnung
in einem Miethause in der Neutorgasse gegenüber dem botanischen
Garten frei geworden, in dem auch das botanische Institut der
Universität untergebracht war. Die gassenseitigen Zimmer wurden
der darstellenden Geometrie und der Zoologie zugewiesen, die
Botanik nahm mit zwei kleinen Hofzimmern und der Küche
vorlieb.

Meine Lehrtätigkeit begann mit einem heiteren Intermezzo.
Es war mir gesagt worden, daß ich höchstens auf ein halbes Dutzend
Hörer rechnen dürfte. Als ich nun zum ersten Male den Hörsaal
betrat, sah ich zu meiner Überraschung, daß mindestens 25 bis
30 Studenten zugegen waren. Ich meinte, mich im Hörsaal geirrt
zu haben und fragte den in der letzten Bank sitzenden Hörer, ob
hier das Kolleg über Botanik gelesen würde. Er bejahte es, stand
auf und bot mir den Platz neben sich an. Dankend ging ich vorüber
und bestieg das Katheder.

Meine ersten Besuche galten natürlich H. LEITGEB und den Professoren der technischen Hochschule. LEITGEB, ein hochgewach-
sener, schlanker Kärntner, mit spärlichem blonden Haar und
schütterem Vollbart, empfing mich sehr freundlich. Er war in
gedrückter Stimmung, denn vor zwei Jahren hatte er seine junge,
schöne Frau im ersten Wochenbette und kurz vor meiner Ankunft
das Töchterchen verloren. Von Natur aus melancholisch veranlagt,
war er wechselnden Stimmungen unterworfen, mißlaunisch, leicht
reizbar, im ganzen aber ein lauterer, offener, wohlwollender Charakter. Seine klassischen Untersuchungen über den Bau und die

Entwicklungsgeschichte der Lebermoose, die damals ihrem Abschlusse nahe waren, sichern ihm einen Ehrenplatz in der Geschichte der Botanik. — Sehr rasch befreundete ich mich mit meinem nächsten Kollegen, dem Supplenten für Zoologie, AUGUST VON MOJSISOVICS, einem überaus lebhaften, fröhlichen Manne, der sich später als Ornithologe einen Namen gemacht hat. Nicht minder freundlich kam mir der Extraordinarius für graphische Statik KARL STELZEL entgegen, ein blonder Wiener, in dem sich die vielgepriesene Gemütlichkeit seiner Vaterstadt mit größter Gewissenhaftigkeit und Treue paarte. Er ist mir und meiner Familie ein Menschenalter hindurch bis zu seinem Tode ein treuer aufopferungsvoller Freund geblieben. Er sowohl, wie seine Gattin IDA geb. HEGER, eine nach außen stille, bescheidene Frau, die aber ein reiches und keineswegs leidenschaftsloses Innenleben führte, waren hochmusikalisch. Schon als sechsjähriges Wunderkind durfte IDA der Kaiserin ELISABETH von Österreich auf dem Klaviere vorspielen. Sie ist dann am Wiener Konservatorium zur Klaviervirtuosin ausgebildet worden und hat ihre Kunst, zumal die Ehe kinderlos blieb, mit großem Eifer in den Dienst unseres geselligen Verkehrs gestellt. Ich verdanke ihrem wundervollen, seelenvollen Spiele die genaue Bekanntschaft mit den klassischen Klavierwerken, zumal der deutschen Musik, von BACH, HAYDN, MOZART, BEETHOVEN bis SCHUBERT, SCHUMANN, CHOPIN und BRAHMS und werde stets dankbar an die genußreichen Stunden zurückdenken, die ich im STELZELschen Hause verleben durfte. Daß ich auch fleißig Konzerte besuchte, war in dem musikfrohen Graz selbstverständlich. RICHARD WAGNERs Opern bewunderte ich, wenn sie mir auch keinen ganz reinen Genuß gewährten. Den Nibelungenring lehnte ich ab.

Bei dieser Gelegenheit möchte ich auch meiner eigenen musikalischen Leistungen, besser gesagt Liebhabereien, gedenken. Daß ich es im Klavierspiel zu mäßiger Gewandtheit gebracht habe, ist schon früher erwähnt worden. Im Besitz einer nicht üblen Baritonstimme habe ich in Wien und Graz viele SCHUBERT-, SCHUMANN- und ROBERT FRANZ-Lieder gesungen, von IDA STELZEL meisterhaft begleitet. Auch als Liederkomponist habe ich mich versucht und zuerst für meinen Vater, später für Frau IDA und mich selbst Gedichte von GOETHE, HEINE, UHLAND u. a. vertont und im engsten Familien- und Freundeskreise freundlichen Beifall geerntet.

Nicht nur durch die Musik, auch noch auf andere Weise habe ich bei STELZELs nach zuweilen angestrengter Tagesarbeit willkommene Zerstreuung gefunden: beim Kartenspiele, an dem auch Frau IDAs Eltern, der pensionierte Schuldirektor HEGER und seine Frau fast regelmäßig teilnahmen. Die Verquickung von leidigem Zufall und kluger Berechnung, die das Kartenspiel zu einem heiteren Abbild des menschlichen Lebens macht, hat auf mich stets einen großen Reiz ausgeübt.

Von den übrigen Professoren der technischen Hochschule bin ich nur wenigen nähergetreten; der Altersunterschied war meist zu groß. Mancherlei Anregung empfing ich vom Professor der Chemie, RICHARD MALY, der als vorwiegend physiologischer Chemiker sich an der technischen Hochschule nicht wohl fühlte. Er war ein sehr gescheiter Kopf, doch als Zyniker mir wenig sympathisch. Auch mit dem schon mehrmals erwähnten Professor GUSTAV WILHELM, der Landwirtschaftslehre vortrug und dessen liebenswürdige Frau als Stuttgarterin mit der Familie meiner Braut befreundet war, kam ich nicht selten zusammen. Er war von sprudelnder Lebhaftigkeit, doch drehte sich das Gespräch selten um wissenschaftliche Dinge. Der Mineraloge und Geologe JOHANN RUMPF, ein imposanter, blondbärtiger gemächlicher Steirer, der sich um die geologische Erforschung seiner Heimat verdient gemacht hat und der hervorragende darstellende Geometer J. PELZ, ein stattlicher, wegen eines Fußleidens sehr schwerfälliger Tscheche und Polterer, der sich aber nie in politische Diskussionen einließ, sind mir gleichfalls freundschaftlich entgegengekommen. Die Vertreter der rein technischen Fächer haben mich etwas kühl, oder doch mit einer gewissen Reserve behandelt und mich manchmal fühlen lassen, daß sie die Botanik an einer technischen Hochschule nur als fünftes Rad am Wagen betrachteten.

Nur der Professor des Wasserbaues, WILHELM HEYNE, machte eine Ausnahme; der Grund dafür wird später mitgeteilt werden.

Unter den Universitätsprofessoren hatte ich mich in den ersten Jahren nur an den Vertreter der Zoologie, FRANZ EILHARD SCHULZE enger angeschlossen, dessen Kollege ich nach einem Menschenalter in Berlin wurde. Er war ein kleiner, untersetzter Mann mit einem feingeschnittenen, lächelnden Antlitz, als Spongienforscher hochgeschätzt, doch auch in allgemein biologischen Fragen wohlbewandert und anregend. Im wissenschaftlichen Gespräch kam besonders sein vorsichtiger, stets liebenswürdig angehauchter Skeptizismus zur Geltung. Ich habe mit ihm manche lehrreiche Stunde verlebt.

Am innigsten schloß ich mich aber in meiner ersten Grazer Zeit an den Assistenten LEITGEBs und Privatdozenten EMIL HEINRICHER an, schon deshalb, weil er mein Altersgenosse war. Mit ihm, der schon damals seine streitbare Natur verriet, die aber unserer Freundschaft keinen Abbruch tat, habe ich mich fast täglich fachwissenschaftlich unterhalten. Ihn völlig zur physiologischen Pflanzenanatomie zu bekehren, ist mir allerdings nicht gelungen, wenn er auch später manchen interessanten Beitrag dazu geliefert hat. Sein Hauptgebiet war damals die Pflanzenteratologie, doch ging er bald zur Erforschung der phanerogamen Schmarotzer, insbesondere der grünen Halbschmarotzer über, denen sein mit eiserner Konsequenz durchgeführtes Lebenswerk in erster Linie gewidmet ist. Bald nach meiner Ernennung zum Nachfolger LEITGEBs an der Universität wurde er nach PEYRITSCH' Tod nach Innsbruck berufen, wo er noch heute als rüstiger Siebziger wirkt.

Außer meinen Vorlesungen (im Sommersemester das Hauptkolleg, im Wintersemester ein Spezialkolleg) hielt ich neben dem mikroskopischen Praktikum auch Übungen in der Konstruktion von Blütendiagrammen ab, in denen ich den Unterschied zwischen empirischem und theoretischem Blütendiagramm den Praktikanten an möglichst lehrreichen Beispielen klarzumachen suchte. Ich erprobte diese Übungen als ein besonders geeignetes Mittel, die Schüler praktisch in den Geist der Systematik der Blütenpflanzen einzuführen. Sie interessierten sich dafür auch weit mehr, als für bloße Bestimmungsübungen.

Die erste wissenschaftliche Arbeit, die ich in Graz ausführte, nachdem ich schon in Wien damit begonnen hatte, behandelte das Scheitelzellwachstum bei den Phanerogamen. Damit war scheinbar das Arbeitsprogramm durchbrochen, das ich zu Beginn meiner Untersuchungen über das Assimilationssystem entworfen hatte. Freilich nur scheinbar. Denn das Bildungsgewebe der Vegetationsspitzen, das Urmeristem, betrachtete ich damals auch als ein anatomisch-physiologisches Gewebesystem, das an der Spitze aller Systeme steht, die nach ihrer Funktion unterschieden werden. Auch der Scheitelzelle ist eine ganz bestimmte Funktion zugewiesen, die Segmentbildung, worauf schon LEITGEB aufmerksam gemacht hatte. So ist die Scheitelzelle mehr als bloß „eine Lücke im Konstruktionssystem der Zellwände des Vegetationspunktes", wie sie von SACHS definiert wurde. Ein besonderes Ergebnis dieser Untersuchung war die erstmalige, bis auf die einzelnen Zellteilungen zurückgehende Nachweisung der Vorgänge bei der Anlage der Blätter von Elodea und Ceratophyllum und der Seitenzweige der zweitgenannten Pflanze.

Nach der Bearbeitung des Assimilationssystems dachte ich das Leitungssystem, die Gefäßbündel, in Angriff zu nehmen. Ich sah bald ein, daß ich mir damit eine Riesenaufgabe gestellt hatte, die viele Vorarbeiten erheischen würde. Als eines der wichtigsten Probleme erschien mir der kollaterale Bau der Gefäßbündel in Stamm und Blatt der Phanerogamen. Ich suchte ihm durch die Untersuchung der Gefäßbündel in den Blattwedeln der Farne beizukommen, von denen bisher angenommen wurde, daß sie wie die des Farnstammes konzentrisch gebaut seien. Es stellte sich heraus, daß das nicht richtig ist, daß sie vielmehr um so ausgesprochener kollateral gebaut sind, je deutlicher sich die Dorsiventralität des Assimilationssystems des Blattes ausspricht. Für diese Abhängigkeit des Bündelbaues vom Assimilationssystem ließ sich allerdings kein triftiger Grund angeben. Erst viel später erkannte ich, daß Bau und Anordnung der Gefäßbündel auf den Stammquerschnitt sich nicht einfach daraus erklären, daß die in den Blättern kollateral gewordenen Bündel ohne nennenswerte Drehung in den Stamm einbiegen, sondern daß in diesem besondere physiologische Verhältnisse die Auflösung des ursprünglich einzigen konzentrisch gebauten Gefäßbündels — der Stele, wie es VAN TIEGHEM nannte — in einen Kranz von kollateralen Bündeln zur Folge hatten und daß ohne Eingehen auf die Phylogenie diese Dinge nicht verständlich zu machen sind.

Noch in einer zweiten Detailarbeit habe ich das Problem der Stoffleitung vom anatomischen Standpunkt aus behandelt. Durch die Untersuchungen von FAIVRE und SCHULLERUS, eines Schülers SCHWENDENERs war es sehr wahrscheinlich geworden, daß der Milchsaft in erster Linie nicht ein Gemisch verschiedener Endprodukte des Stoffwechsels ist und so höchstens als Schutzmittel dienen kann, sondern daß er vor allem einen „plastischen Bildungssaft" vorstellt, der eine ernährungsphysiologische Bedeutung besitzt. Die Milchröhren sind dieser Auffassung zufolge typische Stoffleitungsbahnen, in welchen wenigstens ein Teil der Assimilationsprodukte aus den Blättern in die Stengel abgeleitet wird. Es galt nun für diese Annahme anatomische Belege zu finden. Sie ergaben sich durch die Feststellung, daß in den Blättern der betreffenden Pflanzen dieselben Anschluß- und Ableitungseinrichtungen zwischen Assimilationssystem und Milchröhren bestehen, wie zwischen dem Assimilationssystem und den Leitparenchymscheiden der Gefäßbündel, und daß je reichlicher das System der Milchröhren im Blatte ausgebildet ist, desto mangelhafter und spärlicher das Leitparenchym zur Entwicklung gelangt. Der Streit über die Funktion der Milchröhren war aber damit nicht beendet. Er hat sich bis in die Gegenwart fortgesetzt.

Am 21. September 1881 vermählte ich mich in Stuttgart mit meiner Jugendfreundin CHARLOTTE HAECKER und führte meine junge Frau nach einem Aufenthalte im regenreichen Salzburg nach Graz in die stille Klosterwiesgasse heim, wo ich eine bescheidene hübsche Wohnung mit freundlicher Aussicht auf den villenreichen Ruckerlberg und die St. Peterer Berge gemietet hatte. Am

24. Juni 1882 wurde uns hier unser erste Kind EDITH geboren. Sehr lebhaften Geistes, witzig, energisch hat sie von Vater und Mutter das zeichnerische Talent geerbt und künstlerische Ausbildung genossen. Sie wirkt seit Jahren als Lehrerin für kunstgewerbliches Zeichnen in Wien. Nach ihrer Geburt erkrankte die Mutter schwer und schwebte lange zwischen Tod und Leben.

Die Gründung der deutschen Botanischen Gesellschaft.

Im Sommer 1882 erhielt ich aus Berlin einen von NATHAN PRINGSHEIM, SIMON SCHWENDENER, AUGUST WILHELM EICHLER u. a. unterzeichneten Aufruf, der zur Gründung einer Deutschen Botanischen Gesellschaft aufforderte. Es wurde vorgeschlagen, anläßlich der Versammlung deutscher Naturforscher und Ärzte im September zu Eisenach zusammenzukommen.

Mein Wunsch, der Einladung Folge zu leisten, war sehr groß, allein mein Einkommen als Supplent der botanischen Lehrkanzel an der Technischen Hochschule und als Privatdozent an der Universität war so gering, daß ich auf die Fahrt nach Eisenach glaubte verzichten zu müssen. Da machte mir meine Schwiegermutter, die damals bei uns in Graz weilte, den Vorschlag, auf ihre Kosten die Reise anzutreten. „Du siehst übermüdet aus und brauchst eine Erholung und Zerstreuung", sagte sie in ihrer wohlwollenden und zugleich bestimmten Art. So machte ich mich wohlgemut auf den Weg und fuhr über Wien, Prag, Leipzig nach Eisenach. Von dieser langen Fahrt ist mir nur in Erinnerung geblieben, daß ich in der Umgebung von Leipzig zum ersten Male in meinem Leben Windmühlen sah und sie auch rasch skizzierte, und daß auf der Fahrt durch Thüringen zwei weißgelockte, schwarzgekleidete geistliche Herren meine Reisegefährten waren, die zu einer theologischen Tagung gleichfalls nach Eisenach strebten und mich, als sie erfuhren, daß ich an der Naturforscherversammlung teilnehmen wolle, nach einigen herablassenden Worten als Luft behandelten.

Am nächsten Morgen traf ich im Hotel beim Frühstück zunächst mit meinem Lehrer SCHWENDENER zusammen, den ich nach vier

Jahren zum ersten Male freudig bewegt wiedersah. Von allen Botanikern, die zahlreich erschienen waren, war mir sonst keiner persönlich bekannt, und so hatte ich reichlich Gelegenheit, zu prüfen, ob der oder jener, mit dessen wissenschaftlichen Arbeiten ich wohl vertraut war, in seinem Äußeren, seiner Physiognomie dem Bilde entsprach, das ich mir von ihm entworfen hatte. Ich selbst scheine in dieser Hinsicht manchen enttäuscht zu haben. Wenigstens sagte der jugendlich-schlanke, berlinerisch-witzige ALEXANDER TSCHIRCH ganz erstaunt zu mir: „Sie sind doch schwarz gelockt und höchstens mittelgroß und ich habe Sie mir doch als einen stattlichen Mann mit blondem Haar und Bart und blauen Augen vorgestellt!" Mit PRINGSHEIM und EICHLER kam ich erst beim Nachmittagskaffee ins Gespräch. Ersterer, damals 59 jährig, dessen ausgeprägte Gesichtszüge mit den durchdringenden Augen und dem schon stark ergrauten Vollbart sofort den bedeutenden Forscher verrieten, war nervös-gesprächig und fing gleich von seinen Chlorophylluntersuchungen zu sprechen an, mit denen er damals so intensiv beschäftigt war, und doch so wenig Glück hatte. EICHLER war schweigsam und machte mir den Eindruck geistiger Ermüdung und Abgespanntheit. Die Berliner Luft hat ihm offenbar nicht wohlgetan, er ist ja auch schon wenige Jahre später zu früh gestorben. Um so lebhafter und munterer war OSKAR DRUDL, der so sprudelnd zu sprechen wußte. Von den sonstigen Botanikern erinnere ich mich besonders gerne an ERNST STAHL, das kleine schwächliche Männchen mit dem gewaltigen Schnurrbarte. Ich schloß mich ihm auf einem Spaziergange durch die Drachenschlucht zur Hohen Sonne an; sein bescheidenes Wesen, sein ruhiges Urteil gefielen mir sehr, und auch ich scheine ihm keinen üblen Eindruck gemacht zu haben, denn nach einer Gesprächspause sagte er mir umvermittelt: „Wenn man sich persönlich kennen lernt, sieht doch manches anders aus, als man sichs vorher gedacht hat." Als DE BARY-Schüler scheint er nicht ohne kleine Voreingenommenheit mit mir Bekanntschaft geschlossen zu haben.

Vom Verlauf der Sitzungen am 16. und 17. September, in denen die Gründung der Deutschen Botanischen Gesellschaft beraten und beschlossen wurde, ist mir fast nichts im Gedächtnis geblieben, obwohl ich und A. Tschirch zu Schriftführern gewählt wurden. Den Vorsitz führte temperamentvoll Pringsheim, Schwendener beteiligte sich nicht an der Debatte. Ich wurde auch in die Kommission gewählt, die die Statuten der Gesellschaft zu redigieren hatte. Mit Leopold Kny, Behrens, Tschirch u. Holzner berieten wir an einem heißen Nachmittage in einem kleinen Zimmer stundenlang über die Sache, indes die anderen Botaniker einen gemeinsamen Ausflug in Eisenachs anmutige Umgebung machten. Der Verzicht darauf fiel uns nicht leicht, er war das erste und einzige Opfer, das ich der Deutschen Botanischen Gesellschaft gebracht habe. Es herrschte in diesen Tagen ein herrliches Septemberwetter, das auch das große Wartburgfest begünstigte. Im reich geschmückten Schloßhof hielt der Wiener Kliniker Nothnagel eine längere Ansprache, mit den bei solchen Gelegenheiten üblichen Wendungen und Beteuerungen. Das Bier floß in Strömen.

Über die Vorträge in der botanischen Sektion der Naturforscherversammlung weiß ich so gut wie nichts zu berichten. U. a. hielt Ernst Haeckel, der vor kurzem aus Ceylon zurückgekehrt war, einen begeisterten Vortrag über die Eindrücke, die die indische Pflanzenwelt, insbesondere der tropische Urwald, auf ihn gemacht haben. Dem Pflanzengeographen sagte er kaum Neues, er beschränkte sich auf eine poetisch ausgeschmückte Schilderung der Physiognomie des Urwaldes und geizte nicht mit Hyperbeln aller Art. — Noch einer kleinen Episode will ich gedenken, die den Abstand zwischen einst und jetzt hübsch illustriert. Als ein Redner seinen Vortrag über geschlechtliche Fortpflanzung bei einer bestimmten Alge begann, erhob sich der Prager Botaniker Prof. Willkomm, schritt rasch auf seine neben mir sitzende bildschöne junge Tochter zu, der einzigen Dame in der Versammlung, und flüsterte ihr ein paar Worte ins Ohr. Leicht errötend erhob sie sich und suchte eilends das Weite.

In den letzten Tagen der Naturforscherversammlung gab die Stadt Eisenach den Teilnehmern einen Ball, der des schönen Wetters halber nicht eben glänzend besucht war. In dem großen

Kranze reizender Thüringer Frauen und Mädchen harrten viele vergeblich eines Tänzers. Ich gab mir alle Mühe, die Scientia amabilis würdig zu vertreten. Tschirch tat desgleichen und zu meiner Verwunderung schwang auch Eichler unermüdlich das Tanzbein und wischte sich mit dem Taschentuch immer wieder den Schweiß von der Stirne.

Zum Schlusse luden der Großherzog Karl Alexander, der Enkel Karl Augusts, und seine Gemahlin Sophie, mit deren Namen die große Weimarer Ausgabe der Werke Goethes verknüpft ist, eine Anzahl von Naturforschern und Ärzten zu einem Empfangsabend ins Eisenacher Schloß ein. Auch ich wurde dieser Ehre gewürdigt, habe mir aber beim Cercle leider die Ungnade des Großherzogs zugezogen. Als ich auf die übliche Frage, wo ich zu Hause sei, die steirische Hauptstadt Graz genannt hatte, meinte Serenissimus, da läge ja in der Nähe das berühmte Adelsberg mit seiner Tropfsteingrotte, in der ein merkwürdiges Tier mit „roten *Federn*" hinter den Ohren hause. Auf meine befangen vorgebrachte, schulmeisterliche Bemerkung, daß das der Grottenolm mit seinen roten *Kiemen* sei, wandte sich die hohe hagere Gestalt ohne Kopfnicken von mir ab, dem nächsten zu. Trotzdem ist mir diese kleine Szene zeitlebens eine freundliche Erinnerung an den Mann geblieben, an dessen Wiege Goethe stand, und der aus seinen Kinderjahren in einfach-sympathischer Weise von dem Weimarer Dichterfürsten zu erzählen wußte. —

Fünfzig Jahre später habe ich beim Festmahl der Deutschen Botanischen Gesellschaft anläßlich ihres Jubiläums in Berlin den vorstehenden Bericht über die Gründung der Gesellschaft verlesen und heiteren Beifall geerntet.

Wenn ich auch in Eisenach manchen hervorragenden Botaniker persönlich kennenlernte, so vermißte ich doch mehrere der bedeutendsten. Vor allem C. Nägeli, der wohl seines immerhin schon hohen Alters wegen fernblieb. J. Sachs, mit Pringsheim verfeindet, hielt sich grollend abseits und auch Wilhelm Pfeffer fehlte, den ich erst ein Jahr darauf gelegentlich eines kurzen Aufenthaltes in Tübingen aufgesucht habe. Er hatte sich vor kurzem verlobt und war in guter Stimmung. Später habe ich ihn noch mehrmals gesehen und gesprochen, doch fühlte ich mich in Gesellschaft des genialen, überkritischen Forschers stets etwas bedrückt und wie von eisig kalter Luft umweht. Ich habe aus seinen klassischen Werken viel gelernt, wenn mich auch die unzähligen Wenn und Aber in seiner „Pflanzenphysiologie" zuweilen fast zur Verzweiflung brachten. Zum letzten Male habe ich ihn gelegentlich der schönen Feier seines 70. Geburtstages und seines goldenen Doktorjubiläums 1916 in Leipzig besucht und ihm als Abgesandter der Preußischen Akademie der Wissenschaften ihre Glückwunschadresse überreicht. Bei seinem scharfen, sicheren Urteil und seiner pessimistischen Veranlagung hat er schon damals den für uns unglücklichen Ausgang des Weltkrieges vorausgesehen. Als dann kurz vor Kriegsende sein einziger Sohn nach Hinterlassung einer Witwe und eines Söhnchens im Felde fiel, versank er immer mehr in Schwermut. Nach seiner letzten Vorlesung vor der Emeritierung starb er.

Physiologische Pflanzenanatomie.

Während ich in Wien und Graz mit den oben besprochenen Arbeiten beschäftigt war, war auch in Berlin, wo SCHWENDENER in dem von ihm gegründeten Botanischen Institut eine Anzahl begabter Schüler um sich versammelt hatte, die Bearbeitung anatomisch-physiologischer Probleme in Angriff genommen worden. SCHWENDENERs Assistent MAX WESTERMAIER, ein Schüler NÄGELIs, bearbeitete „Bau und Funktion des pflanzlichen Hautgewebesystems", wobei er sich auf eine frühere, vortreffliche Arbeit PFITZERs stützen konnte. Die Untersuchung WESTERMAIERs, an und für sich recht gut, war insofern lückenhaft, als sie sich nur auf die Epidermis bezog und auch die dem Transpirationsschutz dienenden Haargebilde außer acht ließ. Sehr bemerkenswerte Ergebnisse hat WESTERMAIER gemeinsam mit AMBRONN schon früher über die Beziehungen zwischen Lebensweise und Bau der Schling- und Kletterpflanzen veröffentlicht. SCHWENDENER selbst behandelte in einer berühmt gewordenen Abhandlung Bau und

Mechanik der Spaltöffnungen, woran sich Untersuchungen über die Schutzscheiden und ihre Verstärkungen schlossen. Schließlich sind auch Arbeiten von ALEX. TSCHIRCH zu nennen, worin der Spaltöffnungsapparat von einem Gesichtspunkte aus betrachtet wird, den man heutzutage als den ökologischen zu bezeichnen pflegt.

Man sieht aus dieser Übersicht, daß die anatomisch-physiologischen Gewebesysteme in dieser Zeit recht unsystematisch bearbeitet wurden. Mein schönes Programm, wonach ein System nach dem anderen so eingehend als möglich untersucht werden sollte, war in Berlin über den Haufen geworfen worden. Es konnte auch gar nicht anders sein. Denn eine grundlegende Einteilung und Klassifizierung der anatomisch-physiologischen Gewebesysteme existierte noch nicht. SCHWENDENER selbst hat zwar in seiner Antrittsrede als Mitglied der Berliner Akademie der Wissenschaften in zurückhaltender Weise auf die Möglichkeit einer solchen Neueinteilung hingewiesen, doch nicht den Versuch gemacht, dieselbe durchzuführen.

So entschloß ich mich zu einem kühnen Schritt, den nur der „Wagemut der Jugend" rechtfertigen konnte: nicht erst abzuwarten, bis durch eine Reihe zusammenhangloser Arbeiten eine solche Fülle von Material sich angesammelt hätte, daß nunmehr seine Zusammenfassung in einem größeren Werke wie die reife Frucht vom Baume fallen würde. Darüber konnten noch Jahrzehnte verstreichen. So machte ich mich kurzentschlossen daran, nach reiflicher Überlegung den allgemeinen Rahmen aufzustellen, in dem die einzelnen Gewebesysteme unterzubringen sind. Das geschah durch die systematische Einteilung und Aufstellung der verschiedenen physiologischen Systeme, wie sie sich bis auf den heutigen Tag bewährt hat. Sie ist mein ausschließliches geistiges Eigentum. Durch eigene Untersuchungen waren die noch vorhandenen zahlreichen Lücken in der Kenntnis der einzelnen Systeme nach Möglichkeit auszufüllen. So entstand die erste Auflage meiner „Physiologischen Pflanzenanatomie", die 1884 erschienen ist.

Einen Vorläufer dieses Werkes bildete eine längere Abhandlung über „Die physiologischen Leistungen der Pflanzengewebe", die ich infolge einer Aufforderung des Professors der Botanik in Leipzig, H. Schenk, für das von ihm herausgegebene Handbuch der Botanik verfaßt habe.

Die Aufnahme, die mein Grundriß bei den Fachgenossen gefunden hat, war natürlich ein geteilter. Während die Schule Schwendeners freudigen Beifall zollte, fand er seitens der Anhänger der rein deskriptiven Pflanzenanatomie unter der Führung Anton de Barys einmütige Ablehnung. Anatomie und Physiologie dürfen nicht vermengt werden, war das alte Schlagwort, das wieder aufgewärmt wurde. De Bary selbst trat nicht öffentlich polemisch auf, sondern ließ durch seinen Schüler O. Warburg in der Botanischen Zeitung die neue Richtung bekämpfen, was, wie ich gerne zugebe, in maßvoller Form geschah. Doch soll de Bary, wie mir erzählt wurde, nachdem er mein Buch gelesen, mit diesem in der Hand vor die Praktikanten seines Straßburger Institutes getreten und lächelnd gesagt haben: „Hier haben Sie den neuesten botanischen Roman!" Und gelegentlich einer Naturforscherversammlung trat Ferdinand Cohn auf mich mit den Worten zu: „Lieber Kollege, Ihr Buch hat mir sehr gefallen, doch habe ich es im Institute eingesperrt, damit nicht meine Schüler darüberkommen." Ich antwortete ihm, daß ich mich freue, ein so gefährlicher Ketzer zu sein. Worauf wir uns lachend die Hände schüttelten. Erheitert hat mich auch die Art und Weise, wie Graf Solms-Laubach die Einteilung der Gewebesysteme nach ihren physiologischen Funktionen ad absurdum zu führen und lächerlich zu machen versuchte, indem er nach Besprechung des von ihm entdeckten Gewebes der Wirtpflanze Polygonum chinense, das als „Capillitium" die Verbreitung der Sporen des parasitischen Pilzes Ustilago Treubii zur Aufgabe hat, ironisch meinte: „Hier würde bei konsequenter Durchführung von Haberlandts System von einem Pilzsporenzerstreuungsgewebesystem geredet werden müssen." Ich hielt es nicht der Mühe wert zu antworten, wie ich mir denn überhaupt gegenüber der polemischen Beurteilung der neuen Richtung eine gewisse Reserve auferlegte. Allmählich verstummten die Angriffe, als später die wiederholten Auflagen meiner Physiologischen Pflanzenanatomie den Beweis ad oculos erbrachten, daß wir Vertreter dieser Richtung uns doch nicht auf dem Holzwege befanden. Das war die wirksamste Art der Widerlegung unserer Gegner, wie ich es mir ja überhaupt in der wissenschaftlichen Polemik zum Grundsatz machte, nicht mit bloßen Worten zu streiten, sondern vor allem neue Tatsachen reden zu lassen. Daß dazwischen auch manchmal scharfe Worte fielen, will ich nicht leugnen.

Des Zusammenhanges wegen mögen an dieser Stelle die weiteren Schicksale des Buches mitgeteilt werden. Erst nach 12 Jahren (1896) erschien die zweite Auflage, um 10 Druckbogen und 95 Abbildungen vermehrt, die wie in der ersten Auflage in der großen Mehrzahl nach Originalzeichnungen verfertigt waren. Aus didaktischen Gründen wurde der Besprechung der Gewebesysteme ein ausführliches Kapitel über den Bau und die Funktionen der typischen Pflanzenzelle vorausgeschickt. Der neu hinzugekommene Abschnitt über „Apparate und Gewebe für besondere Leistungen" enthielt die Keime und Ansätze für drei neue Abschnitte in den späteren Auflagen: über das Bewegungssystem, die Sinnesorgane und die Einrichtungen für die Reizleitung. Damit war in der dritten Auflage der Rahmen für die Gesamtheit der anatomisch-physiologischen Tatsachen im Bereich der Vegetationsorgane definitiv aufgestellt. Von der dritten Auflage (1904) an werden demnach folgende Gewebesysteme unterschieden: 1. Die Bildungsgewebe, 2. Das Hautsystem, 3. Das mechanische System, 4. Das Absorptionssystem, 5. Das Assimilationssystem, 6. Das Leitungssystem. 7. Das Speichersystem, 8. Das Durchlüftungssystem, 9. Die Sekretionsorgane und Exkretbehälter, 10. Das Bewegungssystem, 11. Die Sinnesorgane, 12. Einrichtungen für die Reizleitung. Die Produkte des sekundären Dickenwachstums der Stämme und Wurzeln werden im Schlußabschnitt besprochen. Im Jahre 1905 erschien die vierte, 1908 die fünfte, 1924 zu meinem 70. Geburtstage die sechste Auflage. Stets war es möglich, die neuen·

Forschungsergebnisse in dem alten Rahmen zwanglos unterzubringen, der sich 40 Jahre lang bewährt hat.

Frühzeitig schon habe ich bedauert, daß in dem Buche eine zusammenhängende Darstellung der physiologischen Anatomie der Fortpflanzungsorgane fehlt. Die Tatsache, daß der Bau dieser Organe aus Zweckmäßigkeitsgründen in herkömmlicher Weise in den Lehr- und Handbüchern der speziellen Morphologie und Systematik abgehandelt wird, kann nicht als ein zureichender Grund für diese Unterlassung angesehen werden. Eher durfte man den Hinweis darauf gelten lassen, daß unsere Kenntnisse über die Beziehungen zwischen Bau und Funktion auf diesem Gebiete lange Zeit hindurch zu fragmentarisch waren. Für die letzte Auflage kam auch dieses Moment kaum mehr in Betracht. So konnte ich nur mein hohes Alter und geschwächte Gesundheit als Entschuldigungsgrund angeben. Ich hoffe, daß diese Lücke doch noch früher oder später ausgefüllt wird, wenn auch nicht von mir. Dann wird auch die Zeit gekommen sein, wo noch eine zweite Lücke durch ein selbständiges Werk verschwinden muß: Die Ergänzung der betriebsphysiologischen durch die entwicklungsphysiologische Anatomie.

Es dürfte hier der geeignete Ort sein, auf den Unterschied zwischen physiologischer Anatomie und Physiologie der Gewebe hinzuweisen, weil ein geschätzter Rezensent der 6. Auflage meines Buches eine vermeintliche Lücke in demselben getadelt hat. Er machte es mir zum Vorwurf, daß ich bei der Schilderung des Speichersystems neuere Untersuchungen über die Physiologie der Ein- und Auswanderung der Reservestoffe in die Speichergewebe unberücksichtigt gelassen hätte. Dagegen ist zu bemerken, daß die physiologische Anatomie nur die Beziehungen zwischen Bau und Funktion aufzudecken sucht, nicht mehr. Physiologische Funktionen der Gewebe, die nicht mit den mikroskopisch nachweisbaren Strukturen zusammenhängen, hat sie nicht zu berücksichtigen, nicht zu beschreiben. Alle Funktionen also, die lediglich auf den Eigenschaften des lebenden Protoplasmas beruhen, auf seinem ultramikroskopischen Bau, auf seinen chemischen und

7*

physikalischen Leistungen, können oder brauchen nicht Gegenstand der anatomisch-physiologischen Betrachtung zu sein. Aus diesem Grunde bleiben in der betriebsphysiologischen Pflanzenanatomie die rein physiologischen Vorgänge der Stoffspeicherung und -entleerung ebenso unberücksichtigt, wie der Chemismus der Kohlensäureassimilation oder wie die polaren Saugkraftdifferenzen der Wurzelendodermis und anderes mehr.

Die Physiologie der Gewebe dagegen untersucht alle diese vom Protoplasma abhängigen Prozesse unbekümmert darum, ob sich ihr Zusammenhang mit dem mikroskopisch sichtbaren Bau der Gewebe nachweisen läßt oder nicht, oder ob ein solcher überhaupt besteht. So ist das Gebiet der Gewebephysiologie weit umfangreicher als das der physiologischen Anatomie. Die Physiologie der Gewebe kann geradezu mit der Physiologie selbst identifiziert werden; sie unterscheidet sich von ihr im Grunde genommen nur durch den Einteilungsgrund ihrer Betrachtung. In der reinen Physiologie werden die einzelnen physiologischen Prozesse der Einteilung zugrunde gelegt, in der Physiologie der Gewebe — wenn eine solche geschrieben würde — die einzelnen Gewebesysteme.

Natürlich läßt sich die Grenze zwsichen physiologischer Anatomie und Physiologie der Gewebe nicht scharf ziehen. Es bleibt der ersteren unbenommen, auch rein physiologische Vorgänge, die lediglich auf den Lebensäußerungen des Protoplasmas beruhen, in den Bereich ihrer Darstellung zu ziehen, wenn diese dadurch an Klarheit und Erklärungswert gewinnt. Ein logischer Zwang hierzu besteht aber nicht.

Da die physiologische Pflanzenanatomie in dem engeren Sinne, wie sie in meinem Buche zur Darstellung gelangt, immer wieder die Zweckmäßigkeit der von ihr beschriebenen Strukturen betont und diese nachzuweisen bestrebt ist, so liegt natürlich die Frage nahe, welche Stellung sie zur Teleologie, zur Annahme von Endursachen (Causae finales) im Bereiche des Organischen und letzten Endes zum Vitalismus einnimmt. Es sei gleich im vorhinein erklärt, daß diese Stellung nur eine vollkommen zurückhaltende sein kann. Denn die physiologische Anatomie will die zweckmäßigen Strukturen im Bau der Pflanzen nur beschreiben, nicht aber ihr Zustandekommen erklären. In der ersten Auflage meines Buches habe ich mich noch ganz auf den Boden der Selektionstheorie DARWINs gestellt und in ihr den Schlüssel zur mechanischen Erklärung der zweckmäßigen Anpassungen im Bau der Organismen erblickt. SCHWENDENER machte mich damals brieflich darauf aufmerksam, daß für ihn bei der Entdeckung und Beschreibung des mechanischen Systems keinerlei darwinistische Gedankengänge maßgebend waren. Er sei lediglich durch die Analogie der I-Träger einer eisernen Brücke mit den Bastbündeln auf dem Querschnitt eines Cyperaceenstengels auf die mechanische Zweckmäßigkeit im Bau des letzteren hingewiesen worden und habe sich darüber, wie diese Zweckmäßigkeit im Laufe der phylogenetischen Entwicklung zustande gekommen sei, keine Gedanken gemacht. Und sein Assistent MAX WESTERMAIER, ein ebenso bescheidener und liebenswürdiger Mensch wie strenggläubiger Katholik, hat stets daran festgehalten, daß alle zweckmäßigen Einrichtungen im Bau der Lebewesen durch einen weisen, allmächtigen Schöpfer erdacht und ausgeführt worden sind.

Wenn ich auf meine eigene Ansicht über diese Dinge zurückkommen darf, so nehme ich noch heute an, daß durch die Selektionstheorie wenn nicht alle, so doch sehr zahlreiche Zweckmäßigkeiten im Bau und Leben der Pflanzen und Tiere erklärt werden können. Eine „Allmacht" der Naturzüchtung, wie sie WEISMANN proklamiert hat, kann ich allerdings nicht anerkennen. Andererseits bin ich weit davon entfernt, für die Entstehung der Zweckmäßigkeiten, denen gegenüber die Selektionstheorie ratlos ist, die Wirksamkeit von Endursachen, die Herrschaft eines rein teleologischen Prinzips anzunehmen. Denn dieses besagt ja nicht mehr und nicht weniger, als daß ein zukünftiger Zustand auf einen gegenwärtig sich abspielenden Vorgang bestimmenden Einfluß nimmt. So etwas ist für mich außerhalb des Bereiches menschlicher Handlungen unannehmbar. Wenn zugunsten der Teleologie angeführt wird, daß auch in der modernsten Physik die „Vertauschbarkeit von Anfang- und Endzustand" als möglich zugestanden wird, so wäre darauf zu erwidern, daß physikalische Überlegungen, die zu einer solchen Folgerung führen, der berechtigten Skepsis des vorsichtigen Naturforschers begegnen. Wenn der Vitalismus, zu dem die Teleologie notwendigerweise führt, zu übernatürlichen Kräften und Ursachen, die sich nicht in das Getriebe chemisch-physikalischen Geschehens einordnen lassen, seine Zuflucht nehmen muß, wenn er von Entelechien, Psychoiden, Dominanten usw. spricht, so sind das bloße Scheinerklärungen oder Umschreibungen. Natürlich ist mit der prinzipiellen Ablehnung des Vitalismus nicht gesagt, daß die Lebensvorgänge in der ontogenetischen und phylogenetischen Entwicklung sämtlich auf uns bekannte chemisch-physikalische Vorgänge und Energieformen zurückführbar sind. Vielleicht ist die Entdeckung der für das Leben besonders wichtigen Prozesse und Energien erst einer fernen Zukunft vorbehalten. Das Ignoramus darf uns aber nicht zu einem Ignorabimus verleiten, das leicht zu einem Ignoremus wird. Soviel ist sicher, daß wie immer auch das Lebensrätsel einmal gelöst werden wird, die neuen Tatsachen, die dazu führen, sich restlos in das allgemeine Gefüge *natürlichen* Geschehens, in das Weltbild des Physikers und Chemikers einordnen werden. Übernatürliches, Metaphysisches hat darin nicht Platz.

*　　*　　*

Meine Physiologische Pflanzenanatomie hat nicht nur im deutschen Sprachgebiete eine große Verbreitung gefunden. Auch in Skandinavien, Dänemark, Rußland, Holland und in den angelsächsischen Staaten, wo eine englische Übersetzung ihr Studium begünstigte, ist sie fleißig gelesen worden. In den romanischen Ländern, insbesondere in Frankreich, scheint der Einfluß des Buches ein geringerer gewesen zu sein. Das ist in Frankreich wohl weniger auf nationale Voreingenommenheit, als vielmehr auf die Abneigung des französischen Geistes gegenüber allem, was an Teleologie erinnert, zurückzuführen.

Der Extraordinarius.

Im Jahre 1883 wurde ich vom Professorenkollegium der technischen Hochschule in Graz zum außerordentlichen Professor vorgeschlagen, nicht ohne vorausgegangene Überwindung ernstlicher Widerstände. Persönlich hatte man gegen mich nichts einzuwenden, eine Professur für Botanik hielt aber die Mehrzahl der Professoren für überflüssig. Da kam mir ein glücklicher Zufall zu Hilfe. Der Professor für Wasserbau, W. Heyne, ein weiter blickender Mann, beschäftigte sich damals mit wasserhygienischen Fragen und suchte mich eines Tages in meinem Laboratorium mit der Bitte auf, den Bodensatz in einem mit Wasser gefüllten kleinen Fläschchen mikroskopisch zu untersuchen. Es handle sich um die Feststellung, ob die Person, von der die Exkrementspuren herrührten, pflanzliche Nahrung genossen habe oder nicht. Beim ersten Blick ins Mikroskop sah ich einige Palisadenzellen der Samenschale der Bohne und mehrere isolierte Spiralfasern aus den Gefäßbündeln eines Laubblattes. „Sie haben Bohnen mit Sauerkraut gegessen!" lautete meine Diagnose. Verblüfft schaute mich Prof. Heyne an und brach in die Worte aus: „Ja, woran haben Sie das um himmelswillen erkannt?" Ich gab ihm die gewünschte Erklärung, und der Fragesteller zog mit höchstem Respekte vor den Leistungen der Pflanzenanatomie ab. Er befürwortete in der entscheidenden Sitzung des Professorenkollegiums auf das wärmste meine Ernennung zum Extraordinarius, und der dahingehende Vorschlag wurde einstimmig angenommen. Bald darauf schlug mich Leitgeb zum a. o. Professor an der Universität vor, doch war dieser Vorschlag eigentlich nur als Unterstützung des Beschlusses des Professorenkollegiums der technischen Hochschule gemeint. Doch es ist anders gekommen. Im Oktober 1884 erfolgte meine Ernennung zum beamteten Extraordinarius an der Universität, doch ohne Gehalt, nur mit einer Remuneration von jährlich 600 Gulden. Meine Stellung an der technischen Hochschule blieb davon unberührt. Ich erhielt hier nach wie vor 400 Gulden jährlich. So blieb Schmalhans Küchenmeister.

Um meine finanzielle Lage zu verbessern, griff ich wiederholt zur Feder und schrieb botanische Feuilletons für die Wiener „Neue freie Presse" und andere Zeitschriften. Eine Zeitlang war eine gemeinsame Arbeit mit dem Direktor des Grazer allgemeinen Krankenhauses, Prof. Lipp, die Quelle nicht unbeträchtlicher Nebeneinnahmen. Lipp, ein schon älterer Herr, hatte sich in den Kopf gesetzt, den Erreger der echten Pocken zu entdecken und da ihm jegliche Erfahrung in den bakteriologischen Untersuchungsmethoden fehlte, so setzte er sich mit mir in Verbindung. Ich war in diesen Dingen fast ebenso unerfahren wie er, doch arbeitete ich mich rasch in die Bakteriologie, soweit es nötig war, ein, und nun ging es bald an die Impfung sterilisierter Kartoffelscheiben und anderer Nährsubstrate mit Pockenlymphe. Vorher hatte ich mich mit Frau und Kind vorsichtigerweise einer Schutzimpfung unterzogen. Wir erzielten die schönsten weiß- bis goldgelben Reinkulturen eines „Sarcina"-ähnlichen Streptococcus oder Staphylococcus, den Lipp alsbald für den gesuchten Pockenerreger hielt, während ich meine Zweifel nicht unterdrücken konnte. Lipp wurde in seiner Meinung um so mehr bestärkt, als die Impfung eines Mädchens mit einer Bakterienkultur, die aus Kuhpockenlymphe nach wiederholter Überimpfung auf gekochte Kartoffelscheiben gewonnen wurde, einen positiven Erfolg hatte. Auch dieser Versuch überzeugte mich noch nicht. Bekanntlich ist der Erreger der echten Pocken bis heute noch nicht entdeckt worden.

Meine eigenen Arbeiten erlitten durch diese Nebenbeschäftigung. keine Unterbrechung. Die nächste Untersuchung galt der Anatomie und Physiologie der *Laubmoose*; es reizte mich, den Nachweis zu erbringen, daß die Prinzipien der neuen Richtung der Pflanzenanatomie nicht nur im Bereiche der höher entwickelten Pflanzen erfolgreich zur Geltung gebracht werden können, sondern auch in tiefer stehenden Pflanzenklassen zur Auffindung neuer Tatsachen führen müssen. In diesem Sinne habe ich das mechanische System der Laubmoose, ihr Leitungssystem, das Wassergewebe, das Assimilationssystem und die Spaltöffnungen der Sporogonien und schließlich die Rhizoiden einiger saprophytischer Laubmoose untersucht. Diesmal wurde auch das physiologische Experiment herangezogen, um die auf anatomischem Wege gefundenen Tatsachen physiologisch richtig zu deuten. Als die wichtigsten Ergebnisse dieser Arbeit betrachte ich den Nachweis, daß der einfache Zentralstrang des Laubmoosstämmchens kein „Urleitbündel" ist, das ohne weitere Differenzierung in verschiedene Gewebearten die Leitungsbahn für anorganische wie organische Stoffe zu bilden hätte, sondern daß es als rudimentärer Tracheidenstrang ausschließlich der Wasserleitung dient. Ferner den Nachweis, daß in den Kapseln verschiedener Laubmoose das Assimilationssystem in seiner vollkommensten Ausbildung, als Palisadengewebe, entwickelt ist, das die Kapsel in den Stand setzt, die zur Ausbildung der Sporen nötigen Assimilate selbst zu erzeugen. Und schließlich die Feststellung der Mechanik des Spaltöffnungsapparates einer Mniumart, womit den von SCHWENDENER beschriebenen Typen zum ersten Male ein ganz neuer Spaltöffnungstypus hinzugefügt wurde.

Nach dieser Untersuchung beschäftigte ich mich mit der Anatomie und Physiologie der pflanzlichen *Brennhaare*. Die zweckmäßigen mechanischen Einrichtungen im Bau der Brennhaarspitzen, die alle darauf abzielen, der in die Haut des Angreifers eindringenden Spitze einen möglichst vorteilhaften Bau, nach Art einer Injektionskanüle, zu sichern, und die mit geringen Abweichungen in systematisch einander so ferne stehender Familien, wie den Urticaceen, Euphorbiaceen und Loasaceen in gleicher Weise wiederkehren, erregten in hohem Maße meine Bewunderung. Dazu kam der durch zahlreiche Impfversuche am eigenen Körper erbrachte Nachweis, daß das Gift der Brennesselhaare nicht die Ameisensäure ist, wie bis dahin allgemein angenommen wurde, sondern ein enzymartiger Körper, der im eiweißreichen Zellsaft gelöst ist. Alles dies brachte mich in seiner Vollkommenheit auf den Gedanken, daß hier eine metaphysische Ursache im Spiele sein könnte, obwohl ich mir ja sagen mußte, daß andere Einrichtungen im anatomischen Bau der Pflanzen nicht minder zweckmäßig und wunderbar sind. Der gleiche Bauplan der Brennhaare in systematisch so verschiedenen Familien schien mir schwer als eine „Konvergenzerscheinung" deutbar zu sein. Andererseits war es mir rätselhaft, warum die höhere Vernunft, die ein so zweckmäßiges Brennhaarmodell erfunden, sich darauf beschränkt haben sollte, dasselbe in so wenigen Familien zu verwirklichen. So gerät man, wenn man sich in derlei Spekulationen einläßt, in kindlich anmutende, anthropomorphistische Gedankengänge. Ich schüttelte sie bald ab. Nur einmal noch ist mir ähnliches begegnet; davon wird später die Rede sein.

Die nächste Arbeit enthielt neue Beobachtungen „Zur Kenntnis des Spaltöffnungsapparates". Nachdem SCHWENDENER das die Beweglichkeit der Schließzellen ermöglichende äußere Hautgelenk der Spaltöffnungen entdeckt hatte, wurde von mir das Vorhandensein eines inneren Hautgelenkes nachgewiesen, wenn die Innenwände der angrenzenden Epidermiszellen verdickt sind. Im zweiten Teile der Arbeit wurde gezeigt, daß die Spaltöffnungen der Schwimmpflanzen nach einem ganz abweichenden Typus gebaut sind, indem der Spaltenverschluß nicht durch Berührung der vorgewölbten Bauchwände zustande kommt, sondern ausschließlich auf der Annäherung der stark verbreiterten äußeren Kutikularleisten beruht. Die ökologische Bedeutung dieses Verhaltens wurde darin erblickt, daß es sich hier um eine Schutzeinrichtung gegen die kapillare Verstopfung der Spalten mit Wasser handelt.

Die Tatsache, daß die Lagerung und Anordnung der Gewebe in den verschiedenen Pflanzenorganen in Beziehung zu ihrer Funktion steht, führt zu der Folgerung, daß dieselben Beziehungen auch für die verschiedenen Organe der einzelnen Zelle gelten müssen. Dem Nachweise, daß auch der Zellkern sich dieser Forderung fügt, galt die nächste größere Untersuchung, die ich in den Jahren 1886 und 1887 ausführte. Die Anregung dazu ging von NÄGELI aus, der in seiner „Mechanischen Theorie der Abstammungslehre" den Begriff des „Idioplasmas" als des Trägers der vererblichen Eigenschaften des Organismus aufgestellt hatte, worauf O. HERTWIG, WEISMANN u. KÖLLIKER aus verschiedenen Gründen die bestimmte Ansicht aussprachen, daß das Idioplasma ausschließlich in den Zellkernen seinen Sitz habe. STRASBURGER dagegen nahm an, daß neben dem Nucleo-Idioplasma auch noch ein Zyto-Idioplasma existiere, eine Auffassung, die in neuester Zeit wieder in den Vordergrund tritt. Doch bleibt die Annahme, daß der Zellkern der Hauptträger des Idioplasmas, der in den Chromosomen lokalisierten Gene ist, unbestritten.

Ich stellte mir nun die Frage, ob die Lage des Kernes in sich entwickelnden Pflanzenzellen mit seiner Funktion in Übereinstimmung steht, ob er stets oder doch in der Regel dort zu finden ist, wo er „etwas zu tun hat". Bis dahin war auf die Lage des Kernes in der Zelle überhaupt nicht näher geachtet worden, da ja seine Funktion ganz im Dunkel lag. Wenn nun eine Beeinflussung des Zytoplasmas der Zelle seitens des Kernes in dem Sinne stattfindet, daß jenes von diesem angeregt wird, bestimmte Entwicklungsprozesse einzuleiten und durchzuführen, die der ausgewachsenen Zelle ihren charakteristischen Bau und ihre bestimmte Gestalt verleihen, so muß in jenen Fällen, wo es sich in der Zelle um lokalisierte Gestaltungs- und Wachstumsvorgänge handelt, die unmittelbare Nähe des Kernes sich als sehr vorteilhaft erweisen. Denn mag die Beeinflussung des Zytoplasmas seitens des Kernes eine dynamische sein, „durch Übertragung eigentümlicher Schwingungszustände", durch Strahlung erfolgen, wie wir heute sagen würden, oder mag vom Kerne eine stofflich-chemische Wirkung durch Ausscheidung von Enzymen oder Hormonen ausgehen, auf jeden Fall wird diese Wirkung präziser und gesicherter sein, wenn sich der Kern in der Nähe des jeweiligen Entwicklungsherdes befindet. Ich habe in meiner Arbeit mit NÄGELI eine dynamische Kernwirkung angenommen, doch auch die Möglichkeit offen gelassen, daß es sich um eine stoffliche Einwirkung handeln könnte, die ich heute für die weitaus wahrscheinlichere halte.

Von diesem Gesichtspunkte aus untersuchte ich die Lage des Kernes in den verschiedensten, in Entwicklung begriffenen Pflanzenzellen. In Epidermiszellen mit sich verdickenden Außenwänden liegt der Kern an diesen; werden die Innenwände verdickt, wie bei den Fruchtschalen von Carex, den Samenschalen von Scopolia, so schmiegt sich der Kern den Innenwänden an. In den

Schließzellen der Spaltöffnungen findet man den Kern stets den Bauchwänden angelagert, an denen die oft so kompliziert gebauten Verdickungsleisten auftreten. Ausgezeichnete Beispiele liefert ferner das Peristom der Laubmooskapsel mit seinen streng lokalen Membranverdickungen. Ebenso ist es sehr auffallend, daß sich in den Zystolithenzellen der Acanthaceen der Kern stets in unmittelbarer Nähe des spitzen Endes des „donnerkeilähnlichen" Zystolithen befindet und bei fortschreitendem Wachstum desselben der Spitze unmittelbar anliegt. Bei Ficus elastica verhält sich die Sache allerdings anders: Hier liegt der Kern in der Regel am Grunde der jungen Zystolithenzelle, während der Zystolith oben entsteht. Doch stellt in den meisten Fällen ein Plasmastrang die Verbindung zwischen Kern und Zystolithen her, so daß die Fortleitung des Kerneinflusses zu letzterem auf kürzestem Wege gesichert ist. — Besonderes Interesse beanspruchten auch die Armpalisadenzellen von Pinus, Sambucus und verschiedenen Ranunculaceen, in denen mehrere in das Zellinnere vorspringende Verdickungsleisten entstehen. Da liegt der Kern in der Mitte der jungen Zelle. Von ihm strahlen Plasmaplatten gegen die Wände aus, an deren Ansatzstellen die Membranleisten angelegt werden. — Auch bei lokalem Flächenwachstum der Zellwände läßt sich die Nähe des Zellkernes feststellen. Besonders schön tritt das bei der Anlegung und dem streng lokalisiertem Spitzenwachstum der Wurzelhaare zutage, das durch Markierung der wachsenden Haare mittels angeblasener Reisstärkekörnchen nachgewiesen wurde. Der Kern liegt in der Nähe der wachsenden Haarspitze. Eine auffallende Ausnahme, die erst viel später bekannt wurde, bilden die Wurzelhaare verschiedener Wasserpflanzen, bei denen die Kerne von Anfang an in der Haarbasis verbleiben, obgleich auch diese Haare strenges Spitzenwachstum aufweisen. Wie mein Schüler E. WINDEL gezeigt hat, zeichnen sich aber diese Haare durch besonders lebhafte und rasche Plasmaströmung in der Längsrichtung aus, so daß die vom Kern ausgeschiedenen Reizstoffe leicht und sicher zu wachsender Spitze befördert werden können. Zwingt man die Haare in nassem Sande zu wachsen, so wird die Plasmaströmung bedeutend verlangsamt; dafür rücken jetzt die Kerne aus den Haarbasen mehr oder minder weit gegen die Haarspitzen vor. — Auf verschiedene andere Beispiele für die Beziehungen zwischen Lage und Funktion des Zellkernes soll hier nicht weiter eingegangen werden.

Meine Beobachtungen über diesen Gegenstand wurden von verschiedenen Forschern bestätigt und erweitert, und zwar auch an zoologischen Objekten. In letzterer Hinsicht sind besonders die interessanten Beobachtungen E. KORSCHELTs erwähnenswert. Andererseits hat es auch nicht an Einwänden gegen meine Auffassung gefehlt, wenn auch die Richtigkeit der Beobachtungstatsachen nicht bestritten wurde. Die von TOWNSEND festgestellten Fernwirkungen des Zellkernes, die durch Plasmafäden vermittelt werden, (auf die ich übrigens selbst schon aufmerksam gemacht hatte) haben PFEFFER zu der Bemerkung veranlaßt, daß die Nähe des Zellkernes bei lokalen formativen Prozessen in der Zelle entbehrlich sei, so wie ja auch „mit Hilfe des Telephons Mitteilungen und Befehle in weiter Ferne wiederhallen". Dieses Bild weiter ausmalend konnte darauf erwidert werden, „daß Mitteilungen und Befehle am sichersten und deutlichsten dann übertragen werden, wenn Auftraggeber und Diener einander nahe gegenüberstehen".

Eine Ergänzung dieser umfangreichen Arbeit bildete eine zwei Jahre später erschienene Abhandlung „Über Einkapselung des Protoplasmas mit Rücksicht auf die Funktion des Zellkernes". Darin wurde gezeigt, daß in den Haarzellen verschiedener Cucurbitaceen polsterförmige Verdickungen der Außenwände auftreten, durch die die Protoplasten eingeschnürt und in je zwei Portionen zerteilt werden. Nur die kernhaltige Portion bildet weiterhin Zellulosehäute und kapselt sich ein. Ferner wurde festgestellt, daß in den Bastzellen verschiedener Asclepiadeen, Apocyneen und Linum-Arten eine Einkapselung lokaler Plasmaportionen nur dann stattfindet, wenn dieselben mindestens *einen* Zellkern enthalten. Diese Beobachtungen beleuchteten den Einfluß des Zellkernes auf die Membranbildung, den G. KLEBS schon früher an

plasmolysierten Algen- und Moosblattzellen experimentell nachgewiesen hatte.

Eine betriebsphysiologische Fragestellung bildete den Ausgangspunkt dieser Untersuchungen. Es lag in der Natur der Sache, daß
das Ergebnis auch von entwicklungsphysiologischer Bedeutung war.
So habe ich damals zum ersten Male das Gebiet der Entwicklungsphysiologie betreten, auf dem ich erst viele Jahre später von
neuem tätig war.

* * *

Neben der wissenschaftlichen Tätigkeit wurde die lehramtliche
nicht vernachlässigt. Außer den Vorlesungen wurden, wie schon
oben erwähnt, auch praktische Übungen abgehalten, die freilich,
wie es an einer technischen Hochschule nicht anders zu erwarten
war, sich nur eines spärlichen Besuches erfreuten. Es beteiligten
sich an ihnen fast ausschließlich die Kandidaten für das Lehramt
an Realschulen, die damals in Österreich an den technischen Hochschulen ihre Ausbildung erfuhren. Unter ihnen ragten gleich in
den ersten Semestern meiner Grazer Lehrtätigkeit zwei begabte
Studierende hervor, welche die ersten Schülerarbeiten ausführten,
die unter meiner Leitung entstanden sind: G. FIRTSCH und
G. MARKTANNER. Beide sind früh gestorben. Im Frühjahr 1888,
kurz nach dem Tode LEITGEBs, erschien in meinem Laboratorium,
von Prof. NÄGELI empfohlen, ein junger Mann aus München,
blondhaarig, helläugig, mit schwachem rötlichen Vollbart und bat
mich um einen Arbeitsplatz, der ihm mit Freuden gewährt wurde.
Es war CARL CORRENS. Ich merkte bald, daß ich ihm kaum mehr
etwas zu bieten vermochte. Seine erstaunliche Beobachtungsgabe,
sein selbständiges kritisches Urteil, sein geistiger Scharfblick und
nicht zuletzt sein großer Fleiß ließen mich bald die großen, grundlegenden wissenschaftlichen Erfolge ahnen, die ihm später als
einem der Begründer der modernen Vererbungswissenschaft beschieden sein sollten. In Graz hat er eine sorgfältige Untersuchung
über die Entwicklungsgeschichte der extranuptialen Nektarien von
Dioscorea ausgeführt und mit seiner hier begonnenen Arbeit über

die Reusenhaare der Blüten von Aristolochia clematitis zum ersten
Male die Prinzipien der physiologischen Pflanzenanatomie auf
dem Gebiete der Blütenbiologie zur Anwendung gebracht. CORRENS hat später auch SCHWENDENER in Berlin aufgesucht und bei
ihm gearbeitet und ist so, da er früher auch Schüler NÄGELIs war,
zu den Vertretern dreier Forschergenerationen, die untereinander
und nacheinander Lehrer und Schüler waren, als Lernender in
persönliche Beziehung getreten. Ein in der Geschichte der Botanik, ja der Wissenschaften überhaupt, wohl einzig dastehender
Fall. Das wenige, was CORRENS von mir lernen konnte, hat er
mir im Laufe der Jahre reichlich vergolten. Die Freundschaft,
die mich mit ihm verbindet, ist namentlich seit seiner Berufung
als Direktor des Kaiser Wilhelm-Instituts für experimentelle
Biologie in Berlin-Dahlem durch persönlichen Verkehr und wissenschaftlichen Gedankenaustausch treu und dauernd gepflegt worden.

Der Ordinarius und seine Mitarbeiter.

In den ersten Apriltagen des Jahres 1888 weilte ich auf Besuch
bei meiner Mutter und den Geschwistern in Wien. Am 5. April
las ich tieferschüttert in der Zeitung, daß HUBERT LEITGEB sich
in Graz erschossen habe. Den Anlaß zu diesem traurigen Lebensabschlusse bildeten verschiedene Schwierigkeiten, die sich seinen
Plänen betreffs der Neuanlage des botanischen Gartens und
Instituts entgegenstellten. LEITGEB hatte vor der Übersiedlung
SCHWENDENERs nach Berlin einen Ruf nach Tübingen erhalten,
denselben aber abgelehnt, nachdem ihm das österreichische
Unterrichtsministerium die Errichtung eines neuen botanischen
Instituts und Gartens zugesichert hatte. Verschiedene hochgespannte Wünsche LEITGEBs wurden aus finanziellen Gründen für
unausführbar erklärt. So zogen sich die Verhandlungen endlos
hin, bis zuletzt die bestimmte Erklärung des Ministeriums, daß
zuerst die Neuanlage des Gartens mit den Gewächshäusern und
später erst der Neubau des Instituts zu erfolgen habe, während
LEITGEB die gleichzeitige Inangriffnahme dieser Arbeiten gefordert
hatte, zur Katastrophe führte. Der Unmut und die Aufregung

LEITGEBs über die Verzögerung des Institutsbaus erfuhren eine pathologische Steigerung, er wähnte von nun an nicht mehr wissenschaftlich arbeiten zu können und schied am Todestage seiner ihm vor zehn Jahren entrissenen Gattin freiwillig aus dem Leben.

So war plötzlich die botanische Lehrkanzel an der Grazer Universität frei geworden. Im Wiederbesetzungsvorschlage der philosophischen Fakultät stand ich an erster Stelle und wurde im September 1888 zum Nachfolger LEITGEBs ernannt. Die Supplentenstelle an der technischen Hochschule legte ich nunmehr nieder; sie wurde EMIL HEINRICHER übertragen, der aber bald darauf nach PEYRITSCH' Tod nach Innsbruck berufen wurde. Sein Nachfolger war unter gleichzeitiger Ernennung zum außerordentlichen Professor HANS MOLISCH.

Es war damals in Österreich üblich, fast vorgeschrieben, daß jeder neu ernannte Ordinarius sich beim Kaiser in einer Audienz für die Ernennung zu bedanken hatte. So erschien also auch ich im Oktober 1883 in der Wiener Hofburg vor Kaiser FRANZ JOSEPH, der sich in leutseliger Weise nach den mir in Graz bevorstehenden Aufgaben erkundigte. Seine Art, mit Vertretern der Wissenschaft zu sprechen, ließ immer, wie ich auch bei späteren Anlässen feststellen konnte, die Hochschätzung wissenschaftlicher Arbeit seitens des sonst so streng militärisch eingestellten Monarchen erkennen. Er hat in seinem ganzen öffentlichen Auftreten etwas Bescheidenwürdevolles an den Tag gelegt, stets Kaiser und König, ohne es immer wieder zu markieren. So lebt er als verehrungswürdige Herrschergestalt in meiner Erinnerung fort.

Meine erste Aufgabe als Ordinarius war die Anlegung des neuen botanischen Gartens außerhalb des Weichbildes der Stadt in nächster Nähe der Hilmteichanlagen. Die Auflassung und Verbauung des alten Joanneumgartens war schon deshalb unvermeidlich geworden, weil sich das Land Steiermark den Luxus eines botanischen Gartens inmitten der Stadt nicht länger leisten konnte. So fielen denn die schönen alten Bäume der Axt zum Opfer; am meisten bedauerten die Grazer Botaniker die Fällung des herrlichen Ginkgo-Baumes, an dessen Überpflanzung in den neuen

Garten natürlich nicht gedacht werden konnte. Nur eine Stammscheibe konnte den Institutssammlungen einverleibt werden. Bei der Anlegung des Gartens kam mir sehr zu statten, daß LEITGEB bereits in sehr umsichtiger Weise die Vorbereitungen dazu getroffen hatte; nur geringfügige Abänderungen erwiesen sich als notwendig. Ausgezeichnete Dienste leistete mir auch der Obergärtner JOH. PETRASCH, ein sehr erfahrener Praktiker, der bis zu meiner Berufung nach Berlin, das ist mehr als zwei Jahrzehnte hindurch, die junge Gartenanlage mit der Liebe des echten Pflanzenfreundes pflegte und betreute, und doch niemals auch nur mit der Wimper zuckte, wenn einer seiner Lieblinge der wissenschaftlichen Untersuchung zum Opfer fallen mußte.

Auch hinsichtlich der Hilfskräfte im botanischen Institut hatte ich Glück. Der Laborant H. GASSER, der schon unter LEITGEB angestellt wurde, zeichnete sich als Kunstdrechsler und Mechaniker besonders aus. Seine nach den Untersuchungen NÄGELIs und seiner Schüler angefertigten Modelle des Gefäßbündelverlaufs in verschiedenen Pflanzenstengeln, seine Modelle pflanzlicher Embryonen und Vegetationsspitzen und später seine von mir angeregten beweglichen Blütenmodelle, die die Fremdbestäubung durch Insekten in drastischer Weise zur Anschauung brachten, und nicht zuletzt die gleichfalls beweglichen Spaltöffnungsmodelle: sie alle leisteten mir in meinen Vorlesungen große Dienste und prägten sich dem Gedächtnis der Zuhörer in unauslöschlicher Weise ein. Sie sind in vielen botanischen Instituten Österreichs, Deutschlands und auch des Auslandes verbreitet und werden noch lange wertvolle Demonstrationsobjekte bleiben. Auch GASSER stand mir bis zu meinem Abgange von Graz zur Seite.

Als Assistent wurde mir von KERNER und von WETTSTEIN in Wien ein junger Botaniker, Dr. EDUARD PALLA, empfohlen, der nicht nur ein gründlicher Systematiker war, sondern auch gute anatomische und allgemeinbotanische Kenntnisse besaß. Auf erstere Eigenschaft mußte ich um so mehr Gewicht legen, als meine eigenen systematischen Kenntnisse manches zu wünschen übrigließen, was für den Direktor eines botanischen Gartens mindestens

unbequem werden konnte. PALLA hat sich mit großer Gewissenhaftigkeit nicht nur der Herbarien angenommen; er hat auch
jahraus jahrein dafür gesorgt, daß der Prozentsatz der falsch bestimmten und etikettierten Pflanzen des Gartens ein minimaler
geblieben ist. Seine sonstigen Assistentenpflichten hat er treu
erfüllt und sich in seinen freien Stunden unermüdlich anatomischen
und zytologischen Untersuchungen hingegeben. Als Cyperaceen-
kenner hat er sich einen hervorragenden, weit über das deutsche
Sprachgebiet reichenden Namen gemacht, was zur Folge hatte,
daß ihm aus aller Herren Länder Cyperaceen-Material zur Bestimmung und Bearbeitung zugeschickt wurde. Das führte zu
immer wiederkehrenden Unterbrechungen seiner eigenen Untersuchungen, die aber hauptsächlich deshalb nur langsam vorwärts-
schritten, weil eine fast übergroße Gewissenhaftigkeit und ein
gewisses Mißtrauen in die Sicherheit der eigenen Beobachtung
verzögernd wirkten. Auch eine Art Scheu vor der Veröffentlichung
der Ergebnisse war mit Grund für seine geringe Produktivität.
Was er aber veröffentlichte, zeichnete sich durch knappe, klare
Darstellung und selbständige Denkweise aus. Als Privatdozent
und späterer Extraordinarius war er ein wortkarger, aber trefflicher Lehrer, der erst recht auftaute, wenn er mit seinen Hörern
botanische Exkursionen in die steirische Alpenwelt unternahm.
Da verschmolz die Leidenschaft des Hochtouristen mit seiner Liebe
für die Alpenflora, der er ein vom Deutschen Alpenverein heraus-
gegebenes Prachtwerk gewidmet hat. Obgleich ein Verehrer der
Frauen, die den schönen, schlanken Mann mit seinem vollen
schwarzen Haupthaar und seinem gepflegten Spitzbarte wohl-
gefällig betrachteten, blieb er doch zeitlebens Junggeselle und
nahm mit zunehmendem Alter immer mehr die Gepflogenheiten
eines menschenscheuen Sonderlings an. Hygienisch zu leben war
ihm fremd, und so ist er bereits vor einer Reihe von Jahren einer
vernachlässigten Grippe zum Opfer gefallen.

*   *   *

Die verschiedenen Aufregungen, die meiner Ernennung zum Ordinarius vorausgingen, hatten in Verbindung mit geistiger Überanstrengung in den letzten Jahren eine starke Erschöpfung meines Nervensystems zur Folge, die sich vor allem in einer ausgesprochenen Abneigung vor wissenschaftlicher Arbeit äußerte. So wandte ich mich monatelang einem ganz anderen Gebiete zu und nahm Unterricht in der Ölmalerei. Als Lehrer wurde mir ein tüchtiger Grazer Künstler, Josef Kainzbauer empfohlen, ein breitschrötiger Steirer, mit schwarzem Haar und Bart, der in München und Karlsruhe seine Ausbildung erfahren hatte. Seinem pädagogischen Geschick und meiner guten Beobachtungsgabe war es zu verdanken, daß gleich das erste botanische Stilleben, mit Warzenkürbis, Kokosnuß, Jerichorose, Elefantenlaus und einem Herbariumblatt, auf das ein schön gepreßter Osterluzeistengel gespannt war, sehr befriedigend ausfiel. Ich machte so gute Fortschritte, daß ich mich bald ans Porträt wagen durfte und so habe ich denn im Laufe der Jahre außer den Familienmitgliedern verschiedene Universitätskollegen, besonders aber auch ihre schönen Frauen und Töchter erfolgreich porträtiert, bis mich schließlich ein Freund darauf aufmerksam machte, daß ich den wenigen Berufsporträtisten der Stadt durch meine Gratismalerei keine Konkurrenz mehr machen dürfe. Seither beschränkte ich mich auf das Landschaftsmalen, gab aber bald die auf Reisen unbequeme Öltechnik zugunsten des Aquarells auf. Erst in Berlin fing ich wieder zu porträtieren an, doch nur in kleinem Format und mit Wasserfarben. Wieder sind es hübsche Mädchen, die Freundinnen unserer Eva, die mich dazu verlocken.

Die Universität Graz und das Lehramt.

Die Universität Graz, die südöstlichste des deutschen Sprachgebietes, war zur Zeit als ich an ihr zu wirken begann, in erfreulichem Aufschwunge begriffen. Ihre Baulichkeiten ließen zwar noch viel zu wünschen übrig, allein die Hörerzahl nahm von Jahr zu Jahr zu und ihr Lehrkörper erneuerte sich durch eine Anzahl jüngerer Kräfte, die frische Bewegung in den Lehr- und Forschungsbetrieb der Hochschule brachten. Die Studierenden, deren Zahl bald auf 2000 wuchs, rekrutierten sich naturgemäß hauptsächlich aus Steiermark, Kärnten, Krain, dem Küstenlande, Triest, Istrien und Dalmatien. Der großen Mehrzahl nach waren es Deutsche, unter denen die Kärntner wohl als die begabtesten gelten durften. Ihnen folgten die Italiener, Slowenen, Serben, Bosniaken und später auch noch Bulgaren, die vornehmlich Pharmazie studierten und sich durch großen Fleiß und Beharrlichkeit, bei geringer Begabung wissenschaftlichen Gedankengängen zu folgen, auszeichneten. Im allgemeinen habe ich im Laufe meiner langjährigen Tätigkeit als akademischer Lehrer in Graz und Berlin die Erfahrung gemacht, daß die alpenländischen Deutschen den Norddeutschen an Begabung und raschem Auffassungsvermögen nichts nachgaben, sie im Durchschnitt vielmehr übertrafen, daß ihnen aber die letzteren an Fleiß und zäher Ausdauer entschieden überlegen waren. So habe ich hier wie dort erfreuliche Lehrerfolge erzielt.

An dieser Stelle will ich nun gleich zusammenfassend über meine 44 jährige Lehrtätigkeit berichten. Ich habe nicht das Gefühl, ein vortrefflicher Lehrer gewesen zu sein, doch glaube ich, daß ich es nicht an Anregungen fehlen ließ, und meine Lehrfreudigkeit war jedenfalls groß. Da ich keine angeborene Rednergabe besitze, mußte ich mir die Kunst des freien Vortrages im Laufe des Jahre erst mühsam erwerben. Kolleghefte mit genauer Disposition des Inhaltes der einzelnen Vorlesungen konnte ich nicht entbehren. Auf allzu reichliches Demonstrationsmaterial verzichtete ich, weil ich der Ansicht war, daß es die Hörer zu leicht zerstreue und an der aufmerksamen Verfolgung des mündlich Gebotenen behindere. Um so fleißiger machte ich von verschiedenfarbigen Kreiden Gebrauch, mit denen ich auf der schwarzen Tafel morphologische und anatomische Skizzen entwarf, die sich den nachzeichnenden Zuhörern besser und leichter ins Gedächtnis prägten als fertige Wandtafeln mit ihren oft zu zahlreichen Details. Als Linkshänder zeichnete ich mit der linken Hand und schrieb zuweilen fast gleich-zeitig mit der Rechten die nötigen Erläuterungen dazu. Das verblüffte die Hörer zu Beginn der Vorlesungen nicht wenig. Im mikroskopischen Praktikum für Anfänger suchte ich meine Schüler vor allem zur treuen, genauen Naturbeobachtung anzuleiten. Nicht möglichst viele Objekte ließ ich untersuchen, sondern aus dem einzelnen Präparat soviel als nur möglich herausholen und in der anatomischen Zeichnung niederlegen. Auf letztere legte ich stets größtes Gewicht und hatte die Genugtuung, daß Praktikanten, die zu Beginn des Semesters im Zeichnen so unbehilflich als möglich waren, am Schluß desselben recht gute anatomische Zeichnungen zuwege brachten. Das war für den Anfänger eine beschwerliche Methode des Unterrichts, allein die kritische Beobachtung wurde durch sie entschieden gefördert. — Im Praktikum für Vorgeschrittene, bei der Unterweisung der Doktoranden, habe ich der wissenschaftlichen Phantasie der Schüler möglichst wenig Zwang angetan. Ein selbständig ausgesprochener Irrtum fördert ja den angehenden Forscher oft mehr als eine unselbständig erkannte Wahrheit. Erst wenn es sich um die schriftliche Darstellung der Untersuchungsresultate handelte, hat mein leider oft ungeduldiges Drängen nach Klarheit und Präzision des Ausdrucks den Schüler manchmal zu gelinder Verzweiflung gebracht.

Als im Jahre 1901 auch den Frauen die Pforten der Grazer Universität geöffnet wurden, da begrüßte ich diesen Fortschritt mit weitgehenden Hoffnungen. Im Laufe der Jahre hat sich meine Begeisterung für das akademische Frauenstudium ziemlich abgekühlt. Zunächst hat es mich etwas enttäuscht, daß die jungen Damen im Durchschnitt bei der Anfertigung mikroskopischer Präparate weniger geschickt waren als ihre männlichen Kommilitonen. Ich hatte das Gegenteil erwartet, da ich der Meinung war, daß die Herstellung weiblicher Handarbeiten, das Häkeln und Stricken, eine gute Vorübung für die Ausbildung manueller Geschicklichkeit sein müsse. Auch die Selbständigkeit im Denken, in der geistigen Verarbeitung der Beobachtungstatsachen, ließ manches zu wünschen übrig. Wichtiges und Nebensächliches wurden nicht scharf genug unterschieden. In dieser Hinsicht ist mir ein Erlebnis unvergeßlich, das ich, weil es sehr charakteristisch ist, kurz erzählen will. Als ich eine recht gut vorbereitete Kandidatin prüfte, frug ich sie, wie man die Saugkraft eines transpirierenden Zweiges experimentell nachweisen könne. Ich erhielt prompt die Antwort: „Man nimmt einen Ahornzweig . . .“ Auf meine erstaunte Frage, warum es gerade ein Ahornzweig sein müsse, erfuhr ich, daß, als das Experiment in der Vorlesung vor soundso viel Semestern in der Vorlesung ausgeführt wurde, ein Ahornzweig das Versuchsobjekt war. — Natürlich hatte ich es hin und wieder mit sehr begabten Schülerinnen zu tun. Die hervorragendste, zugleich eine der letzten, Fräulein CLARA ZOLLIKOFER, wirkt gegenwärtig an der Universität Zürich als Privatdozentin der Botanik. Von meinen männlichen Schülern habe ich den bedeutendsten, CARL CORRENS, bereits bei früherer Gelegenheit erwähnt. Unter den späteren nenne ich zunächst H. v. GUTTENBERG, der mir als Assistent nach Berlin gefolgt ist und gegenwärtig als Professor in Rostock die Traditionen der physiologischen Pflanzenanatomie mit schönen Erfolgen weiterführt, ferner FR. KNOLL, Professor an der Deutschen Universität in Prag, den ausgezeichneten Vertreter der experimentellen Blütenbiologie, und O. PORSCH, der gegenwärtig an der Hochschule für Bodenkultur in Wien als Professor wirkt und sich als unermüdlicher Erforscher der Vogelblumen einen Namen gemacht hat. Auch eine Anzahl anderer begabter Schüler, von denen mehrere meine Assistenten wurden, haben die Wissenschaft mit trefflichen Arbeiten bereichert. Ich kann sie hier nicht alle aufzählen, auch nicht meine späteren Berliner Schüler und Schülerinnen, die unter meiner Leitung ihre Doktorarbeiten ausführten. Nur FRIEDRICH HERRIG sei hier genannt, der unermüdliche, stets hilfsbereite, der mir im letzten Jahrzehnt meiner akademischen Tätigkeit ein wertvoller Mitarbeiter gewesen ist.

Das Amt eines Dekans der philosophischen Fakultät habe ich in Graz zweimal schlecht und recht verwaltet, auf die Wahl zum Rektor dagegen verzichtet.

Grazer Freunde und Kollegen.

Wenn ich schon als Privatdozent und Extraordinarius mit verschiedenen Kollegen an der Universität bekannt und zum Teil befreundet wurde, so erweiterten sich diese Beziehungen nach meiner Ernennung zum Ordinarius in beträchtlichem Maße. Mit meinem nächsten Fachkollegen, dem verdienstvollen Phytopaläontologen Constantin Frh. v. Ettingshausen, der damals schon ein alter Herr war und sich keiner besonderen Beliebtheit erfreute, kam ich zwar nur selten zusammen. Um so häufiger aber mit dem Nachfolger Fr. Eilh. Schulzes, dem Zoologen und rühmlich bekannten Turbellarienforscher Ludwig v. Graff, einem geistsprühenden Gesellschafter und Lebenskünstler und unwandelbar treuen Freunde. Bei seinen vielseitigen Interessen einerseits, seiner starken Spezialisierung andererseits kam es nur selten zu einem wissenschaftlichen Gedankenaustausch. Dieser war nur einmal etwas lebhafter, als ich mich auf sein Ersuchen mit den „Chlorophyllzellen" der Convoluta Roskoffensis näher befaßte und eine Abhandlung über diese mit dem Wurm in engster Symbiose lebenden Algen als Anhang zu seinem Werke über Acoele Turbellarien veröffentlichte. Als bemerkenswertes Resultat dieser Untersuchung ergab sich u. a., daß der Wurm durch lebhafte Krümmungen von den Chloroplasten der membranlosen Algenzellen kleine Partikelchen abzwickt und absplittert und diese dann anscheinend verdaut; und daß ferner, wenn dem Meerwasser die Salze der Knopschen Nährlösung zugesetzt werden, die Würmer infolge der starken Vermehrung der Algenzellen eine schwarzgrüne Färbung annehmen.

Mit dem genialen Physiker Ludwig Boltzmann, der damals bereits auf der Höhe seines Ruhmes stand, hatten ich sowohl wie meine übrigen Kollegen nur wenig persönlichen Verkehr, da er als menschenscheuer Sonderling sehr zurückgezogen lebte. Seinem weltfremden, kindlichen Wesen entsprach es, daß er gerne mit Kindern spielte, wovon mir die meinigen begeistert zu erzählen wußten, wenn sie von einer Kindereinladung aus dem physikalischen Institute heimkamen. Man hätte dem großen schwerfälligen Manne mit seinem düsteren Antlitz und dem struppigen Vollbarte derlei nicht zugetraut. Über seine Weltfremdheit liefen mancherlei Anekdoten um. Auf der Platte baute er sich ein Landhaus und als das Baumaterial mühevoll hinaufgeschleppt worden war, stieß man bei der Brunnenbohrung auf kein Wasser. Es mußte von einer fernen Quelle zugetragen werden. Seine Rektoratsrede entwaffnete plötzlich die Spötter. Als er an ihrem Schlusse die verschiedenen mathematischen Formeln und Gleichungen der theoretischen Physik in poetischem Schwunge mit den Musikinstrumenten eines großen Orchesters verglich und den kühnen Vergleich mit beredten Worten ausmalte, da wurde uns allen klar, daß BOLTZMANN nicht nur die Phantasie des Forschers, sondern auch die des Dichters besaß. Und doch legte er der mathematischen Sprache keine übergroße Bedeutung bei. „Auch in der theoretischen Physik muß sich jeder große Gedanke auch ohne Mathematik ausdrücken lassen", sagte er einmal zu mir. — Nachdem er die Berufung nach Berlin nach schweren inneren Kämpfen abgelehnt hatte, wurde er nach kürzerer Lehrtätigkeit an den Universitäten München und Leipzig nach Wien zurückberufen, wo er zu lehren begonnen hatte. Dieser wiederholte Wechsel hat wohl die krankhaften Anlagen seines ruhelosen Geistes zu trauriger Entfaltung gebracht. Am 5. September 1906 schied er in Duino, dem Felsenneste an der Adria, freiwillig aus dem Leben.

Eine innige, lebenslängliche Freundschaft verband mich mit dem Chemiker HANS ZDENKO SKRAUP, einem prächtigen, aufrechten Manne, der dank seiner großen Energie, seiner vielseitigen Interessen und seiner wohlwollenden Gesinnung im Grazer Universitätsleben lange Jahre hindurch eine Führerrolle spielte. In Graz selbst kam es zwischen uns nur selten zu wissenschaftlichen Gesprächen; Universitätsfragen, politische Probleme u. a. beherrschten die Unterhaltung. Wenn wir aber, was lange Zeit hindurch alljährlich geschah, zu Ostern an die Adria fuhren und bald in Duino, bald in Parenzo, Rovigno an der istrianischen Küste oder auch in Grado am Meeresufer saßen, Orangen aßen und malten, dann kam auch häufig die Wissenschaft zu ihrem Rechte und SKRAUPs Untersuchungen über Kohlehydrate und Eiweißstoffe bildeten den Ausgangspunkt für manche fruchtbare Erörterung.

Daß ihm auf diesen Gebieten der chemischen Forschung sein großer Berliner Kollege EMIL FISCHER überlegen war, zum Teil infolge der ungleich reicheren und vollkommeneren Hilfsmittel, die diesem zu Gebote standen, gab er neidlos zu, wie er denn überhaupt als Forscher von großer Bescheidenheit war. Seine Berufung nach Wien riß eine große Lücke in meinen Freundeskreis. Als ich 1909 lange schwankte, ob ich den Ruf nach Berlin als Nachfolger SCHWENDENERs annehmen oder ablehnen solle, fuhr er eigens nach Graz, um mich mit energischem Zureden zur Annahme des Rufes zu bewegen. Zum letzten Male sah ich ihn in Wien bei der Feier seines 60. Geburtstages. Ein halbes Jahr danach erlag er einem Herzschlag.

Auch in dem Geographen EDUARD RICHTER gewann ich einen treuen Freund. Was die Gespräche mit diesem feingebildeten, klar denkenden Mann so anziehend machte, war der Umstand, daß er als Lehrer und Forscher sowohl auf dem Gebiete der physikalischen wie dem der historischen Geographie tätig war und Hervorragendes geleistet hat. Seine Untersuchungen über die Gletscher der Ostalpen sowie seine Vorarbeiten zu einem historischen Atlas der österreichischen Alpenländer waren nach dem Urteile aller Fachgenossen mustergültig. Es stand ihm eine Berufung an die Universität Berlin in Aussicht, als er, erst 56jährig, einem qualvollen, mit großer Standhaftigkeit ertragenen Herzleiden zum Opfer fiel.

Einen lebhaften freundschaftlichen Verkehr pflegte ich auch mit einigen Philologen und Historikern. WILHELM GURLITT, der Archäologe, war ein warmherziger Feuerkopf, mit dem zu streiten und zu diskutieren ein Genuß war. ADOLF BAUER, der Vertreter der alten Geschichte, hat mit seinem ruhigen, klaren Urteil, mit seinen oft humoristischen und stets treffenden Bemerkungen manchen· Universitätsstreit, manche persönliche Verstimmung schlichten helfen. HUGO SCHUCHARDT, der berühmte Romanist, ein geistreicher, zu absonderlichen Behauptungen neigender Junggeselle, besuchte mich manchmal im Institut, um sich diese oder jene Pflanze zeigen zu lassen, deren romanischer Name ihn eben linguistisch interessierte. Lebhafte Gespräche führte ich viele Jahre hindurch mit dem ausgezeichneten Germanisten ANTON SCHÖNBACH, einem kleinen, gedrungenen, infolge eines schweren Fußleidens doppelt schwerfälligen Manne, der den größten Teil des Tages über an seinem Schreibtisch saß und wohl infolge seiner langjährigen intensiven Beschäftigung mit mittelalterlichen Predigern selbst an einen gelehrten Mönch erinnerte. Doch war er dabei von sprudelnder Lebhaftigkeit und interessierte sich lebhaft für alle meine Untersuchungen, wobei er mich manchmal durch eine treffende Zwischenbemerkung überraschte. Er erlag im heißen Sommer 1911 dem Coma diabeticum.

„Lange leben heißt viele überleben", schrieb GOETHE einst an ZELTER. Alle die Grazer Freunde, die ich im vorstehenden genannt, sind dahingegangen und nur einer lebt noch, der treueste von allen: BERNHARD SEUFFERT. Im Jahre 1896 wurde er als Professor für neuere deutsche Literaturgeschichte aus Würzburg, wo er geboren ist, nach Graz berufen. Wir schlossen uns bald eng aneinander an und tauschten in regelmäßigen Zusammenkünften und später in regem Briefwechsel unsere Gedanken, Hoffnungen, Befürchtungen, Lob und Tadel gegenseitig aus. Ich kenne nur wenige, die diesem seltenen Manne an wissenschaftlichem Geiste, Gewissenhaftigkeit, zäher Ausdauer und schärfster Kritik und Selbstkritik gleichkämen. Als WIELANDforscher steht er an erster Stelle, als GOETHEkenner hat er mich immer wieder angeregt, über die Probleme der Poetik und Metrik hat er tiefschürfend nachgedacht. Dies alles hätte aber kaum hingereicht, mich so enge und dauernd an ihn zu fesseln. Sein feinfühliges Eingehen auf meine eigenen wissenschaftlichen Bestrebungen, sein weitgehendes Verständnis für naturwissenschaftliche Dinge machten den Verkehr mit ihm für mich so fruchtbar. So spannten sich die Gedankenfäden, zu einem feingewirkten Gewebe sich verdichtend, zwischen uns aus und mancherlei Analogien zwischen geistes- und naturwissenschaftlicher Betrachtung und Forschung wurden aufgedeckt oder auch wieder verworfen. Nur weniges davon ist mir in Erinnerung geblieben, obwohl manches verdient hätte, schriftlich aufgezeichnet zu werden. Als wir einmal über die Sechszahl der Versfüße im Hexameter diskutierten, wurde der Gedanke hingeworfen, daß der Erfinder dieses klassischen Versmaßes beim Skandieren eine Liliaceenblüte, deren es in Griechenland und Kleinasien so zahlreiche gibt, in der Hand gehabt und mit den Fingern auf die sechs, in zwei dreiteiligen Kreisen angeordneten bunten Perigonblätter getippt haben könnte. So wäre die Sechszahl der Versfüße auf die Sechszahl der Perigonblätter zurückzuführen. Gewiß ein phantastischer Gedanke, aber vielleit doch mehr als ein bloßes Spiel. Und solchen Zusammenhängen suchten wir in jüngeren Jahren öfters nachzuspüren. — Zu seinem 70. Geburtstage habe ich SEUFFERT eine kleine Festschrift „Goethe und die Pflanzenphysiologie" gewidmet. Er hat mich dafür an meinem 70. Geburtstage mit einer Festgabe „MÖRIKEs NOLTEN und MOZART" erfreut, in deren Einleitung er betonte, daß die Verknüpfung von Morphologie und Physiologie, wie sie in der physiologischen Pflanzenanatomie durchgeführt ist, mutatis mutandis auch bei der Betrachtung und Analyse von Werken der Dichtkunst ihre Berechtigung fände.

Mit den Kollegen der medizinischen Fakultät kam ich in der Regel nur in den Sitzungen der Morphologisch-physiologischen Gesellschaft zusammen, die L. VON GRAFF gegründet hatte und die von dem regen wissenschaftlichen Leben in den biologischen und medizinischen Kreisen der Universitätslehrer ein erfreuliches Zeugnis ablegte. Da ist vor allem des Physiologen ALEXANDER ROLLETT zu gedenken, eines untersetzten, stämmigen Mannes mit edel geschnittenen Gesichtszügen und kräftigem Vollbart, der in seiner langsamen, getragenen und doch sehr eindringlichen Art zu sprechen über seine interessanten Muskeluntersuchungen und andere Dinge vortrug. Er war mit seiner Energie, seinem offenen Blick, seiner Unerschrockenheit, wenn es galt, die Unabhängigkeit der Universität gegen oben und unten zu wahren, jahrelang die einflußreichste Persönlichkeit des gesamten Lehrkörpers der Universität. Manche Anregung empfing ich auch von dem hervorragenden Histologen VIKTOR V. EBNER-ROFENSTEIN, einem ruhigen, kritischen Forscher, der aber bald nach Wien übersiedelte.

Auch mit dem gründlichen Anatomen HOLL, mit dem feinsinnigen, nachdenklichen Psychiater GABRIEL ANTON kam ich zuweilen zusammen und in den Debatten, die nach den Vorträgen in der Morphologisch-physiologischen Gesellschaft stattfanden, imponierte mir das umfassende Wissen und das scharfe kritische Urteil des Internisten FRIEDRICH KRAUS, der mir später in Berlin häufig ein geschätzter ärztlicher Berater war. Lebenslängliche Freundschaft verband mich nur mit dem Hygieniker MAX GRUBER, der seine akademische Laufbahn in Graz als Extraordinarius begann, bald aber nach Wien berufen wurde und nach vieljähriger Wirksamkeit an der Universität München als Präsident der Bayerischen Akademie der Wissenschaften 1927 in Berchtesgaden vom Herzschlag getroffen wurde. Er war ein prächtiger, warmherziger Mensch, ein glühender Verfechter seiner sozialhygienischen Anschauungen, ein echter deutscher Mann.

Über zwei Jahrzehnte lang kam ich fast täglich nach Tisch mit einer Anzahl von Kollegen und Freunden in einem kleinen Kaffeehause, dem „Cafenion", wie es von uns genannt wurde, zusammen. Hohe Politik, Universitätsfragen, Musik, schöne Literatur, Wissenschaft, bildende Kunst und manches andere gaben in buntem Durcheinander die Gesprächsstoffe ab, wobei die Meinungen oft heftig aufeinanderplatzten. Der stets zur Negation geneigte, paradoxe Behauptungen zähe verteidigende, doch immer interessante Nationalökonom RICHARD HILDEBRAND, ein Bruder des großen Bildhauers und des berühmten Berliner Chirurgen, war dabei der Hecht im Karpfenteiche, obwohl die übrigen Tischgenossen gerade auch keine ruhigen Fische waren. Am gelassensten gaben sich der musikalisch hochbegabte Mathematiker V. VON DANTSCHER und der pensionierte Landeschulrat ERNST V. GNAD, ein liebenswürdiger Schöngeist, Theaterkritiker und Verfasser hübscher literarischer Essays, der, wenn er gut gelaunt war, über seine Erlebnisse in Venetien und Triest, wo er lange als Schulmann gewirkt hat, sehr amüsant zu plaudern wußte. Die zahllosen Stunden, die ich im Cafenion zubrachte, sind mir unvergeßlich.

Die wissenschaftliche Arbeit wird fortgesetzt.

Nachdem ich mich nach meiner Ernennung zum Ordinarius von meinem Nervenzusammenbruch erholt und in die neuen Verhältnisse eingelebt hatte, ging es wieder an die wissenschaftliche Arbeit. Von den verschiedenen anatomisch-physiologischen Gewebesystemen, die noch ihrer Bearbeitung harrten, war das System der Sekretionsorgane von den Anhängern der neuen Richtung noch nicht berücksichtigt worden. Die Angabe E. TANGLs, daß sich außer dem Scutellum des Embryo auch die sogenannte Kleberschicht des Grasendosperms an der Verflüssigung der in den Stärkezellen enthaltenen Reservestoffe beteilige, brachte mich auf die Vermutung, daß die Kleberschicht, die sich so auffallend von den stärkeführenden Endospermzellen unterscheidet, überhaupt kein Speichergewebe darstelle, sondern als ein Diastase ausscheidendes Drüsengewebe fungiere. Die histologische Untersuchung der Kleberschicht keimender Grasfrüchte, insbesondere des Roggens, sowie entsprechende Experimente bestätigten diese Vermutung in vollem Umfange. Die Kleberschicht des Grasendosperms und wahrscheinlich auch der Samen anderer Pflanzen ist demnach den Verdauungsdrüsen der insektenfressenden Pflanzen anzureihen. Die Ergebnisse dieser Untersuchung wurden als vorläufige Mitteilung in den Berichten der Deutschen Botanischen Gesellschaft 1890 veröffentlicht. Ich bin nicht dazu gekommen, eine ausführliche Arbeit darüber zu publizieren. Es war dies das erste- und einzigemal, daß ich mich auf eine „vorläufige Mitteilung" beschränkt habe.

Nach einem entwicklungsphysiologischen Intermezzo über die Konjugation bei Spirogyra (1890), worin der Nachweis erbracht wurde, daß die beiden einander korrespondierenden Kopulationsschläuche zweier Spirogyrafäden nicht gleichzeitig angelegt werden und daß der ältere Schlauch höchst wahrscheinlich durch chemische Reizung den Ort der Anlage des ihm opponierten Schlauches bestimmt, wandte ich mich zum ersten Male einem Problem der *Reizphysiologie* zu.

Es war die Reizfortpflanzung bei der *Sinnpflanze*, Mimosa pudica, die mich nun längere Zeit beschäftigte. Jedem Botaniker ist das Äußere dieser auffallenden Erscheinung wohlbekannt. Wenn man eines der Fiederblättchen einer genügend reizbaren Mimose durch eine rasche Berührung reizt, so vollzieht zunächst dieses, fast gleichzeitig aber auch das ihm opponierte Fiederblättchen die Reizbewegung; paarweise legen sich dann auch die übrigen Blättchen des betreffenden Fiederstrahles zusammen. Nach einem stärkeren Reiz, durch Anschneiden eines Fiederblättchens, pflanzt sich dieser noch weiter fort, es kommt zunächst gewöhnlich zur Auslösung der Reizbewegung in dem Gelenke des primären Blattstiels, so daß sich das ganze Blatt plötzlich senkt; darauf legen sich die Blättchen der übigen drei Fiederstrahlen in basifugaler Richtung paarweise zusammen. Ist die Pflanze sehr reizbar, so pflanzt sich der Reiz durch den Stengel auch auf die nächstbenachbarten Blätter fort. Nach einem sehr starken Reize, wie er durch Abbrühen oder Versengen eines Teiles des Blattes erzielt wird, kann sich die Reizfortpflanzung sogar über sämtliche Sprosse der Pflanze ausdehnen.

Wenn man den Stengel der Sinnpflanze anschneidet, schießt aus der Wunde ein klarer, farbloser Flüssigkeitstropfen hervor. SACHS, PFEFFER u. a. nahmen an, daß er aus dem Holzkörper stamme. Und da schon früher DUTROCHET gefunden zu haben glaubte, daß der Wundreiz auch über entrindete Stengelzonen fortgeleitet wird, so hielten es die vorhin genannten Forscher für erwiesen, daß die Reizfortpflanzung auf einer in den Wasserleitungsröhren des Holzkörpers stattfindenden Wasserbewegung beruhe. PFEFFER, der alle Möglichkeiten ins Auge gefaßt hatte, erblickte eine Bestätigung dieser Annahme in dem Umstande, daß sich der Reiz auch über chloroformierte oder ätherisierte Partien der sekundären Blattstiele fortpflanzt, womit er den Beweis erbracht zu haben glaubte, daß reizleitende, lebende Zellenzüge im Holzkörper nicht vorhanden sind.

Es war eine mühevolle, an spannenden Momenten reiche Untersuchung, an die ich nunmehr heranging, um das Wesen der Reizleitung bei der Sinnpflanze aufzuklären. An ihren Anfängen war auch CORRENS beteiligt.

Die von mir ermittelten neuen Tatsachen sind in der Hauptsache die folgenden: 1. Der beim Anschneiden des Stengels oder Blattstieles aus der Wunde austretende Tropfen ist kein Wassertropfen und stammt nicht aus dem Holzkörper. Er stellt vielmehr eine stark konzentrierte Lösung eines Glykosides oder glykosidartigen Körpers vor und nimmt mit Eisenchlorid eine intensiv rotviolette Farbe an. Daneben tritt noch in beträchtlicher Menge eine schleimige Substanz auf. 2. Dieser Safttropfen quillt aus eigentümlich gebauten Schlauchzellreihen, die das Leptom durchziehen. Diese Schlauchzellen sind mit Querwänden versehen, die je einen sehr großen Tüpfel besitzen, dessen Schließhaut gleich den Siebplatten der Siebröhren fein porös ist und den Zellsaft mit Leichtigkeit hindurchtreten läßt. 3. Zur Auslösung der Reizbewegungen bzw. zur ausgiebigen und raschen Fortpflanzung des Reizes genügt es, wenn das Leptom des Stengels angeschnitten wird. 4. Ein Wundreiz wird auch über abgebrühte, also abgestorbene Blattstielzonen fortgepflanzt. 5. Über Stengelzonen, die bis zum Holzkörper völlig entrindet sind, wird ein Wundreiz nur ausnahmsweise fortgeleitet.

Auf Grund dieser Befunde gelangte ich zu der Annahme, daß die Reizleitung bei Mimosa pudica auf der Fortpflanzung hydrostatischer Druckschwankungen in dem System der das Leptom durchziehenden Schlauchzellreihen beruhe, die ich demnach als das reizleitende Gewebesystem der Sinnpflanze bezeichnet habe. Diese Druckschwankungen machen sich als ,,Bergwelle" nach Stoßreizen und Ansengen, als ,,Talwelle" nach Wundreizen geltend; die Dehnung bzw. Kontraktion der elastischen Längswände der Schlauchzellen führt in den reizbaren Gelenkpolstern zur mechanischen Reizung des benachbarten sensiblen Gewebes.

Während H. FITTING meine Beobachtungen und Schlußfolgerungen im wesentlichen bestätigte, und es nur hingestellt sein ließ, ob die Reizfortpflanzung in den Schlauchzellreihen oder in den Siebröhren vor sich geht, glaubt K. LINSBAUER durch neue Versuche den Beweis erbracht zu haben, daß die Reizleitung doch im Holzkörper erfolge, wobei er freilich die oben unter 1—3 erwähnten Tatsachen unberücksichtigt läßt.

Eine neue, unerwartete Wendung hat die Frage der Reizleitung bei der Sinnpflanze durch eine sehr interessante Entdeckung Riccas (1906) genommen. Wenn man abgeschnittene Blätter oder Sprosse, nachdem sie sich erholt haben, mit der Schnittfläche in Gewebesaft aus Mimoseblättern und -stengeln taucht, so führen die Blätter des Sprosses die Reizbewegung aus. Sogar über eine mit Wasser gefüllte Glasröhre, die zwischen den beiden Hälften eines entzwei geschnittenen Sprosses eingeschaltet wird, soll sich der Reiz nach Ansengen der unteren Stengelhälfte fortpflanzen. Von der Richtigkeit der ersteren Beobachtung habe ich mich selbst überzeugt. Ricca folgert daraus, daß bei Mimosa pudica die Reizleitung durch einen Reizstoff vermittelt wird, der in den Wasserleitungsröhren mit dem Transpirationsstrom von Gelenk zu Gelenk wandert und hier die Reizbewegungen auslöst. Diese Schlußfolgerung ist aber jedenfalls irrig. Denn die Reizfortpflanzung erfolgt um vieles rascher, als der Transpirationsstrom emporsteigt und überdies kann ja die Reizleitung auch von oben nach unten, in einer dem Transpirationsstrome entgegengesetzten Richtung, vor sich gehen.

Man wird daher wohl annehmen müssen, daß es bei der Sinnpflanze mindestens zwei verschiedene Arten von Reizleitung gibt. Erstens die von mir nachgewiesene Reizleitung durch Fortpflanzung von Druckschwankungen in einem besonderen Röhrensystem. Und zweitens eine plasmatische Reizleitung in den lebenden Zellen der Pflanze, die an der Wundstelle durch die entstehenden Reizstoffe gereizt werden und den dadurch bewirkten Erregungszustand von Zelle zu Zelle weiterleiten. Dieser wird also fortgeleitet, nicht der Reizstoff selbst, der an der Wundstelle entsteht. Eine Reizfortpflanzung, die sich nach bloßer Berührung eines Fiederblättchens einstellt, kann aber nicht auf diese Weise erfolgen, denn niemand wird annehmen wollen, daß schon durch bloße Berührung die Entstehung des Riccaschen Reizstoffes bewirkt werden kann.

Es ist nun freilich immer mißlich, zur Erklärung eines anscheinend so einheitlichen Vorganges, wie es die Reizfortpflanzung bei Mimosa pudica ist, zwei ganz verschiedene Prozesse heranzuziehen, von denen bald der eine, bald der andere, vielleicht unter Umständen auch beide gleichzeitig in Aktion treten. Das widerstreitet der „Ökonomie des wissenschaftlichen Denkens". So ist die Reizfortpflanzung bei der Sinnpflanze ein physiologisches Rätsel, das noch immer nicht vollständig gelöst ist. Nur neue Versuche, neue Tatsachen können die endgültige Lösung bringen.

Die Tropenreise.

Im Mai 1891 erlebte ich eine völlig unerwartete, freudige Überraschung. Julius Wiesner fragte brieflich bei mir an, ob ich geneigt sei, im Auftrage und mit Unterstützung der Akademie der Wissenschaften in Wien als erster Österreicher nach Buitenzorg auf Java zu reisen, und im dortigen 's Lands Plantentuin, dem altberühmten botanischen Garten, wissenschaftlich zu arbeiten. Aus dem deutschen Reiche waren schon vorher Graf Solms-Laubach, Stahl, Schimper, Goebel u. a. dort gewesen und hatten reiche wissenschaftliche Beute mit heimgebracht. Das Neue an diesen Reisen war, daß nicht wie bisher neue Pflanzenarten entdeckt und Aufgaben der systematischen Botanik und der Pflanzengeographie gelöst werden sollten, sondern Probleme der allgemeinen Botanik, der Anatomie und Physiologie der Pflanzen und der Entwicklungsgeschichte, wie dies schon vor 100 Jahren M. J. Schleiden mit drastischen Worten gefordert hatte. Die ausgezeichneten Hilfsmittel des Buitenzorger botanischen Gartens, der von der holländischen Regierung nach den Vorschlägen des damaligen Direktors Dr. Melchior Treub, eines ebenso hervorragenden Forschers, wie energischen und umsichtigen Organisators, mit einer Reihe von Instituten für wissenschaftliche Arbeit, ausgestaltet worden war, ermöglichten auch dem Pflanzenphysiologen und Anatomen, in einem gut eingerichteten „Fremdenlaboratorium" Untersuchungen wie daheim in einem Universitätsinstitut auszuführen. Treubs größter Ehrgeiz bestand darin, den Buitenzorger botanischen Garten zur Zentrale der Erforschung der tropischen Pflanzenwelt zu gestalten und Botaniker aus aller Herren Länder dorthin zu ziehen. Zu diesem Zwecke unterhandelte er mit großem Geschick mit den europäischen Akademien der Wissenschaften und ihren botanischen Mitgliedern, unternahm Rundfahrten durch Europa, um für seine Pläne zu werben und trieb fleißig „diplomatische Botanik", wie er seine Werbetätigkeit scherzhaft nannte. Vor allem war ihm darum zu tun, die europäischen Staaten zur Stiftung von regelmäßigen Buitenzorg-Stipendien zu bewegen. Das Deutsche Reich machte damit den Anfang, ihm folgten Holland und Österreich. Die Errichtung solcher Stipendien bot dann wieder eine willkommene Handhabe, um von der holländischen Regierung die nötigen Geldmittel zur Vervollkommnung der wissenschaftlichen Einrichtungen des Gartens und seiner Institute herauszuschlagen. Um dies zu erreichen, mußten freilich oft die praktischen Aufgaben im Interesse der Plantagenkultur in den Vordergrund gerückt werden, wobei es aber TREUB einzurichten wußte, daß stets auch für die Zwecke der rein wissenschaftlichen Botanik beträchtliche Vorteile erwuchsen.

Die Annahme der Aufforderung seitens der Wiener Akademie fiel mir nicht leicht, da eine Pflichtenkollision vorlag. Als Vater von vier Kindern im zarten Alter mußte ich mir die Sache schon deshalb reiflich überlegen, weil weder ich noch meine Frau vermöglich waren und die Familie im Falle meines Ablebens nach den damaligen Pensionsgesetzen keinerlei Anspruch auf Pensionsbezüge gehabt hätte. Nur durch einen Gnadenakt des Kaisers hätten den Hinterbliebenen solche bewilligt werden können. Mein Versuch, eine Lebensversicherung einzugehen, scheiterte daran, daß mir die betreffende Gesellschaft auf Grund der ärztlichen Untersuchung eine Tropenreise nicht gestatten wollte. Eine solche Reise erschien eben damals viel gefährlicher als heutzutage. Trotzdem sprach mir meine tapfere Frau entschieden zu, die Reise anzutreten und auch alle übrigen Verwandten und Freunde taten das gleiche, meine gute, betagte Mutter ausgenommen, die ihren langen Brief mit der kategorischen Aufforderung schloß: „Bleibe im Lande und nähre dich redlich!"

Aus formellen Gründen hatte ich der Akademie der Wissenschaften ein Gesuch um eine Reisesubvention und einen wissenschaftlichen Arbeitsplan vorzulegen. Ich entschloß mich das tropische Laubblatt zum Mittelpunkte meiner Untersuchungen zu machen, mit besonderer Berücksichtigung seiner Transpiration und Guttation, wie jetzt die Ausscheidung von Wasser in Tropfenform genannt wird. Bei der enormen Luftfeuchtigkeit, die auf Westjava herrscht, war zu erwarten, daß die Apparate zur Ausscheidung tropfbar flüssigen Wassers in den ewig feuchten Regenwäldern viel mannigfaltiger sein würden als in Mitteleuropa, da ja dort die Ausscheidung von Wasserdampf, die Transpiration, in hohem Grade herabgesetzt sein muß. Als ich gelegentlich eines Wiener Besuches gegenüber dem damaligen Sekretär der mathematisch-naturwissenschaftlichen Klasse, E. SUESS, nach Darlegung meines wissenschaftlichen Programms auch den Maler hervorkehrte und die Absicht aussprach, auf Java auch fleißig zu aquarellieren, da ermahnte er mich halb im Ernste, halb im Scherze, ich möge über dem Malen nicht das Mikroskopieren und Experimentieren vergessen. Etwas gekränkt nickte ich nur mit dem Kopfe.

Der Sommer und die Ferienmonate wurden mit den Reisevorbereitungen aller Art ausgefüllt, wozu auch die Vervollkommnung meiner englischen Sprachkenntnisse und das Studium der malaiischen Sprache gehörte. JUNGHUHNs klassisches Java-Werk wurde durchblättert, JULIUS HANNs Handbuch der Klimatologie zu Rate gezogen und selbstverständlich mußten auch die botanischen Abhandlungen meiner Buitenzorger Vorgänger genau durchgesehen werden. Mich mit der Systematik der im indomalaiischen Archipel einheimischen Pflanzenfamilien näher vertraut zu machen, gab ich bald als ein vergebliches Bemühen auf. Im tropischen Urwald steht ja selbst ein kenntnisreicher Systematiker, der aus Europa kommt, zunächst ratlos da.

Am 3. Oktober 1891 trat ich auf der Imperatrix, einem der schönsten Ostindienfahrer des österreichischen Lloyd, die Reise an.

Das nächste Ziel war Bombay, wo ich auf Malabar-Hill im Bungalow eines Vetters meiner Frau, WALTER STEUDEL, einige genußreiche Tage verlebte. Dann ging die Fahrt auf einem älteren Lloydschiff, der Melpomene, weiter nach Colombo auf Ceylon und dann nach Singapore an der Südspitze der Halbinsel Malacca, von wo aus ich nach einigen Tagen auf einem reizenden kleinen Tropendampfer nach Tandjong-Priok, dem Hafen Batavias fuhr; nach anderthalbstündiger Eisenbahnfahrt traf ich am 15. November wohlbehalten in Buitenzorg ein. Da ich die mannigfachen Erlebnisse und Eindrücke auf dieser sechswöchentlichen Reise ausführlich in meinem Buche „Eine botanische Tropenreise" geschildert habe, so kann ich hier darauf verzichten, näher auf sie einzugehen. Nur einige kleine Abenteuer mögen Erwähnung finden. Für den dritten Abend meines Aufenthaltes in Bombay hatte mein Gastfreund einige Herren der deutschen Kolonie, darunter den Generalkonsul zu Tische geladen. Ich malte bis knapp nach Sonnenuntergang auf Malabar-Hill mein erstes Tropenaquarell und fand in dem Wirrwarr der Villengärten und namenlosen Straßen nicht gleich den Weg zu STEUDELs Bungalow zurück. Mit unheimlicher Schnelligkeit ,von der ich ja oft schon gehört hatte, brach die Tropennacht ein, ich verirrte mich immer mehr, gelangte ans Meeresufer und beschloß endlich nach stundenlangem Hin- und Herirren längs der Küste nach Bombay zu wandern, dessen Lichter mir aus der Ferne entgegenwinkten und dort in einem Hotel zu übernachten. Verdächtiges Hafengesindel strich manchmal an mir vorüber. Plötzlich leuchtete mir die Laterne eines Kabrioletts entgegen, in deren Licht ich aufatmend den Generalkonsul als Rosselenker erkannte. Ein Zuruf, ein Sprung auf den Wagen und mit mehreren Stunden Verspätung langten wir bei unserem Gastgeber in dem Momente an, als dieser und die anderen Gäste mit Handlaternen sich aufmachten, um den Verirrten zu suchen. — Das zweite Abenteuer erlebte ich in der Bai von Bengalen, wo die Melpomene in einen Zyklon geriet, der mich Seekranken drei Tage und Nächte lang in der erstickend heißen Kajüte aufs Lager warf. Ein bloßes Heben des Kopfes genügte, um mich Galle speien zu lassen. Zwei Mandarinen täglich bildeten die einzige Nahrung, die ich vertrug. Tagelang noch litt ich an den Folgen der Seekrankheit. — Das dritte Abenteuer passierte mir im Urwald von Singapore, den ich mit dem Direktor des botanischen Gartens, Herrn RIDLEY durchstreifte. Um einen quer über den schmalen Fußpfad ragenden Zweig war eine grüne Schlange geringelt, die mit hoch emporgerichteten Kopf auf uns lauerte. RIDLEY riß mich, da ich voranging, mit heftigem Ruck zurück. Ein rascher Flachhieb mit dem Dschungelmesser, und mit sprungartiger Bewegung schnellte sich das nur momentan betäubte Tier gegen den Angreifer los. Es hackte blitzschnell um sich und unheimlich hob sich sein weitgeöffneter weißer Rachen vom dunklen Erdreich ab. Mit einem wohlgezielten Hiebe trennte schließlich ihr Gegner den Kopf vom Rumpfe. Es war eine der giftigsten Schlangen des Archipels, Trigonocephalus viridis, deren Biß nach kürzester Frist tödlich wirken soll. Das war das erste- und letztemal, daß ich auf meiner Tropenreise von Giftschlangengefahr bedroht war.

Gleich nach meiner Ankunft in Buitenzorg telegraphierte ich nach Stuttgart, wo meine Frau mit den Kindern bei ihrer Mutter weilte. Das Telegramm wurde um 4 Uhr nachmittags aufgegeben, und am gleichen Tage um 12 mittags befand es sich in den Händen meiner Frau. Da die Sonne in Buitenzorg ungefähr acht Stunden früher aufgeht als in Stuttgart, so waren zur Übermittlung der telegraphischen Nachricht nur 4 Stunden erforderlich. Meine Kinder konnten sich aber noch lange nicht mit der scheinbaren Tatsache abfinden, daß ein Telegramm früher ankommen kann, als es abgesandt wird.

Direktor M. TREUB übte auch mir gegenüber die berühmte indische Gastfreundschaft aus und lud mich ein, während meines ganzen Aufenthaltes in Buitenzorg sein Gast zu sein. So lernte ich diesen ausgezeichneten, interessanten Mann näher kennen und aufrichtig schätzen. Er stand damals, als Vierzigjähriger auf der Höhe seiner Kraft und seines Schaffens, eine hohe, schlanke Gestalt, mit eleganten Bewegungen und gewählter Sprache, auch im Deutschen, das er vollkommen beherrschte. Um mein Befinden war er stets rührend besorgt und erleichterte mir, wo er nur konnte, mein Tropendasein und meine wissenschaftliche Arbeit. Was er für den 's Lands Plantentuin erreicht hatte, erfüllte ihn mit berechtigtem Stolze und tatendurstig sprach er oft von seinen Zukunftsplänen. Unter seinen vielseitigen Organisations- und Verwaltungsgeschäften versäumte er nicht die wissenschaftliche Forschung, an der er mit ganzer Seele hing. Während er sich bisher mit entwicklungsgeschichtlichen Fragen beschäftigt, und in seiner 1891 erschienenen berühmt gewordenen Abhandlung „Sur les Casuarinées" mit der Entdeckung der Chalazogamie einen großen Erfolg erzielt hatte, griff er während meiner Anwesenheit in Buitenzorg ein wichtiges ernährungsphysiologisches Problem auf: Das Vorkommen von Blausäure in den Vegetationsorganen, insbesondere den Laubblättern von Pangium edule brachte ihn auf die Vermutung, daß in dieser Stickstoffverbindung das erste nachweisbare Produkt der Stickstoffassimilation und somit der Ausgangspunkt für die Eiweißsynthese zu erblicken sei. Mit der ihm eigenen Zähigkeit und Sorgfalt suchte er diesen Gedanken experimentell zu bestätigen, und während nach dem zweiten Frühstück um 1 Uhr sich jedermann auf sein Schlafzimmer zur Siesta zurückzog, führte Treub in seinem Privatlaboratorium in den schwülsten Tagesstunden seine mikrochemischen Untersuchungen aus, indes die ersten Donnerschläge der nachmittägigen Gewitter vom Salak her erdröhnten und heftige Platzregen niederprasselten. — Neben diesen schwierigen Untersuchungen schrieb Treub damals an einer ausführlichen Geschichte des botanischen Gartens für die von ihm anläßlich der bevorstehenden 75-Jahrfeier des 's Lands Plantentuin herauszugebenden Festschrift, die dann später auf meine Veranlassung hin auch in deutscher Sprache erschienen ist.

In den folgenden zwei Dezennien verfolgte Treub unermüdlich seine hochfliegenden Pläne betreffs der weiteren Ausgestaltung des botanischen Gartens und seiner Institute und hat sich dabei körperlich und geistig wohl zu viel zugemutet. Im Jahre 1909 trat er von der Direktion des Gartens zurück und hoffte in St. Raphael an der französischen Riviera auf einen ruhigen Lebensabend. Er sollte ihm nicht beschieden sein. Schon ein Jahr darauf, 1910, ist er, erst sechzigjährig, seinem Leiden erlegen, zu dem das Tropenklima den Grund gelegt hatte. Die Todesnachricht ereilte mich auf dem Festmahle anläßlich der Jahrhundertfeier der Universität Berlin. Es war für mich eine schmerzliche Stunde.

Meine Tageseinteilung in Buitenzorg war sehr geregelt. Nach dem ersten Frühstück zog ich um $^1/_2$7 Uhr hinaus in den Garten, um nacheinander die einzelnen Pflanzenquartiere zu besuchen, Notizen zu machen und Bleistiftskizzen zu entwerfen. Hin und wieder wurde auch aquarelliert. Der Garten ist so groß, sein Pflanzenreichtum so mannigfaltig, daß ich mir erst am Ende meines Aufenthaltes, nach drei Monaten, sagen durfte, ich hätte den Garten und seine botanischen Schätze annähernd kennengelernt. Zwischen 9 und 10 Uhr zog ich mich mit dem gesammelten Untersuchungsmaterial in das Fremdenlaboratorium zurück, um zu mikroskopieren und zu experimentieren, wobei ich mich häufig der Unterstützung des Assistenten Dr. JANSE zu erfreuen hatte. Nach dem zweiten Frühstück, das ich zur Mittagszeit gemeinsam mit TREUB unter anregenden Gesprächen einnahm, hielt ich bei Blitz und Donner und prasselnden Regengüssen Siesta. Dann suchte ich meist nochmals das Laboratorium auf, obwohl bei dem wolkenbedeckten Himmel ans Mikroskopieren kaum mehr zu denken war. Doch gabs genug anderes zu tun und vorzubereiten. Gegen Abend, als sich der Himmel wieder aufgeklärt hatte und herrliche Sonnenuntergänge zu bewundern waren, lud mich TREUB oft zu einer Spazierfahrt ein, wobei ich die Umgebung Buitenzorgs näher kennenlernte. Durch die in Fruchthainen und Kokospalmwäldchen versteckten Dörfer, die Kampongs, ging die Fahrt an den bambusbewachsenen Ufern des Tjiliwong vorüber, wobei das leise Rollen des zweirädrigen Wagens übertönt wurde von dem ohrenbetäubenden Zirpen und Schnarren der Grillen und Zikaden, und zahlreiche Leuchtkäfer mit hellem intermittierenden Lichte den Wagen umschwärmten. Hoch in der Luft zog da und dort ein Kalong, der fliegende Hund, mit langsamem Flügelschlage auf einen fernliegenden Fruchtbaum zu. Nach dem Diner, bei dem stets eine ganze Anzahl von Fledermäusen in allen Größen an der Decke des hohen Speisesaales umherflatterten, zog ich mich auf mein Zimmer zurück, um das Tagebuch zu ergänzen und Briefe zu schreiben, worauf dann im Liegestuhl auf der großen Veranda die Reize der Tropennacht genossen wurden. Zuweilen galt es einen Termitenschwarm abzuwehren, der vom Lampenscheine angelockt, im Nu die Tische, Stühle und Wände bevölkerte, und der wieder Fledermäuse, Ziegenmelker und die kleinen zwitschern- den Tjitjaks, eine zierliche Geckonenart, herbeilockte, die es sich gleich dem Hauskätzchen an den fetten Termitenleibern gütlich taten. Um 10 Uhr ging ich zu Bette, ohne mich von dem Sirren einiger Moskitos und dem Rufe des Gecko, der auf der Decke des Zimmers nach Beute schnappte, stören zu lassen.

Gesundheitlich ging es mir in Buitenzorg recht gut. Ich ge- wöhnte mich wider Erwarten rasch an die tropische „Treibhaus- luft" und die Tagestemperaturen von 25—31° C ließen sich gut ertragen. Von Fieberanfällen bin ich gänzlich verschont geblieben. Auch der reichliche Genuß der köstlichen Tropenfrüchte, der Rambuttans und Pulassans (Nephelium-Arten), der Mangis (Garcinia Mangistana), und wie sie alle heißen, blieb ungestraft. Und wenn ich doch ein oder das andermal einen Diätfehler begangen hatte, so wurde er durch den Genuß der pepsinhaltigen Papayafrucht (Carica Papaya) rasch wieder ausgeglichen.

Die Gleichförmigkeit meines Aufenthaltes in Buitenzorg wurde von Zeit zu Zeit durch Ausflüge unterbrochen, die ich in die nähere und weitere Umgebung unternommen habe. So in den Dschungel von Depok, durch die Schlucht des Tjiapus, den er- loschenen Vulkan Salak hinan, auf die Koralleninseln Onrust und Edam und nach Garut in Mitteljava am Fuße des berühmten Vulkans Papandajan. Die Krone dieser Exkursionen bildete aber ein neuntägiger Aufenthalt in der 1425 m hoch gelegenen Urwald- station Tjibodas am Nordabhange des Gedehgebirges, wo ich den westjavanischen Regenwald in seiner ganzen Ursprünglichkeit kennenlernte. Das war vielleicht die genuß- und lehrreichste Episode meines Aufenthaltes in den Tropen. Auf fast allen diesen

Exkursionen wurde ich von dem malaiischen Pflanzensammler PAIDAN begleitet, der dann zugleich mein Diener war. Wie alle Javanen besaß dieser stets heitere, bereitwillige Geselle einen ausgeprägten Formensinn für die heimische Flora; nicht die kleinste Keimpflanze entging seinem scharfen Auge; und was mich noch mehr überraschte, er konnte mir fast jedesmal auch die Mutterpflanze angeben, zu der sie gehörte. Besonders stolz war er, als er mir eines Tages aus dem Urwalde vom Salak herunter ein großes Bündel Cissus-Wurzeln brachte, an denen Knospen und Blüten der merkwürdigsten aller phanerogamen Schmarotzerpflanzen saßen, einer Rafflesia-Art (R. Rochussenii), die ich sofort auf einem Ölbilde in Lebensgröße verewigte.

Bei der Schilderung der allgemeinen Eindrücke und Erfahrungen, die ich auf Java betreffs der Tropenflora gesammelt habe, kann ich mich kurz fassen, da ich dieselben in meinem schon oben erwähnten Buche „Eine botanische Tropenreise, Indomalaiische Vegetationsbilder und Reiseskizzen" ausführlich beschrieben habe. Die erste Auflage dieses Werkes ist 1893 erschienen, eine zweite 1910, die dritte 1926. Es enthält auch gelungene Reproduktionen zahlreicher Bleistiftskizzen und einiger Aquarelle, denen in den späteren Auflagen auch mehrere photographische Aufnahmen, hauptsächlich aus dem Buitenzorger Garten, die ich TREUB verdankte, hinzugefügt wurden. Der für ein Reisewerk ungewöhnliche und dauernde Erfolg dieses Buches ist wohl dem Umstande zuzuschreiben, daß es zum ersten Male den Versuch unternahm, die Pflanzenwelt der Tropen, insbesondere Javas, nicht von systematischen und pflanzengeographischen Gesichtspunkten aus zu schildern, sondern vom Standpunkte der allgemeinen Botanik aus. Hauptsächlich war es die Ökologie, Physiologie und Organographie der Tropenflora, die in dem Buche zu ihrem Rechte kamen. Ich habe es mit einer Liebe und Begeisterung geschrieben, wie kein anderes, und so ist es immer mein Lieblingswerk geblieben.

Bei meinen Streifzügen durch den botanischen Garten von Buitenzorg fiel mir vor allem als Hauptunterschied zwischen einem botanischen Garten in den Tropen und einem solchen in

Mitteleuropa das Überwiegen der holzartigen Gewächse, der Bäume und Sträucher, gegenüber den krautigen Pflanzen und Stauden auf. Man wandelt in einem Arboretum. Man stößt immer wieder auf baum- oder strauchartige Vertreter von Pflanzenfamilien, von denen wir in unserer Heimat nur krautartige Formen kennen. Wie ist das zu verstehen? Die Anpassung der Pflanzen an die Ungunst des mitteleuropäischen Klimas mit seinen langen Wintern hat sich bei der großen Anzahl der Arten in der Weise vollzogen, daß entweder die ganze Pflanze im Herbst abstirbt und nur ihre Samen den Winter überdauern, oder daß wenigstens ihre oberirdischen Vegetationsorgane zugrunde gehen. Im tropischen Regenwalde dagegen kann das Wachstum der Pflanzen das ganze Jahr hindurch gleichmäßig fortdauern, die Verholzung, das sekundäre Dickenwachstum des Stammes, der Zweige und Äste kann ungehemmt andauern, ohne daß besondere Einzelanpassungen nötig wären, um Stämme, Zweige und Knospen gegen die Gefahren des Winterfrostes zu schützen. So erweist sich das Holzgewächs in diesem gesegneten Klima als die „typische“ Pflanze.

Noch eine zweite Erscheinung von weittragenden Konsequenzen fällt dem Besucher des Buitenzorger Gartens und des Urwaldes von Tjibodas sofort ins Auge: die im Vergleich mit unseren europäischen Waldbäumen spärliche Belaubung der Tropenbäume. Das hängt damit zusammen, daß das Laubblatt in den Tropen eine viel größere Assimilationsenergie besitzt als bei uns, daß es im feuchten Tropenklima das ganze Jahr hindurch ununterbrochen tätig, weit mehr organische Substanz, Kohlehydrate und Eiweißstoffe zu produzieren vermag. So findet der Tropenbaum mit einer geringeren Anzahl von Blättern sein Auskommen. Die Folge davon ist, daß durch die schütteren Laubkronen verhältnismäßig viel Licht auf den Waldboden fällt und einer Unzahl von Pflanzen gestattet, auch die unteren Räume des Waldes zu besiedeln und auszunützen. Es entsteht das Dickicht des Unterholzes, das wieder für die Lianen die nötigen Stützpunkte schafft, um zu vollständig ungeschmälertem Lichtgenuß zu gelangen. Und in den Kronen der Bäume ist die Beleuchtung stark genug, um zahllose

Pflanzen aus der Wirrnis am Boden hinauf in das Geäste der Urwaldbäume zu locken und sie zu typischen Epiphyten werden zu lassen. So ist der ganze physiognomische Charakter des tropischen Regenwaldes letzten Endes das Ergebnis der so sehr gesteigerten Assimilationskraft des tropischen Laubblattes.

Ich muß es mir an dieser Stelle versagen, auf die Blüten und Früchte der Tropenflora, auf die Lianen, Epiphyten, die Mangrovevegetation, die tropischen Ameisenpflanzen und vieles andere einzugehen, was ich in meiner „Botanischen Tropenreise" ausführlich besprochen habe.

Am 26. Februar 1892 trat ich schweren Herzens die Heimreise an. In Singapore benutzte ich die Zeit bis zur Abfahrt der Elektra zu Ausflügen in den botanischen Garten und zum Studium der Mangrovevegetation, die sich namentlich an den Ufern der benachbarten kleinen Insel Pulu Obin in ihrer ganzen Eigenartigkeit beobachten ließ. Am 12. März traf ich auf Ceylon ein, wo ich neun Tage lang verweilte. Von Kandy aus besuchte ich mehrmals den malerisch gelegenen, 1819 gegründeten botanischen Garten zu Peradenia, dessen damaliger Direktor Dr. TRIMEN mich freundlich auf seine Pflanzenschätze im einzelnen aufmerksam machte. Mit dem Reichtum und der Großartigkeit von 's Lands Plantentuin konnte sich der Garten zu Peradenia freilich nicht messen. Den größten Eindruck machten mir die riesigen Bambusgebüsche an den Ufern des Mahaweli-Ganga, die schon E. HAECKELs Bewunderung erregt hatten. „Bambusgebüsch" ist freilich ein viel zu kärglicher Ausdruck für die über 30 m hohen Halme des Dendrocalamus giganteus, die, an der Basis wie Männerschenkel dick, zu 50—70 dichtgedrängt in mächtigen Springquellkurven emporstreben. — Von Java kommend ist man auf Schritt und Tritt geneigt, Vergleiche anzustellen. Vor allem fällt einem der große Unterschied im Landschaftscharakter der „Smaragdinsel" Java und der „Rubininsel" Ceylon auf. Dort weite Ebenen, durchfurcht von in tiefen Schluchten rauschenden Flüssen und Strömen, überragt von den Kegeln mächtiger Vulkane; hier die uns von den heimatlichen Gebirgen her wohlvertrauten Formen einer Berglandschaft, die von der tropischen Vegetation wie maskiert erscheint. Auf Java ist die Tropenlandschaft ruhiger, majestätischer; auf Ceylon ist sie aufdringlicher, man möchte sagen pikanter, in noch höherem Maße exotisch. Verstärkt wird diese Verschiedenartigkeit des Eindruckes durch das Volksleben und was damit zusammenhängt: auf Java der stille in sich gekehrte Sundanese, auf Ceylon der bewegliche, geschwätzige, possierliche Singhalese; man kann sich keinen größeren ethnographischen Kontrast vorstellen.

Auf dem Neckar, einem Tropendampfer des Norddeutschen Lloyd ging die Fahrt nach Suez, von wo ich mit dem Schnellzug durch die Wüste nach Kairo fuhr. Unvergeßlich bleibt mir der Eindruck, den mir die von der Abendsonne beleuchteten Pyramiden machten, als sie wie rosige Kristalle am Horizonte auftauchten. — Von der ägyptischen Hauptstadt aus wurden die üblichen Ausflüge unternommen, die Cheopspyramide erklettert, auf deren Spitze uns ein Gewitter überraschte, und in Begleitung Prof. SICKENBERGERs, dem langjährigen, ausgezeichneten Kenner der ägyptischen Flora eine eintägige botanische Exkursion in die Wüste unternommen. Die Jahreszeit, es war am 8. April, war uns günstig. Fast alle Wüstenpflanzen blühten, und so habe ich auf diesem Ausfluge das Material für ein hübsches kleines Herbarium gesammelt, das einzige, das ich heimbrachte. Denn in dem übermäßig feuchten Klima Westjavas hatte ich es bald aufgegeben, Pflanzen einzulegen und zu trocknen. Am 11. April fuhr ich von Alexandria nach Triest, und am Ostersonntag, dem 17.April, war ich wieder daheim bei Frau und Kind. Schneeflocken fielen vom Himmel und ich saß samt meinen beiden Papageien fröstelnd beim wohlgeheizten Ofen. Die Papageien erkälteten sich und starben; ich kam mit einem tüchtigen Schnupfen davon.

*
* *

Die nächsten Grazer Jahre galten der Bearbeitung und Ergänzung der wissenschaftlichen Ausbeute meines Buitenzorger Aufenthaltes. Zunächst waren die auf Java für eine größere Anzahl von Pflanzen ermittelten Transpirationsgrößen mit jenen zu vergleichen, die von mir und anderen Forschern für im mitteleuropäischen Klima gedeihende Gewächse festgestellt wurden. Im ganzen und großen ergab sich, daß die Transpiration im feuchtwarmen Klima von Buitenzorg bedeutend geringer ist als die bei uns übliche; sie bleibt hinter letzterer um das Zwei- bis Dreifache zurück. Das konnte bei der hohen Luftfeuchtigkeit, die dem westjavanischen Klima eigentümlich ist, nicht überraschen. Dem widerspricht nicht, daß in den sonnigen Vormittagstunden die Transpiration in Buitenzorg weit höhere Werte erreichen kann als in Mitteleuropa bei sonnigem Wetter. Da von den ersten Nachmittagstunden an, wenn die Gewitterregen einsetzen, bis zum nächsten Morgen die Luft in Buitenzorg mit Wasserdampf fast vollständig gesättigt ist, so sinkt in diesem Zeitraum die Transpiration auf ein Minimum, wodurch der Tagesdurchschnitt so sehr herabgedrückt wird.

Da demnach im feuchten Tropenklima das von den Wurzeln reichlich aufgenommene Wasser nur zum Teile in Dampfform wieder entweichen kann, so sind so viele Pflanzen gezwungen, sich der überschüssigen Wassermengen durch Ausscheidung tropfbar flüssigen Wassers, durch Guttation, zu entledigen. Die anatomisch-physiologische Untersuchung der hierzu bestimmten Apparate, der Hydathoden, wie ich sie nannte, war also meine nächste Aufgabe. In ihrem Bau und ihrer Funktion zeigte sich eine unerwartete Mannigfaltigkeit. In physiologischer Hinsicht ließen sich zwei Haupttypen unterscheiden: Hydathoden, die als Wasserdrüsen das Wasser aktiv auspressen, und solche, die es passiv durch sich hindurchfiltrieren lassen. Zu den ersteren gehören die höchst merkwürdig und kompliziert gebauten einzelligen epidermalen Hydathoden von Gonocaryum pyriforme und Anamirta cocculus, die ein lehrreiches Beispiel dafür sind, wie weit es in bezug auf anatomisch-physiologische Differenzierung eine einzelne Pflanzenzelle bringen kann.

Ein Rätsel besonderer Art gab mir die zu den Moraceen gehörige Liane Conocephalus ovatus auf. Die Oberseite der großen Laubblätter besitzt mehrere hundert Hydathoden, die aus einem sehr kleinzelligen Drüsengewebe, dem „Epithem" bestehen, in das zarte wasserleitende Tracheiden münden. Das Drüsengewebe wird von einer niederen Epidermis bedeckt, die von zahlreichen winzigen Wasserspalten durchbrochen wird, den Austrittstellen des sezernierten Wassers. An jedem Morgen ist das Blatt über den Hydathoden von großen Wassertropfen bedeckt. Vergiftet man durch Bepinseln mit sublimathältigem Alkohol das Drüsengewebe, so unterbleibt die Guttation vollständig und das durch den Wurzeldruck emporgepreßte Wasser überschwemmt die Durchlüftungsräume der grünen Blattgewebe, die infolgedessen glasig transparent erscheinen. Das derart geschädigte Blatt wußte sich aber zu helfen. Nach einigen Tagen entstanden auf den bepinselten Blattpartien zum Ersatz der vergifteten Hydathoden ganz neue Wasserausscheidungsorgane von wesentlich anderem Bau und anderer entwicklungsgeschichtlicher Herkunft, wie sie im normalen Entwicklungsgange der Pflanze niemals auftreten. An zahlreichen Stellen strecken sich grüne Palisaden- und namentlich auch Leitparenchymzellen, welche die Gefäß- bündel umscheiden, gegen die Blattoberfläche zu, durchbrechen die Epidermis und wachsen zu langen, wurzelhaarähnlichen Schläuchen aus. Diese kaum stecknadelkopfgroßen weißen Gewebekörper sind die Ersatzhydathoden, die die Funktion der vergifteten Hydathoden übernehmen und reichlich Wasser ausscheiden. Nunmehr unterbleibt auch die Injektion der Durchlüftungsräume mit Wasser.

Die Pflanze reagiert also auf einen gänzlich unvorhergesehenen Eingriff auf sehr zweckmäßige Weise. Daß es sich bei der Bildung der Ersatzhydathoden trotzdem um eine Anpassungserscheinung handeln könnte, ist kaum anzunehmen. Denn auf welche Weise sollte durch natürliche Verhältnisse eine häufige Schädigung und Abtötung der normalen Hydathoden bewirkt werden? Zwar sind in der Heimat unserer Liane Vulkanausbrüche nicht selten und waren vielleicht in früheren Erdperioden noch häufiger, so daß saure und überhaupt giftige Verbindungen, mit denen das Regen-

wasser zuweilen beladen war, die normalen Hydathoden, ähnlich
wie in unserem Experimente, zum Absterben bringen konnten.
Die Bildung von Ersatzhydathoden wäre dann als eine auf dem
Wege der natürlichen Auslese erfolgte Anpassung an diese Gefahr
aufzufassen. Freilich ist das eine höchst unwahrscheinliche Annahme. Ebensowenig befriedigt die Vermutung, daß zuweilen
pflanzliche oder tierische Parasiten das zarte, plasmareiche Gewebe
der normalen Hydathoden befallen, worauf dann Ersatzhydathoden gebildet würden. Wenn also die Naturzüchtung ausgeschlossen ist, wie ist dann die Entstehung dieser neuen Organe zu
verstehen? Die einzelnen Anlagen, die Gene der Vererbungssub-
stanz, sind ja allerdings für die histologischen und physiologischen
Merkmale der Ersatzhydathoden vorhanden, daß sie sich aber
in ihrer Auswirkung so zweckmäßig kombinieren, bleibt ein Rätsel.
Ich muß gestehen, daß ich beim Durchdenken dieses merkwürdigen
Falles einer zweckmäßigen Reaktion auf einen unvorhergesehenen
Eingriff, mit der Annahme einer „Entwicklungsintelligenz" spielte,
allerdings nur flüchtig und vorübergehend. Ich hatte zu wenig
Eignung, ein Vorläufer der psychophysischen Teleologie A. PAULYs
zu werden.

Im Anschluß an die Bearbeitung der bereits erwähnten Ergebnisse meiner Tropenreise beschäftigte ich mich noch mit einigen
Nebenarbeiten, die mit meinem Aufenthalte in Buitenzorg zu-
sammenhingen. Wie jeden Besucher der tropischen Meeresküsten
interessierte mich in hohem Maße die Mangrovevegetation. Ich
widmete ihr meine Untersuchung „Über die Ernährung der Keim-
linge und die Bedeutung des Endosperms bei viviparen Mangrove-
pflanzen", die in den Annales du Jardin Botanique de Buitenzorg
1893 erschienen ist. Ich erfüllte damit einen Wunsch M. TREUBs,
der begreiflicherweise Wert darauf legte, daß wenigstens die eine
oder die andere der von den Gästen des Lands Plantentuin ausgeführten Arbeiten in dieser streng wissenschaftlichen Zeitschrift
veröffentlicht würde, auf die er als Herausgeber mit Recht stolz
war. Noch eine zweite Arbeit „Über die Reizbewegungen und die
Reizfortpflanzung bei Biophytum sensitivum DC." ließ ich in dem

Supplementbande der Annales 1898 erscheinen, der als Festschrift für M. Treub anläßlich seines 25 jährigen Jubiläums als Direktor des botanischen Gartens von Buitenzorg herausgegeben wurde.

Arbeit, Institutsbau, Feste.

In die Mitte der neunziger Jahre des vorigen Jahrhunderts fiel die Bearbeitung der zweiten Auflage meiner Physiologischen Pflanzenanatomie. Seit dem Erscheinen der ersten Auflage war mehr als ein Jahrzehnt verflossen und so harrte meiner eine ebenso langwierige wie schwierige Aufgabe. Im Plan der Darstellung, in der Einteilung der Gewebesysteme war nichts zu ändern. Zum ersten Male tauchte aber ein bescheidenes Kapitel über reizperzipierende Organe auf, wobei es sich aber nur um Perzeptionsorgane für mechanische Reize handeln konnte. Den Ausdruck „Sinnesorgane" wagte ich noch nicht zu gebrauchen.

Im Jahre 1898 war ein Zufall der Anlaß zu meiner Untersuchung „Über den Entleerungsapparat der inneren Drüsen einiger Rutaceen". Es war meine erste und letzte Zufallsentdeckung. Als ich im pflanzenanatomischen Praktikum einem etwas ungeschickten Anfänger zusah, wie er ein Fiederblättchen der Gartenraute, Ruta graveolens, hin und her bog, um es in die zur Herstellung eines Querschnittes richtige Lage zu bringen, sah ich zufällig, wie auf der Blattoberfläche plötzlich winzige Tröpfchen erschienen. Es konnte keinem Zweifel unterliegen, daß es die aus den inneren Drüsen ausgetretenen Sekrettröpfchen waren. Ich ließ sofort Oberflächenschnitte anfertigen und fand nun die Spalten zwischen den Deckelzellen der Drüsen. Es lockte mich nun, dieser auffallenden Erscheinung bei Ruta graveoleus und anderen Rutaceen näher nachzugehen, die der bisher allgemein herrschenden Meinung widersprach, daß bei den Pflanzen im Gegensatze zu den Tieren innere Drüsen ihr Sekret nicht nach außen entleeren. So gelang mir die Auffindung eines sehr merkwürdigen, höchst zweckmäßig gebauten Entleerungsapparates, wie er in ähnlicher Ausbildung später von Porsch auch bei den Myrtaceen näher beschrieben wurde.

Bildete bei dieser Arbeit eine rein zufällige Beobachtung den Ausgangspunkt, so kam mir bei anderen Untersuchungen der Zufall nur insofern zu Hilfe, als er mir, nachdem die Fragestellung feststand, nicht selten Objekte in die Hände spielte, die für die Beantwortung besonders günstig waren. Solch glückliche Zufälle sind aber nur dann möglich, wenn auch dem Forscher auf dem Gebiete der allgemeinen Botanik ein sehr mannigfaltiges Untersuchungsmaterial zur Verfügung steht, wie es nur ein reichhaltiger botanischer Garten zu bieten vermag. Dies war einer der Gründe, vielleicht der wichtigste, weshalb ich, um späteren Erlebnissen vorzugreifen, bei meiner Berufung nach Berlin darauf bestehen mußte, daß das im Zentrum Berlins untergebrachte botanische Institut nach Dahlem, in die nächste Nähe des großen botanischen Gartens verlegt werde, und auch über einen eigenen Garten für Unterrichts- und Versuchszwecke zu verfügen hätte. Pflanzenphysiologische, wie überhaupt botanische Institute, die von den zugehörigen Gärten mit ihren Pflanzenreservoiren räumlich getrennt sind, sind stets übel daran und leiden unter der Beschränkung auf verhältnismäßig wenige Untersuchungsobjekte. In ihrer „Laboratoriumsluft" gedeihen die Keimwurzeln der Saubohne und der Lupine, die Hypokotyle der Sonnenblume, und besonders die Koleoptile des Hafers ausgezeichnet, die vergleichende Anatomie und Physiologie kommt aber zu kurz dabei.

Ich empfand es somit als eine Erlösung, als mir im Mai 1898, zehn Jahre nach der Anlegung des neuen botanischen Gartens aus Wien von befreundeten Kollegen anläßlich meiner Wahl zum korrespondierenden Mitglied der Akademie der Wissenschaften gleichzeitig telegraphisch mitgeteilt wurde, daß das Unterrichtsministerium den Bau eines Institutsgebäudes im botanischen Garten bewilligt habe. Nun hatte das langjährige Provisorium in der Leechgasse sein Ende. Schon im folgenden Jahre konnte der für Forschung und Unterricht befriedigend eingerichtete, freundliche Neubau bezogen werden und am 9. Dezember 1899 fand dann die feierliche Einweihung der neuen naturwissenschaftlichen und medizinischen Universitätsinstitute statt, bei der ich die erste

Festrede „Über Erklärung in der Biologie" zu halten die Ehre hatte. Nachmittags erfolgte dann auch die offizielle Besichtigung des neuen Botanischen Instituts und ich erinnere mich noch mit Vergnügen an das erstaunte Gesicht, das der Unterrichtsminister Dr. HARTEL, ein klassischer Philologe, machte, als er im physiologischen Experimentierraum die vom Wassermotor ge-

Das Botanische Institut der Universität Graz.

triebene, sich rasend schnell drehende Glasschale sah, worin Bohnenkeimlinge den KNIGHTschen Rotationsversuch über sich ergehen lassen mußten. Der Minister hatte sich unter „Botanik" etwas anderes vorgestellt.

* * *

Am 10. Februar desselben Jahres hatte ich der Feier des 70. Geburtstages SCHWENDENERs in Berlin beigewohnt und als Vizepräsident der Deutschen Botanischen Gesellschaft beim Festmahle den Haupttoast auf den Jubilar ausgebracht. In verschiedenen

Ansprachen wurde auch meiner als seines ältesten Schülers Erwähnung getan, so daß der 78jährige Rudolf Virchow, der mir gegenüber saß, mit einem prüfenden Blick auf meine noch tiefschwarzen Haare, etwas spöttisch lächelnd die Frage an mich richtete: „Herr Kollege, wie alt sind Sie denn eigentlich?" Im übrigen war er aber ebenso wortkarg, wie W. Pfeffer, der ja eine ganz anders geartete Forschernatur war als sein Tischnachbar Schwendener. Besonderen Beifall fand eine zündende Rede des Nationalökonomen Adolf Wagner, der anknüpfend an das Ereignis, daß ein Deutschschweizer in der Hauptstadt des Deutschen Reiches von einem Deutschösterreicher gefeiert wurde, die nationale und kulturelle Verbundenheit aller Glieder des deut-

G. Haberlandt, 1899.

schen Volkes mit eindringlichen Worten rühmte. Schwendener dankte in langer, geistvoller Rede und gab in nachdrücklicher Weise, gemessene Polemik nicht scheuend, seiner Genugtuung Ausdruck, daß die physiologische Pflanzenanatomie über ihre Widersacher den Sieg davongetragen habe.

Franz Unger und Stephan Endlicher.

Nach Graz zurückgekehrt machte ich mich alsbald an eine Arbeit, die von meiner bisherigen wissenschaftlichen Tätigkeit weit abseits lag. Das Botanische Institut war nämlich durch Vermittlung des praktischen Arztes Dr. PETRY in den Besitz des handschriftlichen Nachlasses FRANZ UNGERs gelangt, das Geschenk seines Schwiegersohnes, des Rechnungsrates J. SCHRENCKH in Wien. Voll Interesse blätterte ich in den alten Faszikeln.

FRANZ UNGER, am 30. November 1800 auf dem Gute Amthof bei Leutschach in Südsteiermark geboren, war einer der genialsten Botaniker des 19. Jahrhunderts, der älteste von den sieben Schöpfern der modernen allgemeinen Botanik, welchem dem Alter nach MATTHIAS JAKOB SCHLEIDEN, HUGO MOHL, CARL NÄGELI, WILHELM HOFMEISTER, SIMON SCHWENDENER und 1832 als jüngster JULIUS SACHS folgten. UNGER trieb nach Absolvierung des Gymnasiums in Graz zunächst historische Studien, versuchte sich als Dichter, sammelte Pflanzen, wandte sich dem Rechtsstudium zu, das er bald mit dem der Medizin vertauschte, wanderte nach Triest, um sich der deutschen philhellenischen Freischar als Feldarzt anzuschließen, kehrte aber bald um, bezog die Universität Prag und unternahm 1823 heimlich eine große Reise nach Deutschland, die ihn über Jena, wo er OKEN kennenlernte, bis nach Berlin, Hamburg, Rostock, Stralsund und Rügen führte. Als Naturphilosoph OKENscher Prägung kehrte er in deutscher Burschentracht nach Wien zurück, wurde verhaftet und eingesperrt. Nach sieben Monaten wegen „mangelnden Tatbestandes" aus dem Gefängnis entlassen, vollendete er in Wien seine medizinischen Studien, ließ sich in Stockerau als praktischer Arzt nieder und wurde 1830 als Landgerichtsarzt nach Kitzbühel in Tirol berufen, wo er neben seiner beruflichen auch eine rege wissenschaftliche Tätigkeit entfaltete. Im Herbst 1835 gelangte er als Professor der Botanik und Zoologie am Joanneum in Graz an das Ziel seiner Wünsche. Im Jahre 1849 erfolgte seine Berufung als Professor der Anatomie und Physiologie der Pflanzen an die Universität Wien, an der er bis 1866 wirkte. Er zog sich dann wieder nach Graz zurück, wo er am 12. Februar 1870 starb.

Der handschriftliche Nachlaß FRANZ UNGERS bestand im wesentlichen aus zahlreichen Briefen von Freunden, Fachgenossen und anderen Gelehrten. Darunter befand sich als interessanteste Sammlung der fast lückenlose Briefwechsel UNGERs mit seinem Freunde ENDLICHER, dessen Briefe er sich nach dem frühen Tode des letzteren von der Witwe offenbar zurückerbeten hat. Von Jugend auf waren diese beiden Männer miteinander auf das innigste befreundet.

STEPHAN ENDLICHER, als Sohn eines Arztes zu Preßburg am 24. Juni 1804 geboren, war ein merkwürdig vielseitiger, reichbegabter Geist. Frühzeitig schon beschäftigten ihn historische, linguistische, botanische und theologische Studien. Er wollte, um sich all diesen Neigungen ungestört widmen zu können, Priester werden, entsagte aber, nachdem er bereits die niederen Weihen erlangt hatte, dem geistlichen Stande und trat 1827 als Skriptor in die Hofbibliothek in Wien ein. Obwohl er hier seiner historischen und philologischen Kenntnisse halber als wertvolle Kraft geschätzt wurde, sattelte er als 32 jähriger doch nochmals um und erhielt 1836 die freigewordene Stelle eines Kustos an der botanischen Abteilung des Hofnaturalienkabinetts. Schon vier Jahre danach wurde er nach JACQUINs Tode zum Professor der Botanik an der Wiener Universität und zum Direktor des botanischen Gartens ernannt. Neben seinen botanisch-systematischen Arbeiten, die in den klassischen „Genera plantarum" gipfelten, setzte er seine Untersuchungen über ostasiatische Sprachen, insbesondere des Chinesischen, beharrlich fort und gelangte zu wertvollen, weit über das Dilettantische hinausragenden Ergebnissen. Im Jahre 1847 war er einer der Gründer der Kaiserlichen Akademie der Wissenschaften in Wien. Im folgenden Revolutionsjahr wurde er in die politischen Wirren mit hineingerissen, geriet in den Ruf eines studentenfeindlichen Reaktionärs, mußte flüchten und konnte erst im Herbst wieder nach Wien zurückkehren. Sorgen verschiedener Art bedrängten ihn; am 28. März 1849 starb er. Nicht durch Selbstmord, wie Jahrzehnte lang allgemein angenommen wurde, sondern an den Folgen einer chronischen Ohrenentzündung mit Karies des Felsenbeines. Dies ging aus zwei ausführlichen Briefen der ihn behandelnden Ärzte, die sich in UNGERs Nachlaß vorfanden, und die ich im Anhange an den Briefwechsel veröffentlicht habe, mit aller Bestimmtheit hervor.

Als ich die Briefe der beiden genialen Forscher durchlas, erwachte in mir sofort der Wunsch, sie mit einer längeren Einleitung und erläuternden Anmerkungen versehen der Öffentlichkeit zu übergeben. Seit jeher interessierte ich mich ja, im Gegensatz zu meinem Lehrer SCHWENDENER, lebhaft für die historische Entwicklung unserer Wissenschaft, eine Neigung, die schon in meinen Studentenjahren durch JULIUS SACHS' Geschichte der Botanik kräftig genährt wurde. Ohne mich lange zu besinnen, machte ich mich an die Arbeit, die dem mit historischen Arbeiten Unvertrauten sauer genug fiel, aber auch viel Freude bereitete. Das nötige Quellenstudium wurde mir dadurch erleichtert, daß die Bibliothek des Joanneums an naturwissenschaftlichen Originalwerken, insbesondere auf biologischen Gebieten, sehr reich war, was sie wohl dem Einflusse UNGERs zu verdanken hatte.

Überblickt man den Briefwechsel der beiden Forscher, der sich, soweit er erhalten ist, von November 1829 bis März 1847 erstreckt, so erkennt man bald, daß UNGER der ungestüm vordringende, stets neuen Tatsachen nachjagende und neue Ideen produzierende Partner ist, während ENDLICHER sich mehr zurückhält, den Freund zuweilen leise zur Vorsicht mahnt, dabei aber doch auf seine Gedanken verständnisvoll eingeht, mit seinen eigenen Arbeiten aber ganz im Hintergrund bleibt. UNGER war der Mann, ENDLICHER die Frau in diesem geistigen Ehebunde. Das spricht sich auch darin aus, daß UNGER alle unangenehmen Nebenarbeiten, das Zusammenstellen der Tafeln, das Korrekturlesen, die Korrespondenz mit den Verlegern usw. nach Möglichkeit auf ENDLICHER abwälzt, der sich ihrer mit großer Bereitwilligkeit und Geduld unterzieht. So können wir den äußeren Werdegang von UNGERs berühmter Preisschrift „Über den Bau und das Wachstum des Dikotyledonenstammes" 1840 verfolgen, worin UNGER im Gegensatz zu SCHLEIDENs komplizierter und verfehlter Zellbildungstheorie als erster die fundamentale Tatsache aufdeckte, daß die Zellvermehrung in den wachsenden Geweben der höheren Pflanzen

durch Zellteilung erfolgt. Wir fühlen ferner UNGERs Entdecker-
freude nach, als er die schwingenden Wimpern der Schwärmsporen
von Vaucheria auffand und sich der Tragweite dieser Entdeckung
vollkommen bewußt, trotz der Bedenken ENDLICHERs, seine Beobachtungen unter dem sensationell klingenden Titel „Die Pflanze
im Momente der Tierwerdung" veröffentlichte. UNGER war es
aber um nichts weniger als eine Sensation zu tun, er wollte nur
in lapidarischer Kürze zum Ausdruck bringen, daß in die aristo-
telisch-linnéischen Grenzmauern zwischen Tier- und Pflanzenreich
nunmehr eine erste, weit klaffende Bresche gebrochen war. Und
in zahlreichen Briefen lernen wir den Phytopaläontologen UNGER
kennen, der die schwere Kunst, aus dem Bruchstück eines schatten-
haften Blattabdruckes die ganze Pflanze wieder aufleben zu lassen
und ihre systematische Stellung zu bestimmen, mit so feinem
wissenschaftlichen Taktgefühl ausgeübt hat, wie kaum ein zweiter.
Aber auch bei der Konzeption des wissenschaftlichen Hauptwerkes
ENDLICHERs, der „Genera plantarum" war UNGER in einem entscheidenden Punkte mit beteiligt. Aus dem Briefwechsel geht
mit Bestimmtheit hervor, daß UNGER als der eigentliche Urheber
des von ENDLICHER seinem Werke zugrunde gelegten Pflanzen-
systems war, das auf anatomisch-entwicklungsgeschichtlicher
Basis ruhte. Ein moderner Geist durchwehte diese Einteilungs-
weise, wenn sie sich auch nicht dauernd durchsetzen konnte.

Von besonderem Reiz ist jener Teil der Korrespondenz, worin
der Plan gemeinsam ein Lehr- und Handbuch der Botanik zu ver-
fassen, besprochen und in den einzelnen Phasen seiner Ausführung
erörtert wird. Es war eine mühsame Arbeit und mehr als einmal
standen die beiden vor einem großen Fragezeichen. Am drastisch-
sten kommt das in dem Briefe UNGERs vom 17. März 1841 zum
Ausdruck: „Liebster, teuerster Freund! Sind wir ein paar Esel,
wollen ein Hand- und Lehrbuch der Botanik schreiben und wissen
weder der eine noch der andere, was eine Pflanze ist!" Nach fast
dreijähriger Arbeit erschienen endlich 1843 die „Grundzüge der
Botanik" mit 450 Holzschnitten im Text, deren Originale sämtlich
von UNGER gezeichnet waren. Die Einfügung von Textfiguren

war eine wichtige Neuerung von dauerndem Bestande. Daß das Buch trotz verschiedener anderer Vorzüge nicht ganz den erhofften Erfolg hatte, war vor allem wohl darauf zurückzuführen, daß kurz vorher Schleidens „Grundzüge der wissenschaftlichen Botanik" mit ihrer rücksichtslosen Kritik und revolutionärem Geiste erschienen waren und die Botaniker der ganzen Welt in Aufruhr gesetzt hatten. „Unser Werk verhält sich zu Schleidens Grundzügen wie die Vermittlung alt und neuer Zeit zum gewaltsamen Einbruch der letzteren." So schreibt Unger am 8. Juli 1842 halb bewundernd, halb resigniert an Endlicher.

Der Briefwechsel erschien, schön ausgestattet, mit zwei Porträts und Nachbildungen zweier Briefe, 1899 im Verlag von Gebrüder Borntraeger in Berlin, ein Jahr vor Ungers 100. Geburtstag, der vom Naturwissenschaftlichen Verein für Steiermark am 29. November 1900 festlich begangen wurde. Die Feier fand im Landschaftlichen Rittersaale zu Graz statt. Prof. Rollett, der Unger noch persönlich gekannt hatte, schilderte in einer kurzen Ansprache mit markigen Worten die Persönlichkeit des hervorragendsten Naturforschers, den die Steiermark hervorgebracht, worauf ich die Festrede hielt, in der ich zum Schluß den schönen Ausspruch Jakob Grimms zitierte: daß Forschen Lernen heißt, ein Wort, dem Franz Unger sein Lebenlang mit dem Fleiße, der Kraft und der schaffenden Phantasie der Jugend gehuldigt hat.

Die so würdig verlaufene Feier wäre beinahe durch einen Mißton gestört worden. In ihrem Programm war vorgesehen, daß am Beginn und zum Schluß der Akademische Gesangverein zwei Lieder vortragen sollte. Die Sänger waren im Nebenraume bereits versammelt, als unter den Ehrengästen im Saale neben dem Statthalter auch der kommandierende General in voller Uniform mit seinen Adjutanten erschien. Die deutsche Studentenschaft stand damals mit dem Militär verschiedener Maßregelungen halber, die kurz vorher über einige studentische Reserveleutnants verhängt wurden, auf einem sehr schlechten Fuße. Das Erscheinen des Feldzeugmeisters erboste die Sänger in hohem Maße, und sie weigerten sich zu singen. Es bedurfte der ganzen Überredungskunst des

Kollegen Skraup, der sich bei den Studenten einer großen Beliebtheit erfreute, um sie von ihrem Vorhaben abzubringen. Mit einer Verspätung, die als akademisches Viertel gedeutet werden konnte, begann die Feier. Die studentischen Sänger empfanden es am Schlusse als große Genugtuung, daß mit der ganzen Versammlung auch der Landeskommandierende samt seinen Offizieren das „Gaudeamus" stehend anhören mußte und nicht mit der Wimper zucken durfte, als die Schlußstrophe mit dem „Pereat diabolus" aus den Studentenkehlen besonders laut, ja herausfordernd erschallte. Der General sowie auch der Statthalter machten sich freilich nichts daraus und verweilten sogar ostentativ noch kurze Zeit im Saale, um mit den Rednern freundliche Worte zu tauschen. Dieses gespannte Verhältnis der deutschfreiheitlichen Studentenschaft zu den regierenden Gewalten war eine chronische Erscheinung im damaligen Österreich.

Das Jubiläum der Preußischen Akademie der Wissenschaften.

Schon das Jahr 1900 führte mich wieder nach Berlin, wo ich an der Zweijahrhundertfeier der von Leibniz gegründeten Preußischen Akademie der Wissenschaften als ihr korrespondierendes Mitglied und zugleich als Abgesandter der Grazer Universität teilnahm. Es waren festliche Tage, die ich da miterlebte, und wenn äußerer Glanz und Prunk den Wert der Wissenschaft erhöhen könnten, so wäre das damals in überreichem Maße geschehen. Der festliche Empfang der Berliner Akademiker und der zahlreichen Delegierten in- und ausländischer Akademien und Hochschulen im Weißen Saale des königlichen Schlosses seitens des Kaisers war reich an Kontrasten verschiedener Art. Auf Wunsch Wilhelm II. erschienen die Abgesandten, wenn irgend möglich, in ihren Amtstrachten und Uniformen. Da tauchten zwischen den in der Minderzahl befindlichen Herren im schwarzen Frack die alten Hermelin- und Purpurmäntel der Universitätsrektoren auf, die im hellen Tageslichte zum Teil schon recht abgetragen, fast schäbig aussahen. Daneben die Talare der Universitätsprofessoren mit ihren

Krägen in allen Farben des Regenbogens, und auch der elegante Palmenfrack der französischen Akademiker nahm sich nicht übel aus. Es war ein buntes, um nicht zu sagen buntscheckiges Bild. Und als dann unter Fanfarenklängen der Kaiser in weißer Kürassieruniform seinen Einzug hielt, voran drei Staatsminister, die Kroninsignien tragend, und hinter ihm in weitem Abstande die Prinzen, Adjutanten und das ganze Gefolge, strotzend von Gold und Ordensbändern und Ordenssternen, da verneigten wir uns zwar tief, wie sichs gehörte, allein die pompöse Theatralik der ganzen Situation nötigte doch manchem von uns, wohl den meisten, innerlich ein stilles Lächeln ab. Nachdem sich der Kaiser auf seinem Thronsessel niedergelassen und mit gnädiger, aber sehr bestimmter Handbewegung das Zeichen gegeben hatte, daß sich die Versammelten zu setzen hätten, erhob sich vor ihm der vorsitzende Sekretar der Akademie, der betagte Astronom AUWERS, und hielt in seiner nüchternen, trockenen, streng sachlichen Art mit leiser Stimme eine kurze Rede, auf die der Kaiser mit einer wohlüberlegten, in ziemlich allgemeinen Wendungen sich ergehenden Ansprache erwiderte, die er ausnahmsweise nicht frei hielt, sondern vom Manuskript ablas.

Nachdem der feierliche Akt vorüber und der Kaiser in gleicher Weise wie er gekommen, mit seinem Gefolge wieder abgezogen war, blieb ich mit noch einigen Kollegen im Saale zurück, um mir den kunstvoll-phantastischen Aufbau näher zu betrachten, der die Mitte des Saales schmückte: Im Zentrum ein uralter riesiger Globus, ringsherum Symbole der verschiedenen Wissenschaften, alte in Schweinsleder gebundene Folianten, Fernrohre aus früheren Jahrhunderten, Retorten und anderes alchemistisches Handwerkszeug und noch allerlei andere dekorative Stücke aus den königlichen Museen. Um diesen mächtigen Aufbau herum schritt bedächtig im Kreise ein kleiner breitschultriger Herr mit ausdrucksvollem Gesicht und weißem Backenbart, eine Lorgnette vor den Augen, geschmückt mit dem Bande des schwarzen Adlerordens, und betrachtete bald spöttisch lächelnd, bald zustimmend nickend, das riesige Stilleben, das vor ihm aufgebaut war: ADOLF MENZEL.

Am nächsten Tage fand die eigentliche Festsitzung im Plenarsaale des preußischen Landtages statt. Wieder ein buntfarbiges Bild, an den Reichtag von Worms erinnernd, wie die Frau eines Akademikers stolz und scherzhaft zugleich bemerkte. Die ordentlichen Mitglieder der Akademie saßen auf einer besonderen Estrade. THEODOR MOMMSEN mit seiner weißen Mähne und dem breiten, roten Ordensbande fiel besonders auf. ADOLF HARNACK hielt die tiefdurchdachte Festrede mit seinem weichen, warmen, hohlklingenden Organ und baltischem Tonfall. Schier endlos war dann der Zug der Gratulanten, die an dem vorsitzenden Sekretar TH. VAHLEN vorüberzogen, ihre kurzen Ansprachen vorbrachten und ihre Glückwunschadressen überreichten. In die ermüdenden Wiederholungen brachte FRITHJOF NANSEN, auf den sich alle Blicke lenkten, eine unfreiwillige Abwechslung, indem er nach kurzen, fast schüchternen Worten dem Vorsitzenden statt der Adresse seinen Klapphut überreichte. VAHLEN schien gar nicht überrascht und der Austausch der beiden Objekte ging alsbald unter allgemeiner Heiterkeit lautlos von statten.

Steirische Landschaften.

Die Jahrhundertwende bedeutete in meiner wissenschaftlichen Tätigkeit einen bedeutsamen Meilenzeiger, den Beginn eines neuen Abschnittes. Davon wird später ausführlicher die Rede sein. So möge an dieser Stelle eine Schilderung der steirischen Landschaften eingeschaltet werden, in denen ich mich mit meiner Familie während der Sommerferien der Erholung widmete. Zunächst wählte ich, größtenteils aus pekuniären Gründen, Orte in der näheren Umgebung von Graz als Sommerfrischen aus. Als ersten das idyllisch gelegene, oft besungene Mariagrün bei Graz, dann Kumberg und Fladnitz am Fuße des Schöckl und der Teichalpe, später eine Reihe von Jahren hindurch Gaishorn im Paltentale am Fuße der Rottenmanner Tauern in Obersteiermark, deren höchste Spitze, der 2443 m hohe Große Bösenstein mehrmals bestiegen wurde. Gaishorn ist ein kleines Dorf, in dem nur eine primitive Unterkunft möglich war, ohne die geringste Unter haltung, wie Tanz, Musik usw. zu bieten, doch wie dazu geschaffen, die Kinder in größter Ungebundenheit sich austoben zu lassen. Sein Hauptreiz bestand in einem kleinen seichten See, mitten im Tale gelegen, mit sumpfigen Ufern, unzähligen Seerosen, zahlreichen Wildenten und anderem Wassergeflügel und stattlichen Hechten, nach denen von den Bauern mit Angeln gefischt wurde, deren Schnüre an fest in den Seegrund gerammten Stöcken befestigt waren. Doch nicht nur die Fauna, auch die Flora des Sees wurde von den Anwohnern ausgenützt. Das beruhte auf seiner Entstehungsgeschichte. Vor einigen Jahrhunderten, als es noch keinen See gab, brach eines Tages nach fürchterlichen Unwettern aus der Flitzenschlucht eine mächtige Mur in die Ortschaft ein und wälzte ihre gewaltigen Stein- und Schlammassen quer durch das ganze Tal, zahlreiche Felder für immer verwüstend. Der Paltenbach wurde gestaut, der Gaishorner See geboren. Wo früher Getreide wuchs, gediehen nur ausgedehnte Schachtelhalmwälder. Früher oder später hatten die Bauern, die den Verlust ihrer Felder nicht verschmerzen konnten, den Einfall, auf Booten in den See hinauszufahren, der Schachtelhalme abzumähen und als Grünfutter ihren Kühen anzubieten. Und das schier Unglaubliche wurde Ereignis, die Rinder nahmen den kieselsäurereichen „Zagel“ allmählich willig an und oft genug sah ich mit meinen Kindern staunend zu, wie die Kuh im Stalle das Futter zähneknirschend aber doch behaglich kaute und wiederkäute. Gewiß eine merkwürdige Anpassung, die wohl einzig dasteht. Vor einigen Jahren verfielen nun die Gaishorner auf die unglückliche Idee, die überschwemmten Getreidefelder ihrer Vorfahren zurückgewinnen zu wollen. Der Seegrund wurde mit großen Kosten „trocken“ gelegt, doch blieb er sumpfig und die Sommergäste, für die der malerische See Gelegenheit zum Kahnfahren und Baden geboten hatte, verloren sich für immer. Es war ein rechtes Schildastückchen.

Von Gaishorn aus wurden oft größere Ausflüge in das Salzkammergut unternommen, wo in späteren Jahren mehrere Male Mitterndorf am Fuß des gewaltigen Grimming unsere Sommerfrische war, und häufig auch auf die am schönsten gelegene Alpe der Steiermark, die Treffenalm, von der man dann angesichts des Reichenstein und seiner Nachbarriesen nach Johnsbach abstieg und von da aus inmitten der „steirischen Dolomiten" nach Gstatterboden im „Gesäuse" wanderte. Natürlich wurde auf diesen Ausflügen auch fleißig botanisiert und aquarelliert. Eine meiner Skizzen gibt eine große Wasserlache auf der Treffenalm wieder, die von Haemotococcus pluvialis intensiv blutrot gefärbt war. Es war das leuchtende Rot des Arterienblutes.

Duino und der Karst.

In den Osterferien weilte ich mit meinem Freunde SKRAUP fast alljährlich — einmal sogar mit der ganzen Familie — in Duino unweit von Triest an der adriatischen Felsenküste. Die Mandelbäume blühten und überhauchten samt einer blaßroten Flechte die taubengraue Steinwüste des Karstes mit einem rosigen Schimmer. Auf jäh in das Meer abfallender hoher Felsenklippe die Ruinen des von Attila zerstörten alten Schlosses; daneben auf noch höherem Felsen das große neuere Schloß, dem Fürsten THURN-TAXIS gehörig, zu seinen Füßen ein paar elende Gäßchen. Alles im Weltkriege von den Italienern in Grund und Boden geschossen. Wir wohnten in dem einzigen Gasthause des Ortes, im Albergo PLESS, das einem sehr national gesinnten Slowenen gehörte, einem trefflichen, heiteren Manne, der mit seiner stattlichen Frau, die vortrefflich kochte, und seinen beiden hübschen Töchtern sehr aufmerksam um unser Wohl besorgt war. Noch immer klingt mir sein schalkhaftes „Qualque dolce?" in den Ohren, womit er uns nach jeder Mahlzeit zu süßer Nachspeise ermunterte — eine Frage, die seither in unserer Familie zum geflügelten Wort geworden ist. Unserem Wirte ist es aber später schlimm ergangen. Der italienische Schulverein beschloß, in Duino eine Schule zu bauen, gerade gegenüber dem Albergo PLESS, die Aussicht aufs Meer versperrend. Nationaler Fanatismus und das Gefühl persönlicher Schädigung wirkten zusammen, PLESS peitschte die slowenischen Bauern der Umgebung auf und bei der Grundsteinlegung kam es zu schweren

Krawallen, sie konnte nicht stattfinden. PLESS wurde als Anstifter und Rädelsführer in Triest zu mehrwöchentlicher Kerkerstrafe verurteilt. So standen damals ihn diesen Gegenden Italiener und Slowenen zueinander. Heute wird es wohl nicht anders sein.

Von Duino aus ließen sich verschiedene höchst lohnende Ausflüge unternehmen. Zu den ockerfarbigen, rost- und karminroten Steinbrüchen von Sistiana; zu den in der Römerzeit viel besuchten Thermen von Monfalcone, wo ich einmal länger als nötig in der dampfenden Wanne der halbverfallenen Badekabine verweilen mußte, weil, als ich aussteigen wollte, eine große Sandviper vor der Wanne lag und mich anblinzelte; über Villa Vicentina mit ihrem herrlichen Parke nach Aquileja und von hier durch die Lagunen nach Grado oder nach Belvedere, wo der nördlichst gelegene ursprüngliche Pinienhain das Herz des Botanikers und Freundes mediterraner Landschaft entzückte und ihn immer wieder zum Zeichenstift und Malerpinsel greifen ließ.

Noch zwei andere Naturmerkwürdigkeiten wies die Umgebung Duinos auf. Bei San Giovanni entspringt in mächtigen Quellen der Timavo den Höhlen des Karstes, treibt etwa hundert Schritte weiter unten eine große Mühle, trägt Segelschiffe auf seinem Rücken und ergießt sich nach einem Laufe von etwa 1 km ins Meer. Dann ein im großen Stile angelegtes pflanzengeographisches Experiment. Es war damals noch eine vielumstrittene Frage, ob die Wiederbewaldung des Karstes von seiner geologisch-klimatischen Beschaffenheit oder von rein wirtschaftlichen Verhältnissen, der Ziegen- und Schafzucht seiner Bewohner, verhindert wird. Vor einer längeren Reihe von Jahren ließ sich ein Fürst THURN-TAXIS bei Duino unmittelbar an der Meeresküste einen ausgedehnten Wildpark anlegen, der allerdings niemals Hochwild, sondern höchstens ein paar Hasen aufwies. Um die heranwachsenden Bäume und Sträucher vor den Ziegen und Schafen zu schützen, wurde der Park, der sich in ansehnlicher Breite bis gegen San Giovanni zu erstreckte, mit einer Steinmauer umfriedet. Zu einer systematischen Aufforstung kam es jedoch nicht, der Park wurde sich selbst überlassen. Als wir ihn, über die Mauer kletternd, wiederholt besuchten, staunten wir immer wieder über seine reiche Flora, über den Reichtum an Holzgewächsen aller Art, die teils der mediterranen, teils der mitteleuropäischen Flora angehörten. Neben stattlichen immergrünen Steineichen (Quercus ilex) gab es Kiefern, Eschen und Ahornbäume, deren Samen und Früchte durch den Wind ausgesät wurden, ferner Bäume und Sträucher, die ihr Dasein beerenfressenden Vögeln verdankten, wie einige Sorbus-Arten u. a. Der Boden war im Frühling von üppigem Graswuchs bedeckt und in den Gebüschen winkten die rosigen Sterne der Anemone stellata und andere Frühlingsblumen.

Damit war schon damals der Beweis geliefert, daß die Natur allein imstande ist, auf der Steinwüste des Karstes eine dichte, artenreiche Pflanzendecke, Wald, Buschwerk erstehen zu lassen und daß es nur die knospenvertilgenden Schafe und Ziegen sind, die ein reicheres Pflanzenwachstum, insbesondere Gehölze nicht aufkommen lassen. Später ist dann von der österreichischen Forstverwaltung die Wiederaufforstung des Karstes systematisch und erfolgreich in Angriff genommen worden und hat so bestätigt, was der Wildpark von Duino schon lange vorher ad oculos demonstriert hatte.

Die Sinnesorgane der Pflanzen.

Seit dem Erscheinen von CH. DARWINs ,,Bewegungsvermögen der Pflanzen'' 1881, worin zum ersten Male der experimentelle Beweis für die fundamental wichtige Tatsache erbracht wurde, daß auch bei den Pflanzen die Orte der Reizperzeption und der Reizreaktion räumlich von einander getrennt sein können, ließ mich der Gedanke nicht mehr los, daß die Stellen im Pflanzenkörper, wo die Reizaufnahme erfolgt, wenn nicht immer, so doch in vielen Fällen auch in anatomischer Hinsicht ausgezeichnet und ihrer Funktion angepaßt sein dürften. Mit anderen Worten, daß auch die Pflanzen Perzeptionsorgane für äußere Reize, kurz gesagt Sinnesorgane besitzen. Seit ARISTOTELES betrachtete man den Mangel von Sinnesorganen als ein wesentliches Unterscheidungsmerkmal der Pflanzen gegenüber der Tierwelt, und das

Niederreißen dieser Grenzmauer erschien mir als ein dankenswertes und folgenreiches Unternehmen. Ich wagte mich um so eifriger daran, als mir der Nachweis zweckmäßig gebauter Sinnesorgane gewissermaßen als Schlußstein im Aufbau der physiologischen Pflanzenanatomie vorschwebte.

Die ersten Schritte zur Lösung dieser Aufgabe waren nicht ermutigend. An den nach der Entdeckung DARWINs für den Lichtreiz ausschließlich oder besonders empfindlichen Spitzen der Keimblattscheiden einiger Gräser suchte ich vergebens nach mikroskopisch nachweisbaren, histologisch scharf charakterisierten Perzeptionsorganen. Der größere Plasmareichtum der obersten Epidermiszellen kennzeichnet sie noch nicht als spezifische Sinneszellen. Auch an verschiedenen phototropisch sehr empfindlichen Keimstengeln ließ sich nichts beobachten, was auf streng lokalisierte Reizaufnahme hätte schließen lassen. So experimentierte ich gelegentlich eines Landaufenthaltes in Mariagrün bei Graz im Jahre 1884 mit transversal-phototropischen Laubblättern einiger Kräuter und Sträucher, die die Richtung des einfallenden Lichtes sehr genau wahrzunehmen und sich genau senkrecht dazu einzustellen vermögen. Damit beschritt ich bereits den Weg, der später zum Erfolg, diesmal aber noch in die Irre führte. Ich vermutete nämlich, daß die gesuchten Lichtsinnesorgane an den Spitzen der Blattzähne sitzen könnten, deren Epidermiszellen häufig einen „drüsigen" Bau aufweisen. Ich brachte die betreffenden Laubblätter, ohne die freie Beweglichkeit ihrer verdunkelten Blattstiele zu beeinträchtigen, aus ihrer fixen Lichtlage heraus, nachdem ich vorher alle Blattzähne mit der Schere abgeschnitten hatte. Die Blätter rückten aber trotzdem ebenso sicher und rasch wieder in die fixe Lichtlage ein, wie die unverletzten Kontrollblätter. An eine Lokalisation der Lichtempfindlichkeit in den Blattzähnen war also nicht zu denken. So verschob ich die Lösung dieser Aufgabe auf spätere Zeiten.

Nach längerer Pause ging ich dann an die Untersuchung der Perzeptionsorgane für mechanische Reize, deren allgemeine Verbreitung an Pflanzenorganen, die für Stoß, Reibung, Berührung empfindlich sind und diese Reize mit mehr oder minder raschen Bewegungen beantworten, ich längst schon vermutete. Die Suche nach solchen „Tastorganen" war von vornherein aussichtsvoller, denn schon lange vorher waren solche Einrichtungen als vereinzelte Kuriosa bekannt geworden. Bereits im Jahre 1804 entdeckte SYDENHAM EDWARDS die sechs Fühlborsten auf dem Blatte der insektenfressenden Venus-Fliegenfalle, Dionaea muscipula, 1861 erkannte FERDINAND COHN die Funktion der weit zarteren Fühlborsten der Aldrovandia vesiculosa und 1885 sprach WILHELM PFEFFER wenigstens hypothetisch den Fühltüpfeln in den Epidermiswänden verschiedenen Cucurbitaceenranken die Aufgabe zu, die Perzeption des Kontaktreizes zu erleichtern. Diesen Beispielen fügte ich an Ranken, Staub- und Laubblättern noch eine größere Anzahl neuer hinzu, und was wichtiger war, ich suchte auf Grund eingehender anatomischer Untersuchung die allgemeinen Bauprinzipien aller dieser Tastorgane festzustellen. Dabei ergab sich eine oft weitgehende Ähnlichkeit mit den Tastorganen der Tiere. Die Ergebnisse dieser mehrjährigen Arbeiten veröffentlichte ich 1901 in einem kleinen Buche „Sinnesorgane im Pflanzenreich zur Perzeption mechanischer Reize", das 1906 in zweiter Auflage erschienen ist. Es hat, wie zu erwarten war, ein gewisses Aufsehen erregt, nicht nur in Fachkreisen, und nur vereinzelte Angriffe erfahren. Die Summe der ermittelten Tatsachen sprach eben zu deutlich für die Richtigkeit der in dem Werke vertretenen Grundauffassung.

Die Entdeckung DARWINs, daß dekapitierte, d. h. ihrer Spitze beraubte Wurzeln, horizontal gelegt nicht mehr imstande sind, sich geotropisch abwärts zu krümmen, obwohl die Krümmung unversehrter Wurzeln hinter ihrer Spitze erfolgt, legte im Gegensatz zu DARWIN, der daraus eine „Gehirnfunktion" der Wurzelspitze folgerte, den Gedanken nahe, daß im Urmeristem der Wurzel, vielleicht sogar in der Wurzelhaube das Sinnesorgan zur Perzeption des Schwerkraftreizes zu suchen sei. Über den Bau, den es besitzen müßte, dachte ich zunächst nicht nach, bis ich einmal auf nächtlicher Fahrt von Graz nach Triest im Eisenbahnabteil der

Länge nach ausgestreckt lag und mich nach einiger Zeit mit dem Oberkörper langsam aufrichtete. Im selben Momente durchzuckte mich der Gedanke, daß dies ein geotropischer Vorgang sei, daß mein Körper gleich einem horizontal gelegten Pflanzenstengel eine negativ geotropische Bewegung vollziehe. Und im gleichen Augenblicke sagte ich mir, daß mit denselben Mitteln wie Mensch und Tier auch die Pflanze die Richtung, in der die Schwerkraft wirkt, wahrnehmen dürfte. Das war zunächst nur ein in mancher Hinsicht hinkender Vergleich, allein er illustriert doch in nicht übler Weise die lehrreichen Ausführungen ERNST MACHs über Ähnlichkeit und Analogie als Leitmotiv der Forschung.

. So wurde der Grund für die Statolithentheorie des pflanzlichen Geotropismus gelegt, die bereits FR. NOLL vorausgeahnt hat, als er in der ruhenden Hautschicht des Protoplasten ultramikroskopische otozysten- bzw. statozystenähnliche Strukturen annahm. Von mir dagegen und gleichzeitig von dem tschechischen Pflanzenphysiologen BOHUMIL NĚMEC wurden ganze Zellen als Statozysten angesprochen, in denen bewegliche Stärkekörner, die dem Zug der Schwere folgen und so jeweils auf die physikalisch unteren Wandpartien bzw. die sie bedeckende reizbare Plasmahaut drücken, als Statolithen fungieren. Es war ein merkwürdiges Zusammentreffen, daß unsere beiden vorläufigen Mitteilungen, die wir ganz unabhängig voneinander verfaßt hatten, in ein und demselben Hefte des 18. Bandes der Berichte der deutschen botanischen Gesellschaft 1900 erschienen sind. Bei der weiteren Begründung und Ausarbeitung der Statolithentheorie trat dann insofern eine gewisse Arbeitsteilung ein, als NĚMEC hauptsächlich den Statolithenapparat der Wurzel untersuchte, während ich vorwiegend der „Stärkescheide" des Stengels meine Aufmerksamkeit widmete. Der Streit um die Richtigkeit der neuen Theorie entbrannte alsbald in heftiger Weise; ihre Verteidigung fiel fast ausschließlich mir zu und noch im Jahre 1930 hatte ich ein „Experimentum crucis" gegen sie als mißglückt nachzuweisen. Andererseits haben verschiedene Forscher mancherlei Besonderheiten der geotropischen Erscheinungen mit Hilfe der Statolithentheorie ungezwungen zu erklären vermocht; eine andere Theorie, die das gleiche zu leisten imstande wäre, ist bisher nicht aufgestellt worden. Der endgültige, experimentelle Beweis für die Richtigkeit der Statolithentheorie wurde übrigens schon 1918 in eleganter Weise von CLARA ZOLLIKOFER erbracht.

Nun wandte ich mich von neuem der Frage zu, ob die höheren Pflanzen auch Lichtsinnesorgane besitzen. Es konnte sich dabei von vornherein nur um Perzeptionsorgane für die Lichtrichtung handeln, die die phototropischen Stengel und Blätter so exakt wahrzunehmen vermögen. Schon oben wurde erwähnt, daß ich an positiv phototropischen Organen nichts finden konnte, was auf eine Lokalisierung der Lichtempfindlichkeit hingedeutet hätte. Allein auch an den transversal-phototropischen Laubblattspreiten ließen sich zunächst keinerlei streng lokale Einrichtungen zur Perzeption der Lichtrichtung nachweisen. Als ich nun einmal mit einer stark vergrößernden Lupe die Oberseite eines Begoniablattes absuchte, da fiel mir die starke, linsenförmige Vorwölbung der Außenwände der Epidermiszellen auf, und blitzschnell sprang der Gedanke von der Annahme streng lokaler „Richtungsaugen" auf die Vermutung über, daß die gesamte obere Epidermis nicht nur als schützende Oberhaut dienen, sondern auch ein lichtempfindliches Sinnesepithel sein könnte. Der „Linsenversuch" bewies zunächst die optische Eignung der Epidermiszellen als Sammellinsen: Es entstehen auf den von den lichtempfindlichen Plasmahäuten bedeckten Epidermisinnenwänden helle Mittelfelder, Zerstreuungskreise, die bei senkrechtem Lichteinfall zentrisch, bei schrägem Lichteinfall exzentrisch gelagert sind. So vermag die Blattspreite die Lichtrichtung wahrzunehmen und das Bewegungsorgan, den Blattstiel entsprechend zu dirigieren. Eine Reihe von Versuchen lehrte sodann, daß bei Ausschaltung der Linsenfunktion der papillösen Epidermiszellen die Laubblattspreiten nicht oder nur langsam und unvollständig in die fixe Lichtlage einzurücken vermögen. Aus weiteren Untersuchungen ergab sich ferner, daß bei einigen Pflanzen, so bei Fittonia Verschaffeltii, Impatiens Mariannae u. a. doch auch streng lokale Lichtsinnesorgane, die man als „Ozellen" bezeichnen darf, vorkommen. Die Ergebnisse meiner ausgedehnten Untersuchungen habe ich in einer selbständig erschienenen Schrift über „Die Lichtsinnesorgane der Laubblätter" 1905 veröffentlicht, der später noch mehrere Abhandlungen über diesen Gegenstand, zum Teil polemischen Inhaltes, folgten. Denn wie nicht anders zu erwarten war, fand auch diese Theorie ihre Gegner.

Daß überhaupt eine Lehre, die in die uralte Grenzmauer zwischen Tier- und Pflanzenreich eine neue, weit klaffende Bresche brach und mehr als 2000 jährigen Vorurteilen entgegentrat, nicht von heute auf morgen allgemeine Zustimmung finden konnte, war selbstverständlich. Dabei blieb mir aber eine große Überraschung, ja Enttäuschung nicht erspart. Ich erwartete, daß vor allem die älteren Forscher sich gegen die Annahme pflanzlicher Sinnesorgane aussprechen, die jüngeren aber als die berufensten Verfechter wissenschaftlichen Fortschrittes sich zu ihren Gunsten äußern würden. Tatsächlich war aber, was psychologisch recht interessant ist, das Umgekehrte der Fall. Ältere Vertreter der Botanik nahmen die Ergebnisse und theoretischen Folgerungen aus meinen Untersuchungen ohne Voreingenommenheit, ja günstig auf. E. STRASBURGER schrieb mir nach dem Erscheinen der ersten Auflage der „Sinnesorgane zur Perzeption mechanischer Reize" einen Bref voll herzlichen Lobes. W. PFEFFER, dieser kühle kritische Geist, entgegnete, wie mir berichtet wurde, einem Doktoranden, der im botanischen Kolloquium sich über „Die Lichtsinnesorgane der Laubblätter" sehr abfällig aussprach, daß die darin geäußerten Ansichten doch sehr erwägenswert seien. Und SCHWENDENER, dessen kritischer Scharfblick auch im hohen Alter noch ungeschwächt war, hielt in einem Fortbildungskursus für Lehrer an höheren Schulen sogar mehrere Vorlesungen über diesen Gegenstand. Ich empfand das als eine große Auszeichnung. — Dagegen wurde ich von mehreren namhaften jüngeren Forschern lebhaft, bisweilen sogar leicht ironisierend angegriffen. Ich ließ mich dadurch nicht irre machen und sammelte immer wieder neues Tatsachenmaterial zugunsten meiner Theorie der pflanzlichen

Sinnesorgane, bis endlich die Gegner allmählich verstummten, zum Teil auch ihre Opposition öffentlich aufgaben. In der Tat ist bisher weder betreffs der Perzeption des Schwerkraftreizes, noch auch hinsichtlich der Wahrnehmung der Lichtrichtung seitens der euphotometrischen Laubblätter eine andere Theorie aufgetaucht, die die physiologischen Tatsachen besser zu erklären imstande wäre.

Noch von einer anderen Seite her wurden gegen die Annahme pflanzlicher Sinnesorgane Einwände erhoben. Doch handelte es sich hierbei mehr um einen terminologischen Streit. Verschiedene Zoologen, vor allem Bütschli in Heidelberg, bestritten die Berechtigung bei den Pflanzen von Sinnesorganen zu sprechen aus dem Grunde, weil diese Lebewesen keine Nerven besitzen. Es war nicht schwer, diesem Einwande mit dem Hinweise darauf zu begegnen, daß es unwesentlich sei, auf welche Weise, auf welchen Bahnen die Reizleitung vor sich gehe und daß Organe, die im Prinzip gleich gebaut sind und der gleichen Funktion dienen, im Tier- und Pflanzenreich auch gleich zu benennen sind.

Endlich wurden auch von einer dritten Seite gewisse Vorwürfe laut. Von einigen Vertretern der uralten Auffassung, daß auch die Pflanzen eine Seele besäßen, wurde mir vorgehalten, daß ich es unterlassen hätte, die wichtigste Schlußfolgerung aus meinen Untersuchungen zu ziehen: daß nunmehr einer Pflanzenpsychologie nichts mehr im Wege stände. Ich hatte mich natürlich gehütet, dieses Glatteis zu betreten, habe mir aber doch manchmal gesagt, wie willkommen der Nachweis pflanzlicher Sinnesorgane dem Verfasser des liebenswürdigen, köstlichen Buches „Nanna oder über das Seelenleben der Pflanzen", Gustav Theodor Fechner, gewesen wäre.

Im Laufe der Jahre bin ich wiederholt aufgefordert worden, über meine sinnesphysiologischen Untersuchungen vor einem größeren Hörerkreise zu sprechen. Ich habe dies zuerst in einer Vollsitzung des Breslauer Naturforscher- und Ärztetages 1906 getan, dann in fünf Vorlesungen, die ich in Salzburg 1907 gelegentlich der so beliebten und festlichen Hochschulkurse gehalten habe,

1908 in der feierlichen Jahressitzung der Akademie der Wissenschaften in Wien, zu deren wirklichem Mitgliede ich ein Jahr vorher gewählt worden war, 1909 in der Berliner Urania, und schließlich

G. HABERLANDT, S. SCHWENDENER, C. CORRENS. Meran 1905.

noch zweimal in den Reihen öffentlicher Vorträge, die die Preußische Akademie der Wissenschaften in Berlin alljährlich veranstaltet. Der Beifall, den meine Ausführungen fanden, ließ mich auf eine verständnisvolle Resonanz im weiten Kreise der naturwissenschaftlich Gebildeten schließen. Dies beruhte zum großen Teil wohl auch darauf, daß ich nicht nur über physiologische Experimente, sondern auch über morphologische Tatsachen, über Dinge, die man sehen kann, berichten konnte. Die Kombination physiologischer Vorgänge mit anatomischen Merkmalen, die bis dahin von der pflanzlichen Reizphysiologie so gut wie gänzlich vernachlässigt wurde, und die daraus sich ergebende Fragestellung und Methodik, kurz die Betrachtungsweise der physiologischen Pflanzenanatomie war es, die auf jenem Gebiete zu neuen Erkenntnissen führte.

An der zoologischen Station in Neapel.

Die Statolithentheorie bildete den Anlaß, daß ich im Frühjahr 1904 die zoologische Station in Neapel aufsuchte, um dort Untersuchungen über den Geotropismus einiger Meeresalgen, insbesondere der so merkwürdigen Caulerpa prolifera anzustellen. Diese große einzellige Siphonee treibt nämlich im Dunkeln an ihren Blättern mehrere Zentimeter lange stiftchenförmige Sprosse aus, die negativ geotropisch sind. Es soll gleich hier bemerkt werden, daß die Untersuchung ein für die Statolithentheorie günstiges Ergebnis hatte.

Wenn ich auch von meinen in Görz zugebrachten Jugendjahren her und später durch wiederholte Besuche von Triest, Fiume, Udine und der näheren und weiteren Umgebung dieser Städte mit der italienischen Landschaft und dem italienischen Volke schon etwas vertraut war, so bedeutete doch die erste Reise nach Rom und Neapel für mich ein gewaltiges Erlebnis. Ich befand mich im 50. Lebensjahre, als ich diese Reise antrat und erfüllte so vollauf die wohlbegründete Forderung, die VICTOR HEHN in seinem schönen Buche über Italien aufgestellt hat, daß man erst in reiferen Jahren Italien aufsuchen sollte; denn nur dann werde man mit einem fürs ganze Leben dauernden Gewinn an tiefsten Eindrücken aus diesem wunderbaren Lande zurückkehren.

Es kann natürlich nicht in meiner Absicht liegen, an dieser Stelle von diesen Eindrücken zu sprechen. Nur von der zoologischen Station in Neapel soll hier die Rede sein und als unerwarteter Anhang möge meine flüchtige „Begegnung" mit einigen Staatsoberhäuptern geschildert werden, die ich auf italienischem Boden dem Zufall verdankte.

Als ich die Neapler Station besuchte, lebte noch ihr Begründer ANTON DOHRN. Ich erinnere mich seiner als eines graubärtigen Mannes, mit durchdringendem Blick, der mich zwar freundlich doch wortkarg empfing und erst lebhaft wurde, als ich ihm mehr nebenher nahelegte, daß seine Station eigentlich auch zu einer Stätte der anatomischen und physiologischen Erforschung der Vulkanflora, ja der ganzen mediterranen Pflanzenwelt werden könnte. Das leuchtete diesem weitblickenden Organisator sofort ein, er sprach, wenn auch nur kurz, doch sehr eifrig mit mir darüber und bat mich, diesen Plan schriftlich zu entwerfen und ihm das Elaborat von Graz aus zuzusenden. Von anderen Dingen in Anspruch genommen schob ich die Sache hinaus und nicht lange danach starb der um die Zoologie und Botanik so hochverdiente Mann. Mit ihm wurde auch dieses schöne Projekt begraben.

In den wissenschaftlichen Beamten der Station, den Professoren EYSEN, PAUL MAYER und LO BIANCO lernte ich kenntnisreiche, zu allen Auskünften stets und gern bereite Männer kennen. Dem letztgenannten verdankte ich es, daß ich die gewünschten Caulerpa-Kulturen bereits im richtigen Entwicklungsstadium vorfand und so alsbald an die experimentelle Untersuchung gehen konnte. Unter den Gästen der Station lernte ich vor allem den Zoologen Prof. L. RHUMBLER kennen, einen feinsinnigen, ideenreichen Forscher, mit dem ich oft über seine hübschen chemisch-physikalischen Experimente debattierte, womit er fundamentale Lebensvorgänge nachzuahmen, und mehr als das, sie mit ihnen zu identifizieren versuchte. Freilich konnte ich seinen Folgerungen zumeist nicht zustimmen, obwohl ich gerne zugebe, daß er dabei mit kritischer Vorsicht zu Werke ging. Auch den Entwicklungsphysiologen L. SPEMANN, der damals am Anfang seiner wissenschaftlichen Laufbahn stand, auf der er so schöne Erfolge erzielt hat, sah und sprach ich in Neapel zum ersten Male. Ein junger amerikanischer Professor der Botanik, sein Name ist mir entfallen und tut auch nichts zur Sache, befremdete mich etwas durch die weitgehende Spezialisierung seines Wissens. Er beschäftigte sich eingehend mit der Untersuchung der geschlechtlichen Fortpflanzung bei verschiedenen Algen und war auf diesem Gebiete offenbar gründlich zu Hause. Als aber dann die Rede auf meine Versuche über den Geotropismus von Caulerpa kam und auf den Geotropismus überhaupt, da stellte sich heraus, daß ihm der berühmte KNIGHTsche Rotationsversuch völlig unbekannt war.

Auf die Schilderung der üblichen lehr- und genußreichen Ausflüge, die ich von Neapel aus meist in Gesellschaft RHUMBLERs unternahm, kann hier verzichtet werden. Nur des Vesuvausfluges will ich in Kürze gedenken. An einem herrlichen Sonntagmorgen ritt unsere kleine Gesellschaft, ausschließlich Gäste der zoologischen Station, von Torre d'Annunziata aus zwischen blühenden Gärten, grotesken Ölbäumen, hochragenden Zypressen und Goldorangen tragendem Strauchwerk der rauchenden Pinie entgegen, die aus dem Krater emporstieg. Ich saß zum ersten Male in meinem Leben hoch zu Roß und konstatierte ärgerlich, daß es mein Schimmel beim Aufstieg auf den Berg genau so machte, wie einst mein Grautier im Mokkatamgebirge bei Kairo: Er schritt immer hartnäckig auf dem dem steilen Abhang zugekehrten Rand des schmalen Weges dahin. Etwa 100 m unter dem Gipfel des später eingestürzten Kegels wurde vor einer großen Osteria abgestiegen und bis zum Kraterande emporgeklettert. Ich hatte mein Malzeug mitgenommen und begann trotz der beißenden, stechenden schwefligen Säure, die der Vulkan mit Dampfwolken ausstieß, und die der Wind mir immer wieder ins Gesicht blies, fortwährend hustend zu aquarellieren. Glühende Schlacken fielen zuweilen in meiner Nähe nieder. Der Blick in den brodelnden, dampfenden Schlund mit seinen senkrecht abfallenden schwefelgelben und schwarzbraunen Wänden war schauerlichschön. Noch waren die letzten Pinselstriche nicht getan, als eilends ein Karabiniere auf mich zueilte und mich drohend verjagte. Ein lästiger Husten, der mich tagelang quälte, war die Strafe für die Leidenschaft des Malers und seinen Leichtsinn.

Ein in größerer Gesellschaft unternommener Ausflug nach der Insel Ischia, wo man vulkanischen Boden betritt, erinnerte mich an ein weit zurückliegendes Erlebnis. In den Jahren 1879—1881 verfaßte ich für den JUSTschen Botanischen Jahresbericht die Referate über die Arbeiten aus dem Gebiete der physikalischen Physiologie. Professor JUST, auf einer Italienreise begriffen, bat mich, das abzuliefernde Manuskript postlagernd nach Ischia zu schicken. Bevor er es abholen konnte, zerstörte ein furchtbares Erdbeben das Städtchen, und unter den Trümmern des Postgebäudes lag mein Manuskript für immer begraben. Da ich keine Abschrift besaß, mußte ich mich bequemen, die ganze Arbeit nochmals zu leisten.

Monarchische Erlebnisse.

Nun möchte ich noch von einigen kleinen Abenteuern auf meiner Italienreise erzählen, bei welchen gekrönte Häupter eine Rolle spielten.

Da ich meine Reise von Graz über Fiume antrat, von wo aus ich per Schiff nach Ancona und von da nach Rom und Neapel fuhr, so benutzte ich in Fiume einen schönen Nachmittag, um im benachbarten Abbazzia zu malen. Es war gegen Abend, als ich nach getaner Arbeit das Malzeug in meine alte lederne Umhängtasche packte, die noch ein Tübinger Andenken war, und dann gemächlich dem Hafen zuschritt. Vor mir kreuzte ein großer Herr mit grauem Barte, dem noch einige Herren folgten, meinen Weg, um sich gleichfalls zum Hafen zu begeben: König OSKAR II. von Schweden und Norwegen. Da ich in Fiume erfahren hatte, daß der hohe Herr am selben Nachmittag mit seiner Jacht gleichfalls einen Ausflug nach Abbazzia unternehmen wollte, so wußte ich sofort, wen ich vor mir hatte und suchte mich ihm unauffällig zu nähern, denn einen Monarchen sieht man nicht alle Tage. Da sprangen plötzlich aus dem Lorbeergebüsch zwei Gendarmen auf mich zu, packten mich an beiden Armen, hielten mich fest und untersuchten vorsichtig den Inhalt meiner verdächtigen Ledertasche. Sie überzeugten sich bald, daß keine Bombe darin war, auch konnte ich mich legitimieren; so ließen sie mich dann wieder ziehen, behielten mich aber doch noch eine Zeitlang mißtrauisch im Auge. König Oskar war aber inzwischen meinen Blicken entschwunden.

War ich bei diesem Abenteuer für einen Attentäter gehalten worden, so glaubte ich im Neapeler Aquarium einen anderen Monarchen, Kaiser Wilhelm II. vor einem Attentate bewahren zu sollen. Das ging so zu. Der Kaiser landete auf einer seiner Mittelmeerfahrten in Neapel und stattete, wie schon frühere Male, auch der zoologischen Station und ihrem Direktor einen Besuch ab. Ich war mit wenigen anderen Gästen eingeladen worden, bei der Besichtigung des Aquariums seitens des Kaisers und seines Gefolges zugegen zu sein. Vor dem Gebäude der Anstalt vereinzelte Evviva-Rufe und Wilhelm II. betrat den dunklen Raum, wo hinter den großen Glasscheiben der einzelnen Aquarien im helldurchleuchteten Wasser die Fauna des Mittelmeeres ihr buntes Wesen treibt. Der Kaiser schritt in lebhaftem Gespräch von Scheibe zu Scheibe und machte über die teils komischen, teils blöden Physiognomien verschiedener Fische scherzhafte Bemerkungen, die von seiner Umgebung mit gedämpfter Heiterkeit aufgenommen wurden. Da fiel mir auf, daß jedesmal, wenn der Kaiser vor eine neue Scheibe trat, in dem kleinen finsteren Guckloch darüber ein dunkles Gesicht auftauchte, das wie ein böses Banditengesicht aussah und dann rasch wieder verschwand. Was lag näher als anzunehmen, daß der Mann nur auf die Gelegenheit wartete, um dem Monarchen eine Bombe vor die Füße zu schleudern. Ich machte Prof. Eysen, der neben mir stand, flüsternd auf das sonderbare Gebaren des unheimlichen Gesellen aufmerksam. Er antwortete mir leise lächelnd, daß es ein alter Diener des Aquariums sei, der zu beobachten hätte, vor welchem Aquarium sich der Kaiser eben befände, um dann rechtzeitig im nächsten Aquarium mit einer großen Bambusstange herumzustochern und das große und kleine Getier in Aufruhr zu versetzen. Das gäbe dann einen hübschen Effekt.

Nach Abschluß meiner Arbeiten an der zoologischen Station verbrachte ich mit Kollegen RHUMBLER einige unvergeßlich schöne Tage auf Capri zu. Von da aus fuhren wir nach Sorrent und tags darauf mit einem gemächlichen Einspänner längs der sorrentinischen Küste, mit köstlichen Ausblicken auf das Meer und die rosigen Städtchen und Dörfer, nach Amalfi. Als wir gegen Abend dahin gelangten, fiel uns schon aus der Ferne eine große jubelnde Menschenmenge am Hafen auf, die einer Dame zuwinkte, welche an Bord einer vornehmen Jacht ihr Taschentuch grüßend flattern ließ. Im Übermut grüßten auch wir in gleicher Weise und nun ging die Komödie los. Ein kleiner mutwilliger Junge, der hinter uns herlief, schrie so laut er konnte: „I principi! I principi vengono!", und gleich darauf wiederholten, auf den Scherz eingehend, ein paar Dutzend Jungen und Mädchen, doch auch Männer und Frauen hinter, vor und neben uns mitlaufend unter hellem Gelächter diese Rufe. Wir beide sahen uns zunächst verdutzt an, dann erinnerten wir uns aber sofort, in der Zeitung gelesen zu haben, daß die Königin WILHELMINE von Holland in ihrer Jacht im Golf von Neapel und von Salerno kreuze. Nun fühlte sich der stattliche, blonde Freund RHUMBLER als Prinzgemahl und ich mich als sein Adjutant. So zogen wir in Amalfi ein und der Wirt des Gasthauses, in das wir einkehrten, machte, von der jubelnden Menge vor das Tor gelockt, ein verblüfftes Gesicht, als statt der erwarteten Prinzen nur zwei deutsche Professoren um ein Nachtlager baten. Nie wieder vor- und nachher ist mir das heitere, zu harmlosen Scherzen und Neckereien allzeit bereite Wesen des italienischen Volkes so aufgefallen wie damals in Amalfi.

Auf der Heimreise, die RHUMBLER und ich gleichzeitig antraten, hielten wir uns noch einige Tage lang in Rom auf. Die überwältigenden Eindrücke, die ich in der Ewigen Stadt zum ersten Male empfing, werden in mir nachklingen solange ich lebe. Sie erhielten eine eigenartige Färbung durch den Umstand, daß an denselben Tagen der Präsident der französischen Republik, LOUBET, dem Könige von Italien einen feierlichen Staatsbesuch abstattete. Der Jubel der Römer war grenzenlos und die schweren Schritte piemontesischer Regimenter, die durch die Straßen hallten, sollten dem Gaste wohl eine Vorstellung von der militärischen Macht Italiens verschaffen, doch nicht als Drohung, sondern als Lockung. Eine glanzvolle, märchenhafte Illumination ganz Roms bildete den Schluß der Festtage. Dabei lernte ich eine andere, mir unbekannte Eigenschaft des italienischen Volkes kennen. Die kolossalen Menschenmassen, die sich durch die Straßen und über die Plätze wälzten, wiesen ohne polizeiliche Nachhilfe eine mustergültige Disziplin auf, eine Disziplin, die jetzt zu den stärksten Stützen des Faschismus gehört. — Voll trüber Ahnungen betreffs der Zukunft des Dreibundes Deutschland-Österreich-Ungarn-Italien verfolgte ich dieses großartige Schauspiel und leise Zweifel an BISMARCKs staatsmännischer Voraussicht stiegen unabweisbar in mir auf.

So nahm mein erster Aufenthalt in Italien ein ernstes Ende.

Drittes Buch.
Der Ruf nach Berlin und schwerer Einstand.

Im Jahre 1909 erhielt ich von SCHWENDENER in Mitterndorf im steiermärkischen Salzkammergut, wo ich mit meiner Familie die Sommerferien zubrachte, einen Brief, worin er mir mitteilte, daß er nunmehr als Achtzigjähriger an seine Emeritierung denke. Nun wußte ich, daß bald eine schwere Schicksalsfrage an mich herantreten werde, denn schon seit Jahren war mir bekannt, daß mich SCHWENDENER als seinen Nachfolger wünschte. In der Tat stand ich im November darauf als erster auf der Vorschlagsliste der philosophischen Fakultät der Universität Berlin. Es war das siebentemal, daß mir eine solche Auszeichnung widerfuhr. Von Innsbruck und Graz abgesehen, bin ich auch in Basel, Prag, Breslau und Wien, und zwar allein oder mit einem Partner primo loco genannt worden. Kurz vor Weihnachten erhielt ich von dem vortragenden Rat im Kultusministerium, Geheimrat ELSTER, das Berufungsschreiben.

Es traf mich als einen nach schwerer Krankheit erst vor kurzem

Genesenen an. An einem schönen Oktobertag war es, als ich in gehobener Stimmung aus meinem Institut mittags heimkehrte, denn ich hatte soeben die Korrektur des Vorwortes zur vierten Auflage meiner Pflanzenanatomie abgeschickt. Nach Tisch legte ich mich wie gewöhnlich zur kurzen Siesta zeitunglesend aufs Sofa, als plötzlich ein schwerer Kolikanfall einsetzte. Abends bekämpfte der Hausarzt mit symptomlindernden Mitteln das Übel, die Nacht war trotzdem schlecht und am nächsten Vormittag ging es mir nur wenig besser. Da drang mein Sohn LUDWIG, der junge Mediziner darauf, daß ein Chirurg zu Rate gezogen werde, denn er vermutete eine akute Blinddarmentzündung. Spät nachmittags kam Prof. LUKSCH und eröffnete mir und den Meinen nach eingehender Untersuchung, daß eine sofortige Operation nötig sei. Um 9 Uhr abends wurde ich ins Sanatorium überführt, und eine Stunde später war ich des Wurmfortsatzes ledig. Die Prognose war nicht eben günstig, denn die Perforation war bereits eingetreten. Trotzdem ging die Heilung prompt vonstatten. Lebhaft erinnerte ich mich auf meinem Krankenlager daran, daß mein Großvater HABERLANDT in genau dem gleichen Alter nach bloß dreitägiger Krankheit einer Bauchfellentzündung erlegen ist. Zweifellos war er gleichfalls an einer akuten Perityphlitis erkrankt. Wie sehr die Disposition zu dieser Krankheit erblich ist, geht auch daraus hervor, daß schon vor mir meine Tochter EDITH und mein Sohn FRITZ sich der gleichen Operation unterziehen mußten und daß viel später auch meinen Sohn LUDWIG das gleiche Schicksal ereilte.

So fuhr ich im Dezember zwar vollkommen genesen, aber doch noch etwas geschwächt nach Berlin, um mit den Herren im Kultusministerium zu unterhandeln. Es war mir von vornherein klar, daß ich den Ruf nur annehmen könnte, wenn von der Regierung der Bau eines neuen, modern eingerichteten Botanischen Instituts in Dahlem bewilligt und alsbald in Angriff genommen würde. Denn die Räume, in denen das Institut unter SCHWENDENERs Leitung in der Dorotheenstraße gegenüber dem „Kastanienwäldchen" untergebracht war, waren für Lehrzwecke unzulänglich und namentlich für physiologische Arbeiten gänzlich unbrauchbar. Ich war fest entschlossen, mein schönes Grazer Institut nicht gegen ein so mangelhaftes zu vertauschen. Auch mußte ich Wert darauf legen, daß dem neuen Institut trotz der Nähe des großen botanischen Gartens, der unter Prof. ENGLERs Leitung stand, ein eigener wenn auch bescheidener Garten mit Gewächshäusern und Versuchsbeeten angegliedert würde, denn es lag mir daran, vom Kgl. botanischen Garten in bezug auf die Beschaffung des für Lehre und Forschung nötigen Pflanzenmateriales vollkommen unabhängig zu sein. Ich zweifelte zwar nicht daran, daß mir ENGLER die kostbaren Schätze seines Gartens in weitgehendem Maße zur Verfügung stellen würde, allein es schien mir doch rätlich, alle Reibungsflächen zwischen den beiden Anstalten und ihren Direktoren von vornherein auszuschalten.

Die Verhandlungen im Kultusministerium verliefen sehr zähe und langwierig Es wurde darauf hingewiesen, daß ja erst vor wenigen Jahren in Dahlem mit riesigen Geldmitteln ein großer botanischer Garten angelegt und ein gewaltiger Neubau für ein botanisches Museum eingerichtet worden sei. Und nun sollte dicht daneben oder sogar im Garten selbst noch ein botanisches Institut gebaut werden? Es bedurfte großer Überredungskünste meinerseits, um dem Geheimrat ELSTER und dem Ministerialdirektor NAUMANN klarzumachen, daß es sich um ein Institut für allgemeine Botanik, um ein pflanzenphysiologisches Institut handle. Die beiden Herren nahmen meine Auseinandersetzungen einsichtsvoll und wohlwollend auf, sie bezweifelten aber, ob auch den Herren im Finanzministerium, die das entscheidende Wort zu sprechen hatten, der Begriff und die Bedeutung der Pflanzenphysiologie plausibel zu machen wäre. Jedenfalls müßte das Kind einen neuen Namen bekommen und von nun an „Pflanzenphysiologisches Institut" heißen. Meine persönlichen Forderungen waren in wenigen Minuten bewilligt. So fuhr ich unverrichteter Dinge wieder ab, denn der Kampf um das neue Institutsgebäude, der mit dem Finanzministerium auszufechten war, konnte noch lange dauern. Das war für mich eine arge Geduldsprobe. Endlich am 21. Februar 1910, dem Geburtstage meines Vaters, was ich als gutes Omen ansah, erhielt ich die Nachricht, daß der Neubau eines pflanzenphysiologischen Instituts in Dahlem bewilligt sei, und am gleichen Tage nahm ich den Ruf an die Berliner Universität in gehobener Stimmung, wenn auch schweren Herzens an.

Damit war aber die Prüfungszeit noch nicht zu Ende. Es tauchten Schwierigkeiten wegen der Platzfrage auf, da sich Prof. ENGLER energisch weigerte, für den Neubau mit dazugehörigem Garten einen Platz im Kgl. botanischen Garten zur Verfügung zu stellen, wie es das Kultusministerium wünschte. Die Verhandlungen drohten im Sande zu verlaufen. Ich wurde ungeduldig, verzagt und unter den Nachwirkungen meiner schweren Krankheit so nervös, daß ich im Mai Geheimrat ELSTER meinen Verzicht auf den Lehrstuhl SCHWENDENERs mitteilte. Er antwortete mir bestürzt und kategorisch zugleich, daß mein Verzicht nicht angenommen werden könne, hielt mir den großen Wirkungskreis vor Augen, der meiner in Berlin harre, appellierte an meinen Ehrgeiz und sagte die baldige günstige Erledigung der Platzfrage zu. Der Brief war für mich eine Erlösung, denn schon hatte ich meinen Verzicht schwer bereut. Es wäre mir beinahe wie meinem unglücklichen Kollegen BOLTZMANN, dem großen Physiker, ergangen, der auch zwischen Annahme und Ablehnung des Rufes nach Berlin verzweifelt hin und her schwankte, und da die Ablehnung nicht mehr rückgängig zu machen war, in monatelange Schwermut verfiel. So sagte ich denn definitiv zu und trat meine neue Stelle am 1. Oktober 1910 voll guter Vorsätze an. Wie schwer mir der Abschied von Graz fiel, wo ich 30 Jahre lang, ich darf ohne Überhebung sagen, erfolgreich gewirkt habe, kann man sich denken.

Zu meinem Nachfolger wurde aus Wien ein sehr tüchtiger, begabter Schüler WIESNERs, Prof. KARL LINSBAUER berufen. Er behielt nur die Direktion des Botanischen Institutes, das seither Pflanzenphysiologisches Institut heißt und gab die Direktion des botanischen Gartens an seinen Kollegen, den Systematiker KARL FRITSCH ab, der den Bau eines Instituts für systematische Botanik im Garten anregte und durchsetzte.

*   *   *

Kaum war ich mit meiner Familie nach Berlin übersiedelt, so begann für mich eine neue Prüfungszeit, die schwerste meines Lebens. Meine Frau CHARLOTTE traf mit vergrößerter Schilddrüse in unserer neuen Heimat ein, die ihr mancherlei Beschwerden verursachte. Ihrer nicht achtend hatte sie tapfer und umsichtig den Umzug geleitet, nun aber mußte ärztlicher Rat eingeholt werden. Prof. HILDEBRAND, der berühmte Chirurg und Spezialist für Erkrankungen der Schilddrüse, hielt eine baldige Operation für notwendig, die Anfang November, am Tage nach meiner Antrittsvorlesung vorgenommen wurde. Sie war schwer und dauerte lange. Und groß war mein Schmerz und Entsetzen, als ich unmittelbar danach erfuhr, daß die Arme an einem Schilddrüsenkrebs leide, der nicht mehr vollständig exstirpiert werden konnte und daß sie rettungslos verloren sei.

So verlief das erste Semester meiner Berliner Lehrtätigkeit in banger Sorge. Nach qualvollem, mit größter Geduld und bewundernswerter Fassung ertragenem Leiden ist meine gute Frau am 16. Februar 1910 sanft entschlafen.

Sie war eine kleine, zierliche Gestalt mit blondem Haar und großen blauen Augen und hat sich, obwohl sie fünf Kinder geboren, ihr jungmädchenhaftes Aussehen bis an ihr Lebensende bewahrt. Und zierlich, doch niemals geziert, war auch ihre Rede, in die sie oft allerlei Witze einflocht. Doch war sie nicht sehr gesprächig und neigte manchmal zu tiefer Schwermut. Sie war deshalb auch nur wenig gesellig, im Umgang wählerisch und gerne für sich allein. Eine angeborene Zurückhaltung in allen Lebenslagen und Gefühlsäußerungen ließ ihr Wesen selbst den nächsten Angehörigen zuweilen dunkel erscheinen. Dabei war sie von großer Güte, stets hilfsbereit, ihrem Manne eine treue Lebenskameradin, ihren Kindern eine liebevolle Mutter. Eine tief innerliche Religiosität, die nach außen gar nicht zum Ausdruck kam, gab ihr Trost in mancher schweren Stunde. Gute Bücher las sie leidenschaftlich gern, die Musik liebte sie, ohne sie selbst auszuüben, ihre nach der Natur ausgeführten Zeichnungen und Aquarelle waren breit angelegt und doch von weiblicher Zartheit. Für landschaftliche

Schönheit war sie sehr empfänglich, doch scheute sie die Strapazen größerer Märsche und sah am liebsten von den Fenstern unserer hoch gelegenen Wohnung aus auf die Berge ihrer zweiten steirischen Heimat, die sie in herbem Abschiedsschmerz mit leiser Todesahnung verließ.

* * *

Daß ich mich nach diesem Schicksalsschlage in die gänzlich neuen Berliner Verhältnisse doppelt schwer einlebte, ist begreiflich. Am Ende des Wintersemesters fuhr ich, von meinem lieben Kollegen und Freunde CORRENS begleitet, zu meiner Erholung nach Gardone am Gardasee, wo ich einige Wochen lang verweilte. Der dortige Aufenthalt tat mir wohl, allein, nach Berlin zurückgekehrt, fing die nagende Unruhe bald wieder an und steigerte sich zu nervöser Erschöpfung, die mich mitten im Sommersemester zwang, um längeren Urlaub zu bitten, den ich auf Rat des Arztes im Sanatorium Hainstein bei Eisenach am Fuß der Wartburg verlebte. Verlangsamt und beeinträchtigt wurde dort meine Genesung durch den furchtbar heißen und dürren Sommer des Jahres 1911. Im September weilte ich dann noch einige Wochen lang in Müritz, wo ich zum ersten Male ein nordisches Meer, die Ostsee, kennenlernte. Die Lust zu malen erwachte wieder, und langsam kehrten Schaffenslust und Lebensfreude zurück.

Nun war es aber auch höchste Zeit, die üblichen Antrittsbesuche bei den mehr als 60 Ordinarien der philosophischen Fakultät abzustatten, mit denen ich sehr im Rückstand geblieben war. Als ich nach Jahresfrist bei dem letzten Kollegen mich sehr entschuldigte, daß ich mich so spät erst sehen ließe, tröstete er mich mit den Worten: „Ich bin schon vier Jahre lang in Berlin und mit meinen Antrittsbesuchen noch immer nicht fertig." In den Kriegsjahren wurde diese lästige Sitte abgeschafft, der Neuling begnügte sich damit, sich in der ersten Fakultätssitzung jedem einzelnen Kollegen vorzustellen. Später als die Zahl der Ordinarien bis auf 80 und darüber anschwoll, war auch das zu schwierig und unterblieb deshalb. Wir kennen einander zum großen Teile nicht mehr. Das ist nur eine der vielen bedauerlichen Konsequenzen, die das ins Maßlose gesteigerte Anschwellen der allzu groß gewordenen Universität nach sich zog. Nächstens werden wir in unserer Fakultät den 100. Ordinarius begrüßen können.

Meine Lehrtätigkeit an der Universität Berlin.

Die Lehrtätigkeit in Berlin, bei der ich von meinen Assistenten ERWIN BAUR, der aber bald einen Ruf an die landwirtschaftliche Hochschule erhielt, PETER CLAUSSEN und HERMANN VON GUTTENBERG eifrig unterstützt wurde, hatte in den ersten drei Jahren vor der Verlegung des Instituts nach Dahlem mit mancherlei Schwierigkeiten zu kämpfen, die hauptsächlich durch die Unzulänglichkeit der räumlichen Verhältnisse bedingt waren. Im Sommersemester las ich bis zu meiner Emeritierung das übliche vierstündige Kolleg „Grundzüge der Botanik", das ich vielleicht zu sehr im Sinne einer Zusammenfassung aller botanischen Teildisziplinen behandelte. Die Zellenlehre, Anatomie, Organographie der höheren und niederen Pflanzen, Physiologie, allgemeine Systematik und später auch die Vererbungslehre (nur die Phytopaläontologie blieb unberücksichtigt) mußten in etwa drei Monaten erledigt werden. Das zwang mich zu knapper Darstellung, zu scharfer Sonderung des Wesentlichen vom Unwesentlichen. Das Gesamtbild, das so entworfen wurde, hat dadurch, wie ich glaube, an Prägnanz und Übersichtlichkeit nur gewonnen. Wenn der Maler LIEBERMANN einmal das Wort aussprach: „Zeichnen heißt weglassen", so gilt das auch für jedes Hochschulkolleg über das Gesamtgebiet einer Wissenschaft. Die Gefahr, dabei zu dogmatisch vorzugehen und die wissenschaftliche Forderung nach dem Abwägen des Für und Wider einzelner Hypothesen und Theorien zu vernachlässigen, war freilich sehr groß, allein ich war stets bemüht, sie nach Möglichkeit zu umgehen. Erschwert war die Abhaltung dieses allgemeinen Kollegs durch den Umstand, daß der große Hörsaal in der Dorotheenstraße, in dem es abgehalten wurde, auch philologischen und historischen Vorlesungen diente und keinerlei Einrichtungen für physiologische Experimente aufwies. Und als dann das Institut nach Dahlem verlegt war, kam noch der Übelstand hinzu, daß alles Demonstrationsmaterial, lebende und Herbarpflanzen, Modelle und Wandtafeln für jede Vorlesung nach Berlin transportiert und dann wieder zurückgebracht werden mußten — eine böse Sache. Und doch konnte ich mich nicht entschließen, die Grundzüge der Botanik, nicht in Berlin, sondern im großen Hörsaale des Dahlemer Instituts zu lesen. Die weite Entfernung von den anderen Universitätsinstituten, die meine Hörer zu besuchen hatten, hätte die Mehrzahl derselben abgeschreckt und ferngehalten. Auch legte ich Gewicht darauf, daß im Zentrum Berlins, im eigentlichen Gebiete der Universität, wenigstens *ein* großes biologisches Kolleg abgehalten würde, damit so die Universitas litterarum auch äußerlich zum Ausdruck käme. In der Tat zählte ich außer den Philosophen und Medizinern auch manche Juristen und Theologen zu meinen Hörern.

Im Wintersemester las ich anfänglich über „Anatomie und Physiologie der Pflanzen", später über „Physiologische Pflanzenanatomie" in zwei Kursen. Die „Physiologie der Pflanzen" wurde dann zuerst von dem a. o. Professor W. BENECKE, der mich auch bei der Ausbildung der Doktoranden sehr dankenswert unterstützte, und nach dessen Berufung nach Münster von seinem Nachfolger v. GUTTENBERG gelesen. Spezialkollegia hielt ich nicht regelmäßig ab. Einige Male las ich über die Sinnesorgane der Pflanzen.

Die Berliner Verhältnisse brachten es mit sich, daß ich mit den Studierenden nur in den praktischen Übungen in näheren Verkehr trat und mich fast ausschließlich mit den Doktoranden beschäftigte. Schon an früherer Stelle habe ich darauf hingewiesen, daß die deutschösterreichischen Praktikanten im Durchschnitt vielleicht etwas begabter waren als die norddeutschen, daß sie aber von letzteren in bezug auf Fleiß und Beharrlichkeit meist übertroffen wurden. Wiederholt geschah es, daß ich einem Doktoranden oder einer Doktorandin raten mußte, sich nicht weiter mit der Ausarbeitung einer Dissertation zu plagen. Dann baten sie mich meist so beweglich, sie doch weiter arbeiten zu lassen, daß ich schließlich nachgab und dann doch noch die wenn auch schwere Geburt einer Dissertation erlebte, der ich mit gutem Gewissen das Prädikat „idoneum" erteilen konnte. Bei den mündlichen Promotionsprüfungen mußte ich viel glimpflicher verfahren als in Graz, wie denn überhaupt in Wien und Graz an die Doktoranden entschieden höhere Ansprüche gestellt wurden als in Berlin und wahrscheinlich auch an anderen reichsdeutschen Universitäten. Das sprach sich schon in der Prüfungsordnung aus, die in Österreich vorschrieb (und noch immer vorschreibt), daß zwei getrennte Rigorosen abzuhalten sind, ein zweistündiges im Haupt- und einem Nebenfach und ein einstündiges im Fach der Philosophie. In letzterem prüft in Berlin ein einziger Examinator, und auch der nur etwa 20 Minuten lang. Aber selbst das erscheint vielen Doktoranden schon zu viel, wobei sie ganz vergessen, daß, wer den Titel eines Doktors der Philosophie führen will, doch wohl eine wenn auch bescheidene philosophische Bildung besitzen sollte. Es ist ja richtig, daß vielen Naturwissenschaftlern besonders Chemikern, die sich später der Praxis widmen, philosophische Gedankengänge schwer fallen, weil jede Begabung dafür gänzlich fehlt. So erneuert sich bei den Abstimmungen über die Prüfungsergebnisse in den Fakultätssitzungen alljährlich mindestens einmal der schwierige Fall, daß sehr guten, ja ausgezeichneten Leistungen in Haupt- und Nebenfächern ein erbarmungsloses „ungenügend" in Philosophie gegenübersteht. Dann gibt es manchmal langwierige Debatten, der Examinator in Philosophie und seine Anhänger werden zuweilen überstimmt und eine gewisse Verstimmung, um nicht zu sagen Gereiztheit bleibt übrig. Das alles könnte vermieden werden, wenn die philosophische Fakultät das Recht bekäme, neben dem philosophischen Doktorgrad auch den Titel eines Dr. rer. nat. zu verleihen, so wie sie ja auch schon gemeinsam mit der juristischen Fakultät Doctores rer. pol. kreiert. Dazu brauchte nicht erst eine Teilung der einen philosophischen Fakultät in zwei getrennte Fakultäten vorgenommen zu werden, wie dies z. B. in Tübingen und Freiburg i. Br. geschehen ist, eine Trennung, die ich stets bekämpft habe. Zu sehr habe ich in Graz wie in Berlin die geistigen Anregungen wohltätig empfunden, die aus der Vereinigung der Naturwissenschaften mit den Geisteswissenschaften erwachsen, wie sie in der beide Gebiete der Forschung und Lehre umfassenden philosophischen Fakultät verkörpert ist.

So wie ich mich über die meines Erachtens zu geringen Anforderungen wunderte, die bei den mündlichen Prüfungen an die Doktoranden gestellt werden, so konnte ich auch mit der Prüfungsordnung für die Kandidaten des Lehramts an den höheren Schulen, Gymnasien und Realschulen nicht ganz einverstanden sein. Daß Zoologie und Botanik noch immer als *ein* Fach gelten, was sich bei der Prüfung sehr ungünstig auswirkt, betrachte ich als eine schwere Benachteiligung der Biologie, die von der Unterrichtsverwaltung in ihrer Bedeutung für die Gesamtbildung noch immer unterschätzt wird. Und ganz unverständlich erschien es mir, als ich hörte, daß jeder Kandidat für das höhere Lehramt, auch der Mathematiker und Naturwissenschaftler, eine „Religionsprüfung" zu bestehen habe. Daß dabei zuweilen ganz köstliche Dinge passieren, darf nicht wundernehmen. SCHWENDENER erzählte mir einmal, wie der Examinator in Religionslehre, ein hervorragendes Mitglied der theologischen Fakultät, den Kandidaten gefragt hätte: „Was wissen Sie vom Propheten Elias zu erzählen?", worauf er die Antwort erhielt: „Der Prophet Elias soll in einem feurigen Wagen gen Himmel gefahren sein." „Was? Soll? Ist!" wurde ihm zornig erwidert.

*   *   *

Der Beginn meiner Berliner Tätigkeit fiel zeitlich mit der Jahrhundertfeier der Friedrich Wilhelms-Universität zusammen, bei der es wieder sehr hoch und festlich zuging. Der Hauptfeier in der neuen Aula präsidierte als Rektor ERICH SCHMIDT, der berühmte Germanist und glänzende Redner. Er antwortete auf jede der zahllosen Gratulationsansprachen der einzelnen Abordnungen so geistreich, abwechslungsreich und trotz mancher launigen Bemerkung, die seine Rede würzte, doch stets so würdevoll, daß ihm der Kaiser, der mit seiner Gemahlin und den Prinzen der Feier beiwohnte, am Schluß mit den Worten gratuliert haben soll: „Sie haben wie ein Fürst gesprochen!" Von den fremden Gästen, die in vorderster Reihe saßen, ist mir nur ein kränklich aussehender, etwas verwachsener Mann in Erinnerung geblieben: HENRI POINCARÉ.

Bei dem großen Bankette, das dann abends stattfand, hatte ich den Vertreter einer holländischen Universität zum Nachbar. Die Rede kaum auf Buitenzorg, den 's Lands Plantentuin, und zu meiner Bestürzung mußte ich erfahren, daß sein früherer Direktor M. TREUB vor kurzem gestorben sei. Die festliche Stimmung war für mich dahin, die zahlreichen Toaste waren leerer Schall für meine Ohren, und so bald als möglich verließ ich die blumengeschmückte Tafel.

Die Berliner Botaniker.

Es war ein großer Kreis von Fachgenossen, in den ich eintrat. Vor allem habe ich meines nächsten Kollegen, ADOLF ENGLERs zu gedenken. Er war mir als ein trockener, energischer, bürokratisch veranlagter Mann geschildert worden, mit dem nicht leicht auszukommen sei. Mit SCHWENDENER vertrug er sich in der Tat nicht zum besten. Zu meiner Überraschung lernte ich in ihm einen wenn auch zurückhaltenden, doch streng sachlich denkenden, hervorragenden Forscher und Lehrer kennen, mit dem ich bis an sein Lebensende gut auskam, der mir aufrichtig wohlwollte und dessen freundliche Gesinnung sich in rührender Weise äußerte, als er bei der Feier meines 70. Geburtstages als Achtzigjähriger das Wort ergriff, um mir für die Dienste zu danken, die ich mit meinen anatomisch-physiologischen Arbeiten der botanischen Systematik geleistet hätte. Diese Anerkennung freute mich um so mehr, als ich wußte, daß ENGLER auch der leisesten Phrase abhold war und weder mündlich noch schriftlich je ein Wort sprach, das er nicht sachlich vertreten konnte.

Mit LEOPOLD KNY, der Honorarprofessor an der Universität und Ordinarius an der landwirtschaftlichen Hochschule war, bin ich nur wenig zusammengekommen, zumal er damals schon kränkelte. Er war eine feingebildete, sympathische Persönlichkeit, strenggläu-

biger Katholik und hat sich durch mehrere entwicklungsgeschicht-
liche und entwicklungsphysiologische Arbeiten verdient gemacht.
Die übrigen Botaniker der Universität sah ich fast nur in den
Sitzungen der Deutschen Botanischen Gesellschaft. Darunter den
alten, immens gelehrten Sonderling PAUL ASCHERSON, den in unzähligen mykologischen Notizen sich ergehenden PAUL MAGNUS,
und in mancher geselligen Veranstaltung auch den unermüdlich
tätigen, vielseitigen und liebenswürdigen LUDWIG WITTMACK,
dessen große Ähnlichkeit mit Kaiser FRANZ JOSEPH mich
jedesmal an meine österreichische Heimat erinnerte. Von den
eigentlichen SCHWENDENER-Schülern arbeiteten nur O. REINHARDT
und ED. JAHN im Institut weiter, während G. VOLKENS, der in
seiner „Flora der ägyptisch-arabischen Wüste" als erster die physiologische Anatomie mit der Pflanzengeographie in Beziehung
brachte, als Kustos am botanischen Museum tätig war und frühzeitig gestorben ist. HENRI POTONIÉ, der originelle Phytopaläon-
tologe, wurde ebenfalls bald dahingerafft. Noch eines Schülers
SCHWENDENERs, der schon in jungen Jahren, lange vor meiner
Berufung nach Berlin als Privatdozent unserer Universität dahin-
geschieden ist, muß ich hier pietätsvoll gedenken, des hochbegabten
ideenreichen G. KRABBE, der namentlich durch seine ausgezeichneten Untersuchungen über „Das gleitende Wachstum bei der
Gewebebildung der Gefäßpflanzen" sich einen dauernden Platz
in der Geschichte der Entwicklungsphysiologie der Pflanzen er-
worben hat.

Nach A. ENGLERs Emeritierung wurde sein hervorragendster
Schüler, LUDWIG DIELS, der schon früher als Extraordinarius an
der Berliner Universität und als zweiter Direktor des botanischen
Museums und Gartens bei uns gewirkt hat, sein Nachfolger. Ich
verdanke ihm manchen lehrreichen Wink, wenn ich in systematischen Dingen einen Rat benötige und bereitwilliges Entgegenkommen bei der Beschaffung von Untersuchungsmaterial aus den
Gewächshäusern und Herbarien der von ihm geleiteten Anstalten.

Eine besondere Freude war es mir, als 1914 mein treuer Freund
CARL CORRENS aus Münster als erster Direktor des unter seiner

Leitung neuerrichteten Kaiser Wilhelm-Instituts für experimentelle Biologie nach Berlin berufen wurde. Wenn sich auch meine Hoffnungen auf ein häufiges längeres Beisammensein und eine dadurch ermöglichte gründliche Aussprache über alle Probleme, die gegenwärtig die wissenschaftliche Botanik bewegen, nicht erfüllt haben und bei der zeit- und kraftraubenden Arbeitsweise meines Freundes auch nicht erfüllen konnten, so verdanke ich ihm doch so manche wertvolle Anregung, auch Untersuchungsmaterial aller Art; und seinem stets objektiven, nicht selten fein zugeschliffenen Urteilen über verschiedene Fachgenossen und ihren Leistungen konnte ich meist vorbehaltlos zustimmen. Eines aber bedauere ich am meisten: daß es mir seit Jahren in meinem hohen Alter nicht mehr gegönnt ist, in seine tiefschürfenden Untersuchungen über Vererbung und Geschlechtsbestimmung jenen genauen Einblick zu gewinnen, der zum vollen Verständnis seiner so bedeutungsvollen wissenschaftlichen Ergebnisse nötig wäre. Die Genetik, als deren hervorragendster Vertreter CORRENS mit Recht gilt, hat sich zu einer selbständigen Wissenschaft, mit eigener komplizierter Terminologie entwickelt; die Aneignung letzterer kommt fast der Erlernung einer Fremdsprache gleich. — Die treue Freundschaft, die mir CORRENS seit 45 Jahren schenkt, gehört zu den hellsten Lichtblicken in meinen alten Tagen.

Auch unsere beiden Familien stehen einander sehr nahe. Frau ELISABETH CORRENS geb. WIDMER, eine Nichte NÄGELIs, hat noch vor ihrer Verheiratung eine geschätzte Monographie der Gattung Primula verfaßt, und da sie später eine treue Mitarbeiterin ihres Mannes wurde und ihn bei der langwierigen Sichtung der Ernteergebnisse seiner Kreuzungsversuche unermüdlich unterstützte, so verehre ich in ihr gewissermaßen eine Fachgenossin, vor allem aber die edle, gütige Frau, die uns an Familienfesttagen mit Blumen beschenkt, uns Leckerbissen zusteckt und gleich ihrem Manne stets herzlichen Anteil an den frohen und ernsten Erlebnissen meiner Familie nimmt.

Wenn ich nun auch der Botaniker gedenke, die ich außerhalb des Rahmens der Universität in Berlin kennen und schätzen gelernt habe, so muß ich zuerst Professor Hugo Conwentz nennen, den stillen, gemütswarmen Pflanzenfreund, der wie kein anderer berufen war, den Naturschutz in Preußen zu organisieren und weite Kreise der Bevölkerung dafür zu erwärmen. In seinem gastfreien Hause traf ich mehrmals mit Georg Schweinfurth zusammen, dem gefeierten Afrikaforscher, der zugleich ein kenntnisreicher Botaniker war, nicht nur Florist, sondern auch ein mit feinem Formensinn begabter Systematiker, der bis gegen das Ende seines weit über das biblische Alter hinausreichenden Lebens regelmäßig das botanische Museum besuchte. Daß ihn die Preußische Akademie der Wissenschaften mit der goldenen Leibniz-Medaille auszeichnete, erfüllte den bescheidenen Mann mit großer Freude, und noch erinnere ich mich lebhaft des gemeinsamen Abendessens, das die Akademie nach der Leibniz-Sitzung dem Gefeierten zu Ehren veranstaltete. Den Toast des vorsitzenden Sekretars beantwortete Schweinfurth in seiner schlichten, wortkargen Weise, mit dem Ausdruck ringend, in verhaltener freudiger Erregung, und war anscheinend sehr froh, als es vorüber war. — Noch eines dritten Botanikers muß ich hier gedenken, Prof. Albrecht Zimmermanns, den ich übrigens schon vor vielen Jahren als Privatdozenten in Leipzig kennengelernt hatte. Seine große mathematisch-physikalische Begabung unterstützte ihn in besonderem Maße als einen der ältesten Schüler Schwendeners. Nach mehrjähriger Tätigkeit in Buitenzorg wurde er als Direktor an die botanisch-landwirtschaftliche Station nach Amani in Deutsch-Ostafrika berufen, wo er bis zum Weltkriege erfolgreich gewirkt hat. Nach dem Verluste der Kolonie war er noch an der Biologischen Reichsanstalt für Land- und Forstwirtschaft tätig. Sein trockener Humor erleichterte ihm ein wenig den Wandel der Dinge. Als ihm aber bei der Feier seines 70. Geburtstages von einem afrikanischen Freunde ein Topf mit blaublühenden Usumbara-Veilchen — Saintpaulia ionantha — überreicht wurde, da zuckte es doch wehmütig um seine Lippen. Bald danach ist er gestorben.

*　*　*

Nach meiner Emeritierung wurde HANS KNIEP aus Würzburg zu meinem Nachfolger berufen. Er war ein liebenswürdiger Mensch, ein hochbegabter Forscher, der sich vielleicht zu frühzeitig spezialisierte und auf das Studium der geschlechtlichen Fortpflanzung bei den Basidiomyceten, insbesondere der Ustilagineen beschränkte, ein Gebiet, auf dem er allerdings wichtige Erfolge erzielt hat. Sein Hauptwerk „Die Sexualität der niederen Pflanzen" legt von seinem großen Wissen, seiner umsichtigen Kritik und scharfsinnigen Interpretation der Beobachtungstatsachen ein beredtes Zeugnis ab. Von seiner Tropenreise heimgekehrt, fing er bald zu kränkeln an und ist nach längerem Leiden erst 49jährig zu früh für die Wissenschaft und seine Familie gestorben. So war mein früherer Lehrstuhl wieder verwaist. KNIEPs Nachfolger, KURT NOACK, aus Halle berufen, durch seine schönen Untersuchungen über das Chlorophyll und andere Pflanzenfarbstoffe bestens bekannt, wird die Traditionen des Pflanzenphysiologischen Instituts frischen Mutes treulich weiter pflegen.

Der weitere Kreis der Fachgenossen.

Es dürfte hier der geeignete Ort sein, um über meine Beziehungen zu anderen zeitgenössischen Botanikern zu berichten. Von meinen Lehrern abgesehen, habe ich die Hauptvertreter der älteren Generation, NÄGELI, SACHS, HOFMEISTER, V. HANSTEIN, DE BARY leider nicht persönlich kennengelernt. SACHS wagte ich nicht zu besuchen, da ich eines freundlichen Empfanges nicht sicher war. Daß ich seine didaktisch brauchbare, wissenschaftlich aber unhaltbare Einteilung der pflanzlichen Gewebe in Haut-, Strang- und Grundgewebe angegriffen habe, hat er mir nie verziehen. Mit ANTON KERNER bin ich nur einige Male zusammengekommen. Sein „Pflanzenleben der Donauländer" hat auf mich schon als ich Student war einen großen Eindruck gemacht. Dankbar bin ich ihm gewesen, als er mich gegen abfällige Bemerkungen einiger älterer Universitätslehrer über meine populärwissenschaftlichen Aufsätze energisch in Schutz nahm. Sein großangelegtes, ideenreiches „Pflanzenleben" bewunderte ich, obwohl es mich an vielen

Stellen zum Widerspruch reizte. Die ökologische Betrachtung der Dinge schien mir zu sehr auf die Spitze getrieben. In seinen letzten Lebensjahren war er nervös überreizt. Als ich ihm nach meiner Rückkehr aus Java meine Tropenaquarelle zeigte und damit dem künstlerisch veranlagten Mann eine Freude zu bereiten glaubte, würdigte er sie kaum eines Blickes und brach das Gespräch bald ab. Er dachte schon an andere Dinge.

Über W. PFEFFER wird in diesen „Erinnerungen" an anderer Stelle gesprochen. EDUARD STRASBURGER sah ich mehrere Male. Seine enorme Beobachtungsgabe imponierte mir, seine oft vorschnellen Verallgemeinerungen konnte ich nicht immer gutheißen. Die formlose Art und Weise, wie er in seinen Abhandlungen und Büchern Beobachtung an Beobachtung reihte, mißfiel namentlich SCHWENDENER sehr. STRASBURGER hat selbst gefühlt, daß er mehr Selbstkritik zu üben hätte; er sagte mir einmal, sich gleichsam entschuldigend, daß er auf die peinliche Durcharbeitung seiner Beobachtungen und Ideen kein so großes Gewicht legen könne, denn in der Wissenschaft sei doch alles in stetem Flusse begriffen,

Eine sehr sympathische, feinsinnige Persönlichkeit war HERMANN VÖCHTING. Schon sein Äußeres, die großen blauen Augendas in jüngeren Jahren wallende Blondhaar ließen die mystischen Züge in seinem Wesen ahnen. Als einer der Begründer der experimentellen Morphologie und Entwicklungsphysiologie hat er mir auch nach persönlichen Begegnungen den Eindruck eines sehr bedeutenden Forschers hinterlassen.

Weniger gut bin ich mit JOHANNES REINKE ausgekommen, obwohl ich mit ihm nie öffentlich polemisiert habe. Er war ein vielseitiger Kopf, seine ersten botanischen Abhandlungen und auch die späteren Monographien sind bedeutende Leistungen. Leider hat er sich bald aufs naturphilosophische Gebiet gewagt, wo er in unzähligen Schriften unter der Maske strengster Wissenschaftlichkeit und erkenntnistheoretischen Skeptizismus seine oft unklaren Ansichten über Werden und Wesen der Organismen zum besten gab. Immer mündeten seine Ausführungen in ein deistisches Glaubensbekenntnis aus. Noch als Achtzigjähriger kämpfte er dafür und vertrat die Ansicht, daß die Annahme, „*als ob*" eine höhere metaphysische Vernunft die Natur und insbesondere die Lebewelt und ihre zweckmäßigen Einrichtungen beherrsche, von dem *Glauben* an eine solche Vernunft nur einen Schritt weit entfernt sei. Ich schrieb ihm, daß für mich dieser Schritt die Länge von 1000 Lichtjahren besitze.

Meinen fast gleichaltrigen Kollegen KARL GOEBEL habe ich schon 1891 kurz vor meiner Tropenreise in München kennengelernt. Ich bat ihn um einige Reisewinke, die er mir gerne gab. Im Gespräch war von zweckmäßigen Anpassungen im Bau der Pflanzen und ihrer äußeren Gestaltung die Rede. GOEBEL wollte davon nicht viel wissen und sagte: „Die Wolken haben doch auch so vielerlei Formen, und niemand fragt, ob sie zweckmäßig seien." In seinem späteren Leben hat GOEBEL immer wieder hartnäckig gegen „teleologische" Auffassungen angekämpft, was ihn aber nicht hinderte, durch unausgesetzten Hinweis auf die Beziehungen der Pflanzenteile zu ihren Funktionen aus der „Morphologie der äußeren Gliederung", wie SACHS sie noch nannte, eine echte, großangelegte Organographie zu schaffen. Das war eine glänzende, reformatorische Tat, wobei ihn seine enorme Formenkenntnis, seine unermüdliche Schaffenskraft bis an sein Ende wesentlich unterstützten.

Wenn wir uns früher zuweilen hechelten, so wurde unser Verhältnis, je mehr wir in den Jahren vorrückten, immer freundlicher. Gelegentlich der Beratungen über die Statuten des neuen Tropendiums für Botaniker bin ich mit ihm wiederholt zusammengekommen, woran sich dann ein mehr oder minder fleißiger Briefwechsel geknüpft hat. Mit sarkastischen Bemerkungen verschiedenster Art verband er in den letzten Jahren die häufige Klage, daß seine Bestrebungen unmodern geworden seien, und daß organographische Arbeiten immer seltener würden. Ich konnte ihm erwidern, daß das gleiche auch auf dem Gebiete der physiologischen Anatomie gelte, fügte aber optimistischer als er hinzu, daß sich das Blatt früher oder später schon wieder wenden werde. In der Tat ist ja heutzutage in den Kreisen der Biologen der Sinn für morphologische Dinge stark zurückgetreten. Die Physiologie und Genetik behaupten das Feld. Damit steht im Zusammenhang, daß auch der Sinn für vergleichende Betrachtung, der einst im Vordergrund stand, jetzt weniger gepflegt wird als früher. Zum Teil hat dies freilich auch darin seinen Grund, daß bei der zunehmenden Komplikation der Fragestellungen und der Untersuchungsmethoden die Beschränkung auf ein einziges oder nur wenige Objekte zur Notwendigkeit geworden ist. In der Physiologie und der Genetik ist das nicht viel anders. Man denke nur an die Riesenliteratur, die der Gattung Oenothera gilt, an ERWIN BAURs Löwenmäulchen oder an die „geliebte" Koleoptyle des Haferkeimlings, wie sie GOEBEL mir gegenüber etwas spöttisch nannte. Daß bei solchen freiwilligen oder erzwungenen Beschränkungen Einseitigkeiten in den allgemeinen Schlußfolgerungen unvermeidlich sind, wird zu wenig berücksichtigt.

Und da ich nun schon in einer Anklagestimmung bin, so sei noch auf ein Übel hingewiesen, das mit der Abnahme sorgfältiger und liebevoller morphologischer Beobachtung zusammenhängt: Die Genauigkeit und Sorgfalt bildlicher, zeichnerischer Darstellung weist oft einen erschreckenden Tiefstand auf. Es soll nicht geleugnet werden, daß daran zum Teil auch die heutige Reproduktionstechnik schuld ist. Wenn man in den Bänden verschiedener botanischer Zeitschriften aus früheren Jahrzehnten nachblättert, dann blickt man mit einer gewissen Beschämung auf die so tadellosen lithographierten Tafeln, die in ihrer Sauberkeit und bei aller Naturtreue oft künstlerischen Vollendung einen Geist widerspiegelten, von dem man nur wünschen kann, daß er bald wieder in die Arbeitsstätten unseres wissenschaftlichen Nachwuchses einziehen möge, auf dem die Zukunft unserer Wissenschaft beruht.

KARL GOEBEL ist, obwohl schon 77 jährig, doch zu früh infolge eines Unfalles gestorben. Er ist mitten aus fruchtbarer Arbeit, bald nach der Feier des 100. Geburtstages seines Lehrers SACHS, zu unser aller Trauer herausgerissen worden.

Von anderen ungefähr gleichaltrigen Fachgenossen habe ich noch dreier Österreicher zu gedenken. Mit HANS MOLISCH habe ich in Graz oft verkehrt, doch ist er bald nach Prag und später als Nachfolger WIESNERs nach Wien berufen worden. An emsiger Arbeitskraft und nie versiegender Beobachtungsfreude, die auf Java, in Japan und Ostindien so recht auf ihre Rechnung kamen, ist er nicht zu übertreffen. EMIL HEINRICHER in Innsbruck besucht noch immer schaffensfreudig das botanische Institut in Hötting und hat noch vor gar nicht langer Zeit als rüstiger Waidmann den erlegten Rehbock selbst aus den Bergen zu Tal getragen. Der jüngste von den dreien endlich, RICHARD VON WETTSTEIN, großzügig in seinem Wesen, reich an Ideen, ein glücklicher Organisator, trefflicher Lehrer und kluger Politiker, hat in Wien, ja in ganz Österreich segensreich gewirkt. Im persönlichen Verkehr habe ich ihn als einen konzilianten, doch aufrechten Mann kennen und schätzen gelernt. Sein zu früher Tod bedeutete für die Wissenschaft, und im besonderen auch für das gesamte Geistesleben Wiens, einen schweren Verlust.

Nochmals Berliner Kollegen.

Den Mitgliedern der philosophischen Fakultät, die nicht meine engeren Fachkollegen waren, bin ich, von wenigen Ausnahmen abgesehen, in der Regel nur flüchtig begegnet, gewöhnlich nach den Fakultätssitzungen abends im Löwenbräu und nach den Akademiesitzungen in einem Kaffeehaus und später im Bibliotheksaale der Akademie. Die anregenden Gespräche, die dann geführt wurden, empfand ich dankbar als eine Fortsetzung der Unterhaltungen im Grazer Cafenion. Die Gesellschaft, die sich im Löwenbräu zusammenfand, war nur klein, aber glücklich zusammengesetzt. Am Biertisch präsidierte der alte SCHWENDENER, verzehrte regelmäßig sein Eisbein mit Sauerkohl, zündete sich eine Zigarre an, saß behaglich doch aufrecht auf seinem Stuhle, beteiligte sich aber seiner großen Schwerhörigkeit halber so gut wie gar nicht an den Gesprächen. Neben ihm saß meist der greise, stattliche Mathematiker HERMANN AMANDUS SCHWARZ mit seinem weißen Vollbarte, ein jovialer Herr, der mit Vorliebe verschiedene Sätze des apostolischen Glaubensbekenntnisses angriff und dabei sich in einen wahren Eifer hineinredete. Dann hörte ihm ironisch lächelnd ERICH SCHMIDT zu, an dessen schöner Gestalt und edlem Antlitz mein Auge hing, und lenkte das Gespräch mit geistvollen Worten auf minder verfängliche Dinge. HERMANN DIELS, der Altphilologe mit seinen sokratischen Gesichtszügen sprach gerne von den technischen Leistungen der alten Griechen und Römer, denen damals sein Interesse gewidmet war, und der Meteorologe GUSTAV HELLMANN berichtete manchmal über Wetterprophezeiungen in früheren Jahrhunderten und über den Wahrheitsgehalt alter Bauernregeln, ein Gebiet, auf dem er wie kein anderer Meteorologe zu Hause ist. Naturwissenschaftliche Probleme warf der Geograph ALBRECHT PENCK in die Diskussion, dessen Vielseitigkeit und geistvolle Gewandtheit, mit der er Einzelerlebnisse und Erfahrungen auf seinen vielen Reisen mit Gegenwartsfragen verknüpfte, mich oft in Erstaunen versetzt haben. Endlich der zu früh verstorbene Physiker H. RUBENS, der ebenso einfach wie klar zu sprechen wußte. Die leidige Politik blieb aus dem Spiele.

Weit größer war natürlich der Kreis, der die Mitglieder der Akademie der Wissenschaften, zu deren ordentlichem Mitgliede ich 1911 gewählt worden, in den Nachsitzungen vereinigte. In den früheren Jahren ließ sich noch öfters der Anatom WILHELM WALDEYER, beständiger Sekretar der Akademie, sehen, der Begründer der Neuronenlehre und Erfinder des Wortes „Chromosom", das bekanntlich einer der am häufigsten gebrauchten Fachausdrücke in der Zytologie und Genetik geworden ist. Ein kleiner, untersetzt gebauter Greis mit stattlichem Vollbart, geschäftskundig und klar als Vorsitzender, der es sich nicht nehmen ließ, bis in das höchste Alter alljährlich seinen wissenschaftlichen Vortrag in der Akademie zu halten. Ich war ihm sehr dankbar, als er mir nach der LEIBNIZsitzung, in der ich meine Antrittsrede gehalten, das Manuskript seiner sehr warm gehaltenen Erwiderung als Erinnerung an diesen Tag in die Hand drückte. Sein Nachfolger im Sekretariat der physikalisch-mathematischen Klasse war der Physiologe und Hygieniker MAX RUBNER, der rühmlich bekannte Begründer der Kalorienlehre in der Ernährungsphysiologie des Menschen und der Tiere, ein großer schlanker Mann, mit blondem Haar und Bart, hinter dessen trockenem Humor sich die Resignation des Alters verbarg. Von Geschäften aufgehalten kommt gewöhnlich etwas verspätet zum Kaffeetisch der beständige Sekretar MAX PLANCK, Nachfolger des Astronomen AUWERS, der ausgezeichnete theoretische Physiker, der mit seiner Quantentheorie einen ebenso kühnen wie fruchtbaren Gedanken in den Entwicklungsgang der physikalischen Forschung geschleudert hat. Die schlichte Sachlichkeit, mit der er alles und jedes behandelt, trägt ihm die Hochschätzung aller ein, die ihm begegnen. Von den Sekretaren der philosophisch-historischen Klasse ist der temperamentvolle Germanist GUSTAV ROETHE, hinter dessen hoher Stirn ein stetes Feuer loderte, schon 1926 plötzlich gestorben. Die hochragende Gestalt seines Nachfolgers des Juristen ERNST HEYMANN, dessen scharfsinnige rechtskundliche Ratschläge für die Akademie in heutiger Zeit doppelt wertvoll sind, fehlt ebenso selten in unseren Nachsitzungen, wie der andere Sekretar dieser Klasse, der Sanskritforscher und Indologe HEINRICH LÜDERS, der mit seiner volltönenden Stimme und ruhigen Bestimmtheit auch schwierigen Situationen, die sich in den Sitzungen zuweilen ergeben, wohl gewachsen ist.

Da diese Aufzählung kein vollständiges Verzeichnis lebender und verstorbener Akademiker, die ich seit meinem Eintritt in die Akademie kennengelernt habe, werden soll, so will ich hier nur noch einiger weniger gedenken, mit denen ich zuweilen ins Gespräch kam.

Da habe ich zunächst einem alten Grazer Kollegen ein Wort der Erinnerung zu widmen, dem Zoologen FRANZ EILHARD SCHULZE, mit dem ich auch gesellschaftlich nicht selten verkehrte. Der kleine kräftige Mann von gemessen-zierlichem Wesen, der nicht nur ein klassischer Spongienforscher, sondern auch der Verfasser eines sinnigen Rätselbüchleins war, gab sich bewußt als Vertreter der älteren Zoologengeneration, der auf die aufstrebende „Entwicklungsmechanik" ziemlich ablehnend, ja spöttisch herabsah. In der Akademie war er der Anreger und Hauptredakteur des Riesenwerkes „Das Tierreich", worin alle bisher bekannten Tierspezies von zahlreichen Mitarbeitern aus aller Herren Länder beschrieben werden sollen. Wie sein zweitnächster Nachfolger HESSE berechnete, wird es in etwa 100 Jahren vollendet und dann auch gründlich veraltet sein. Hoffentlich fängt dann die Akademie nicht wieder von vorne an.

F. E. SCHUZEs unmittelbarer Nachfolger war ein österreichischer Landsmann, der aus Innsbruck berufene KARL HEIDER, mit dem mich bald herzliche Freundschaft verband. Ich habe mit diesem hervorragenden Vertreter der tierischen Entwicklungsgeschichte und stillen Gelehrten manch anregendes Gespräch geführt, nicht nur über wissenschaftliche Dinge, sondern noch häufiger über bildende Kunst, denn so wie ich ist auch er leidenschaftlich der Landschaftsmalerei ergeben. In seinem geliebten Neapel, sowie auf dem alten Familiensitze zu Deutsch-Feistritz in Obersteiermark, hat er farbenfrohe Bilder in großer Zahl gemalt.

Wenn ich mir die Physiker und Chemiker der Universität und Akademie vergegenwärtige, werde ich stets mit Bewunderung an EMIL FISCHER zurückdenken, der durch die künstliche Darstellung des Zuckers und des Eiweißes die Krönung der synthetischen Chemie organischer Verbindungen vollzogen hat. Es war auch für den Fernerstehenden ein wahrer Genuß, wenn der stattliche Mann mit dem blitzenden Auge in der Akademie einen Vortrag hielt und in eleganter Rede mit den chemischen Formeln förmlich jonglierte, wie ein Kollege aus der philosophisch-historischen Klasse der Akademie einmal treffend bemerkt hat. Ich habe den großen Forscher im Weltkriege näher kennengelernt, als wir im Nährstoffausschuß, von dem noch später die Rede sein wird, gemeinsam über das schwere Ernährungsproblem des deutschen Volkes nachdachten und Vorschläge machten. Damals fiel mir auch auf, welch hervorragender Praktiker und Organisator EMIL FISCHER war. Sein plötzlicher Tod hat mich sehr bewegt.

Lange tot ist auch ein anderer Chemiker, der aus Leipzig an das Kaiser Wilhelm-Institut für Chemie berufene, liebenswürdige und humorvolle ERNST BECKMANN, der sich im Weltkriege gleichfalls intensiv mit Ernährungsfragen beschäftigte, ausgeworfenen Seetang mit Erfolg an Schweine verfütterte und sich bei seinen unermüdlichen Versuchen über Entbitterung und Entgiftung der Lupinensamen eine schleichende Krankheit zuzog, der er schließlich erlegen ist. — Der Chemiker FRITZ HABER, der durch die synthetische Herstellung des Ammoniak aus dem Luftstickstoff berühmt geworden ist und sich so um die deutsche Industrie und Landwirtschaft hochverdient gemacht hat, fesselte mich oft durch die Unmittelbarkeit, mit der er rein theoretische und vorwiegend praktische Probleme angeht. Lebhaft erinnere ich mich eines Akademievortrages, in dem er über seine im größten Maßstabe ausgeführten Versuche berichtete, das in den Meeren gelöste Gold auszubeuten. Das Ergebnis war ein negatives. Da dachte ich an die Möglichkeit, daß es vielleicht Meeresalgen gäbe, die Gold anreichern, so wie ja bekanntlich Jod und Brom aus Algen gewonnen werden, die diese Elemente aus dem Meerwasser an sich reißen und aufspeichern. Leider mußte ich mich von meinem Kollegen SCHLENK belehren lassen, daß das aus dem einfachen Grunde nicht möglich sei, weil das Gold nicht in irgendeiner Verbindung im Seewasser vorkomme, sondern als chemisches Element in kolloidaler Lösung. Mit diesem reinen Gold wüßte die Pflanze in ihrem Stoffwechsel nichts anzufangen.

Mit meinem Institutsnachbar, dem Vertreter der pharmazeutischen Chemie, HERMANN THOMS bin ich oft zusammengekommen. Er war ein rühriger Mann, wußte in allen möglichen Dingen Bescheid und gab bereitwillig und liebenswürdig Auskunft in praktisch-chemischen Fragen.

Besonders beweglichen Geistes ist der Physiker WALTER NERNST, der ebenso scharfsinnig rein theoretische Probleme meistert, wie er mit Vorliebe auch praktische Aufgaben, bis zur Konstruktion eines elektrischen Klaviers, zu lösen sucht. Den nachdenklichen Erforscher der RÖNTGENstrahlen MAX VON LAUE, der so herzhaft zu lachen versteht, sieht man am Kaffeetisch oft im Gespräch mit ALBERT EINSTEIN, dem weitberühmten

Schöpfer der Relativitätstheorie, von der so viele sprechen und die nur so wenige verstehen. Ein hervorragender, geistreicher Physiologe sagte mir einst: „Bei dem Versuche, in das Wesen dieser Theorie einzudringen, gelangt man mühelos bis zu dem gewissen Eisenbahnzug, in dem man entgegen seiner Fahrtrichtung dahinrast, — dann aber hapert's". Dem visuell eingestellten Biologen wird eben die rein mathematische Formelsprache der Relativitätstheorie stets Schwierigkeiten bereiten. Als eine tröstliche Erleichterung habe ich es deshalb empfunden, als mir EINSTEIN einmal in seiner schalkhaften Art, die das Gespräch mit ihm oft köstlich würzt, zu verstehen gab, daß die Ergebnisse der Relativitätstheorie für die biologische Forschung belanglos seien.

*　　*　　*

Von den Vertretern der Geisteswissenschaften will ich an dieser Stelle nur zwei Koryphäen nennen: den Erforscher des Urchristentums, Geschichtschreiber der Akademie und Präsidenten der Kaiser Wilhelms-Gesellschaft zur Förderung der Wissenschaften, ADOLF VON HARNACK, dessen Interessenkreis so umfassend war, daß seine, des Theologen Präsidentschaft in einer fast ausschließlich naturwissenschaftliche Forschungsinstitute betreuenden Gesellschaft nicht als ein anachronistisches Paradoxon empfunden wurde. Mehrmals sprach er mit mir, wenn ich einen Akademievortrag gehalten, in Kürze darüber, und jedesmal war ich erstaunt, daß er den wesentlichen Kern meiner Ausführungen so scharf erfaßt hatte. Sein geschmeidiges, konziliantes Wesen stand in unverkennbarem Gegensatz zu der Herrennatur des genialen Vertreters der klassischen Altertumskunde, ULRICH VON WILAMOWITZ-MOELLENDORFF, dessen hochragende Gestalt mit den edlen, scharf geschnittenen Gesichtszügen auch äußerlich dem Prädikate „Praeceptor Germaniae" entsprach, das ihm von enthusiastischen Verehrern zuerkannt wurde. In der Debatte war er unerbittlich, nicht selten rauh und unduldsam, doch hatte man in solchen Lagen immer das Gefühl, er kann nicht anders, so muß er sein, um seinem Dämon treu zu bleiben. Sein Sinn für das

Pathetische verlockte ihn in öffentlichen Vorträgen mitunter zu theatralischer Rede und Geste, dann sprach der große Künstler aus ihm, der alle Zuhörer in seinen Bann schlug.

Dieser ernste Mann war aber auch hin und wieder für einen guten Spaß zu haben. An einem sonnigen Juninachmittage des Jahres 1914 gaben der Althistoriker EDUARD MEYER und seine Gattin in ihrem Heim in Lichterfelde ein Gartenfest, zu dem zahlreiche Kollegen mit ihren Damen, darunter auch Herr VON WILAMOWITZ und ich mit meiner Verlobten (von der noch später zu erzählen sein wird), eingeladen waren. In ihrem Übermut stieg meine Braut auf einen großen Kirschbaum, der reichlich Früchte trug und eine andere junge Dame folgte ihr nach. Die weißen Sommerkleider leuchteten im grünen Laube fröhlich auf. Da rief meine Verlobte Herrn v. WILAMOWITZ verwegen zu: ,,Bitte Exzellenz, wollen Sie nicht auch mit uns hier oben Kirschen pflücken?'' Es gab ein paar verlegene Gesichter. ,,Warum nicht?'' antwortete die Exzellenz, und ehe man sich's versah, schwang sich der Sechsundsechzigjährige mit großer Gelenkigkeit auf den Baum hinauf. Die jungen Damen flüchteten lachend in das höhere Astwerk.

Die Zellteilungshormone.

Die Übersiedelung nach Berlin bedeutete nicht nur eine tiefe Zäsur in meinem äußeren Lebensgang, sie traf zeitlich auch mit einem vollständigen Wechsel meiner Forschungsrichtung zusammen. Zwar bewegte sich die erste kleinere Untersuchung, die ich in Berlin 1912 ausführte, noch auf dem Gebiete der betriebsphysiologischen Pflanzenanatomie bzw. der Sinnesphysiologie und behandelte das merkwürdige Sinnesorgan des Labellums der Pterostylis-Blüte. Allein schon mit der nächsten größeren Arbeit ,,Zur Physiologie der Zellteilung'' vollzog ich 1913 den dauernden Übertritt auf das Gebiet der Entwicklungsphysiologie, das ich bisher nur ausnahmsweise bebaut hatte. Hinsichtlich des Zusammenhanges zwischen anatomischem Bau und physiologischer Funktion waren trotz einzelner Lücken keine wesentlich neuen Tatsachen mehr zu erwarten, und so knüpfte ich nunmehr an eine Untersuchung an, die ich bereits im Jahre 1902 veröffentlicht hatte: an meine „Kulturversuche mit isolierten Pflanzenzellen".

Bei diesen Versuchen fiel mir schon damals auf, daß die in Wasser und in verschiedenen Nährlösungen gezüchteten Zellen zwar allerlei Wachstumserscheinungen zeigten, sich aber niemals teilten. Es fehlte offensichtlich noch irgendein unbekannter Anreiz, der den Zellteilungsmechanismus in Tätigkeit versetzt. Um ihm auf die Spur zu kommen, führte ich Gewebskulturen mit kleinen und kleinsten plättchenförmigen Teilstücken der Kartoffelknolle aus, die zu dem Ergebnis führten, daß Zellteilungen nur dann eintreten, wenn außer dem in seinem Wesen damals noch unbekannten Wundreiz ein aus dem Leptom der Gefäßbündel stammender Zellteilungsstoff, ein „Zellteilungshormon" wirksam ist, das in die der Wundfläche benachbarten Zellen hineindiffundiert und diese zu den die Wundkorkbildung ermöglichenden Teilungen anregt. Dieser in den Sitzungsberichten der Preußischen Akademie der Wissenschaften 1913 erschienenen Arbeit folgte im Jahre darauf eine zweite Mitteilung, worin über analoge Versuche mit anderen Pflanzen berichtet wurde, die dasselbe Ergebnis hatten.

Die Fortsetzung dieser Versuche wurde durch den Weltkrieg unterbrochen, in dem, wie später zu erzählen sein wird, meine ganze wissenschaftliche Arbeit dem Ernährungsproblem des deutschen Volkes gewidmet war. Erst im Jahre 1919 setzte ich meine Untersuchungen „Zur Physiologie der Zellteilung" fort und studierte zunächst die eigentümlichen Teilungsvorgänge, die sich in plasmolysierten Zellen abspielen. Dann aber wandte ich mich der Frage nach dem Wesen des Wundreizes zu, und konnte durch eine ganze Reihe von Einzeluntersuchungen feststellen, daß der Wundreiz, sofern er Zellteilungen auslöst, auf die Wirksamkeit gewisser Zersetzungsprodukte der getöteten oder mechanisch geschädigten Zellen zurückzuführen ist, die ich als „Wundhormone" bezeichnete. Dieselbe Wirkung haben Zersetzungsprodukte, die aus spontan absterbenden Zellen austreten, und „Nekrohormone" genannt wurden. Am auffälligsten macht sich ihre Wirkung bei der Entstehung des normalen Korkmantels an den Zweigen der Holzgewächse geltend.

Meine ausführliche Arbeit über „Wundhormone als Erreger von Zellteilungen" ist 1921 in den von mir herausgegebenen „Beiträgen zur Allgemeinen Botanik" veröffentlicht worden. Dieses Sammelwerk, dessen Verlag die Gebrüder BORNTRAEGER übernommen hatten und worin eine Reihe von Arbeiten aus dem Pflanzenphysiologischen Institut der Universität Berlin erschienen ist, brachte es infolge der Ungunst der Zeiten leider nur auf zwei Bände. Es teilte so das Schicksal verschiedener anderer Veröffentlichungen aus botanischen Instituten Deutschlands und Österreichs. Die Zusammenfassung der in einem einzelnen Institut ausgeführten Arbeiten in besonderen Publikationen gab zwar lehrreichen Aufschluß über den Geist, der in der betreffenden Anstalt herrschte, sie hat sich aber aus buchhändlerischen Gründen nicht bewährt und ist allmählich aufgegeben worden.

Die Fortsetzung meiner Hormonarbeiten ist, wie schon erwähnt, durch den Weltkrieg unterbrochen worden. Erst nach seinem Ende wurde damit wieder begonnen und so möge des Zusammenhanges halber schon an dieser Stelle darüber kurz berichtet werden.

Es handelte sich jetzt u. a. darum, die Theorie auch auf dem Gebiete der Fortpflanzungsvorgänge zu prüfen und festzustellen, ob sie etwas zum Verständnis der Parthenogenesis und der Adventivembryonie beitragen kann. Der Beantwortung dieser Fragen dienten zunächst Untersuchungen „Über experimentelle Erzeugung von Adventivembryonen bei Oenothera Lamarckiana", die das Ergebnis hatten, daß wenn durch Anstechen der Fruchtknoten kastrierter Blüten einzelne Samenanlagen verletzt werden, Ansätze zur Entwicklung von Nuzellarembryonen gemacht werden, die bis zur Ausbildung typischer Embryonen führen können. In der Arbeit „Vorstufen und Ursachen der Adventivembryonie" wird dies noch weiter ausgeführt. Ferner konnte gezeigt werden, daß in der Nachbarschaft der Eizellen einiger parthenogenetischer Kompositen stets abgestorbene Zellen der Samenlagen zu finden sind, so daß es berechtigt erscheint, die Entwicklungserregung der

unbefruchteten Eizellen auf die Einwirkung von Nekrohormonen
zurückzuführen. Das gleiche gilt für die parthenogenetischen
Eizellen von Marsilia Drummondii. Und auf demselben Gedanken-
gang beruhen die Untersuchungen über „Die Ursache des Aus-
bleibens der Reduktionsteilung in den Samenanlagen einiger
parthenogenetischer Angiospermen". Alle diese Arbeiten habe ich
in den Sitzungsberichten der Preußischen Akademie der Wissenschaften veröffentlicht.

Bau und Einweihung des Pflanzenphysiologischen Institutes in Dahlem.

Die Ausarbeitung der Pläne für das neue Pflanzenphysiologische
Institut in Dahlem zogen sich mehr in die Länge, als ursprünglich
angenommen wurde. Nach langwierigem Hin und Wieder war als
Bauplatz für Institut, Amtswohnung und Garten das sehr günstig
gelegene Gelände in der Königin-Luise-Straße, gegenüber dem
Pharmazeutischen Institut und dem Kgl. botanischen Garten
gewählt worden. Das war nicht so sehr dem Entgegenkommen
des Fiskus zu verdanken, als vielmehr dem Umstande, daß in der
nächsten Umgebung des Pharmazeutischen Instituts sehr häufig
Schwefelwasserstoff und mancherlei saure Dämpfe die Nasen kauf-
lustiger Villenbauer so sehr irritierten, daß diese Bauplätze ziemlich entwertet wurden. Da damals bereits bekannt war, wie sehr
„Laboratoriumsluft" pflanzenphysiologische Versuche ungünstig
beeinflussen kann, so hegte auch ich gegen das von der Regierung
bestimmte Gelände einiges Bedenken. Es wurde aber bald zerstreut, als die genaue Besichtigung der in den Vorgärten des
Pharmazeutischen Instituts und Botanischen Museums ange-
pflanzten ausländischen Koniferen und Ziersträucher lehrte, daß
sie prächtig gediehen und keinerlei Schäden aufwiesen. In der Tat
haben jene Gase die physiologischen Arbeiten im neuen Institut
niemals gestört.

Der unter der umsichtigen Leitung des Baurates KÖRNER durchgeführte Bau des Institutsgebäudes, der Gewächshäuser und der
Direktorsvilla war endlich im Herbst 1913 so weit gediehen, daß

an den Umzug gedacht werden konnte. Auch zur Übertragung und Überpflanzung des Pflanzenmateriales aus dem alten Universitätsgarten waren vom Obergärtner HEUER alle Vorbereitungen getroffen worden. Bevor aber die Übersiedlung stattfinden konnte, harrte meiner nochmals eine schwere Prüfung.

Am 1. August 1913 fuhr ich gegen Abend nach der Rektorswahl nach Hause — ich wohnte damals am Lietzenseeufer in Char-

Das Pflanzenphysiologische Institut in Berlin-Dahlem.

lottenburg — und überquerte gemächlich den Stuttgarter Platz. Plötzlich fuhr mich ein betrunkener, hin und her torkelnder Radfahrer an und schleuderte mich unter einen von entgegengesetzter Seite her rasch fahrenden Schlächterwagen. Ein Vorderrad fuhr mir schräg über den Brustkorb. Der Wagen hielt rasch an und ich konnte, bevor noch größeres Unheil geschah, unter den Rädern hervorgezogen werden. Ich wurde in meine Wohnung gebracht, wo der Arzt mehrere Rippenbrüche und eine Verletzung des Rippenfells feststellte. Wer einmal einen Rippenbruch erlitten hat, weiß, wie schmerzhaft jeder Atemzug ist. Tags darauf hätte ich meine Reise in die Sommerfrische nach Kitzbühel angetreten, wohin wenige Stunden vor dem Unfall bereits meine Söhne RICHARD und HEINRICH abgereist waren. Nun mußte ich zu Hause bleiben, betreut von meinem Sohne FRITZ, dem Mediziner und einer Krankenschwester, bis ich endlich halb geheilt in das Sanatorium Schloß Tegel übersiedeln konnte. Dort verblieb ich einige Wochen und empfing an einem sonnigen Septembertage den Besuch einer jungen Dame, des Fräuleins EMMA KLINGENBERG aus Wolfenbüttel, die mir von befreundeter Seite als Hausdame warm empfohlen war. Ihr frisches, bescheidenes und doch bestimmtes Auftreten sagte mir zu und ihr weißes Sommerkleid, der große Panamahut und der rote Sonnenschirm vervollständigten den günstigen Eindruck. Nach längerer Unterredung wurde ausgemacht, daß Fräulein KLINGENBERG unsere Übersiedelung vom Lietzenseeufer in die Dahlemer Amtsvilla leiten sollte, während ich weit vom Schusse in Meran mich von den Folgen meines Unfalles vollends zu erholen hätte. So brachte ich einige Wochen in dem Paradiese Südtirols zu, und als ich im Oktober heimkehrte, wurde ich in der wohleingerichteten Dahlemer Wohnung festlich empfangen. Auch die Übersiedelung des Instituts in das neue Gebäude war inzwischen unter der umsichtigen Leitung meiner Assistenten reibungslos erfolgt.

Im Wintersemester 1913/14 lebte ich mich in Dahlem ruhig ein, und der in den ersten drei Jahren meines Berliner Wirkens so sehr gesunkene Lebensmut erstarkte wieder. Meine Söhne, der Mediziner FRITZ, der Kunstschüler RICHARD und der Geograph HEINRICH, brachten manche Zerstreuung ins Haus, und Fräulein KLINGENBERG den unentbehrlichen Sonnenschein. Im darauffolgenden Sommersemester fand am 22. Mai im Beisein des Kultusministers v. TROTT ZU SOLZ und seiner Gemahlin, des Ministerialdirektors NAUMANN, des Geh. Oberregierungsrates ELSTER, des Rektors der Universität Prof. PLANCK, des Dekans der phil. Fakultät Prof. TANGL und einer stattlichen Anzahl von Universitätsprofessoren, Mitgliedern der Deutschen Botanischen Gesellschaft und Studierenden im großen Hörsaale die feierliche Einweihung des neuen

Institutes statt, wobei ich den Festvortrag hielt und über „Berliner Botaniker in der Geschichte der Pflanzenphysiologie" sprach. Der Minister antwortete mit einigen freundlichen anerkennenden Worten, es folgte noch ein kurzer Lichtbildervortrag und dann wurde der Rundgang durch das neue Institut angetreten, an dem sich auch S. SCHWENDENER leuchtenden Auges beteiligte. Auch ich war in gehobener Stimmung, und zwar um so mehr, als ich mich einige Tage vorher mit Fräulein KLINGENBERG verlobt hatte.

Unsere Hochzeit fand am 4. August statt, dem schicksalsschweren Tage, der uns bei Ausbruch des Weltkrieges die Kriegserklärung Englands brachte, an dem aber auch nach jener denkwürdigen Sitzung des Reichstages der Kaiser die jedem Deutschen aus tiefster Seele gesprochenen Worte ausrief: „Ich kenne keine Parteien mehr, ich kenne nur Deutsche!"

Ernährungsprobleme im Weltkrieg.

Und nun folgten die an stolzen Hoffnungen und schweren Enttäuschungen so reichen Jahre, von denen hier nicht zu sprechen ist. Nur von meiner Beteiligung an den Bemühungen und Arbeiten so vieler, die Ernährung unseres Volkes während der Kriegsjahre zu sichern, will ich hier kurz erzählen.

Welch furchtbare Gefahr uns in dieser Hinsicht drohte, wurde mir in ihrem ganzen Umfange durch einen Ausspruch klar, den der greise Nationalökonom ADOLF WAGNER am Schluß der letzten Fakultätssitzung bei Kriegsausbruch getan hat: „Ich fürchte, man wird uns aushungern!"

Es war von vornherein klar, daß infolge der Absperrung von ausländischen Nahrungsmitteln durch die Hungerblockade zuerst Mangel an Eiweißstoffen und Fetten eintreten müßte. So erinnerte ich zunächst in einem Aufsatze die deutschen Landwirte daran, daß der Anbau der eiweißreichen Hülsenfrüchte, der in Deutschland in weit geringerem Ausmaße geübt wird als etwa in Rußland, Frankreich und Italien, nach Möglichkeit zu fördern sei. Dann wandte ich meine Aufmerksamkeit der eiweiß- und fettreichsten Leguminose, der Sojabohne zu, deren Einbürgerung bereits mein

Vater vor 38 Jahren so eifrig wie erfolglos durchzusetzen bemüht war. Auch von anderer Seite wurde die Sojabohne als Retterin in der Not gepriesen, und der Reichsausschuß für Öle und Fette nahm sich der Sache energisch an. Es wurde nach frühreifen Sorten gefahndet, und ich selbst züchtete aus einer Samenprobe, die ich von einem Herrn WINKLER aus Mainkur bei Frankfurt a. M. erhalten hatte, im Versuchsgarten meines Instituts einige „reine Linien", die sich durch besonders kurze Vegetationsdauer auszeichneten und bereits Ende September zur völligen Samenreife gelangten. Später wurde neben dieser schwarzsamigen auch eine sehr reichliche Ernte liefernde gelbsamige Sorte gezüchtet, die gleichfalls in unserem nordischen Klima rechtzeitig reifte. Auch andere Institute, wie die Biologische Reichsanstalt in Dahlem, züchteten frühreife Sorten. Bald war so viel Saatgut gewonnen, daß Proben davon an zahlreiche deutsche Landwirte, die durch Aufrufe in landwirtschaftlichen Zeitungen angespornt wurden, verteilt werden konnten. Und nun wiederholte sich dasselbe Spiel, das bereits mein Vater erlebt hätte, wenn es ihm nicht durch seinen frühen Tod erspart worden wäre. Viele Landwirte berichteten mehr oder minder ausführlich über ihre Kulturversuche, andere ließen nichts weiter von sich hören, vom Anbau der Soja in größerem Maßstabe war überhaupt nicht die Rede, und allmählich verlief das mit so großen Hoffnungen begonnene Unternehmen im Sande. Es wäre ungerecht, dafür nur das Mißtrauen und die konservative Gesinnung der deutschen Landwirte verantwortlich zu machen. Als nach Beendigung des Krieges wieder die Einfuhr der Sojabohne aus ihrer ostasiatischen Heimat möglich wurde, stellte sich heraus, daß sie auf diesem Wege wesentlich billiger zu erwerben war, als sie die heimische Landwirtschaft zu liefern vermocht hätte. Daran wird auch die Zukunft nichts ändern.

Neben den Bemühungen, neue Fett- und Eiweißquellen zu erschließen, wurden auch große Anstrengungen gemacht, die Menge der verfügbaren Kohlehydrate, speziell der Zellulose für Futterzwecke zu erhöhen. Als Rohmaterial hierfür kam vor allem Roggen- und Weizenstroh in Betracht. Von verschiedenen Seiten wurden Versuche angestellt, die Verdaulichkeit des Strohes durch Behandlung mit Alkalien bei hoher Temperatur und erhöhtem Druck, wodurch eine Auslaugung des Lignins und anderer die Verdaulichkeit beeinträchtigender Stoffe bewirkt wurde, beträchtlich zu erhöhen. Diese Bemühungen waren auch von Erfolg gekrönt, und in einem von EMIL FISCHER und mir verfaßten Aufrufe an die deutschen Landwirte, der in vielen Tausenden von Exemplaren verbreitet wurde, haben wir das neue Futtermittel warm empfohlen. Es kam auch in ausgedehntem Maße zur Verwendung.

Von anderen Erwägungen ausgehend habe ich dann bereits im Jahre 1915 in einer der Akademie der Wissenschaften vorgelegten Abhandlung auf den „Nährwert des Holzes" hingewiesen.

Um die verfügbaren Getreidemengen möglichst auszunützen, war seitens der Reichsregierung eine hochgradige Ausmahlung bis zu 90 Prozent und darüber angeordnet worden. Indem so auch der größte Teil der Frucht- und Samenschalen der Roggen- und Weizenkörner mit den anhaftenden eiweißreichen Kleberschichten in das Mehl gelangten, konnte zwar die Brotmenge erhöht werden, allein sein Nährwert wurde vermindert, denn schon vor vielen Jahren hatten von RÁTHAY angestellte Verdauungsversuche, deren Ergebnisse von RUBNER und mir bestätigt werden konnten, gelehrt, daß die Kleberschicht mit ihren dicht gedrängten Proteinkörnern den menschlichen Verdauungskanal ganz unausgenützt und unversehrt passiert. Die dicken Zellwände verhindern den Eintritt der Verdauungssäfte in das Innere der Kleberzellen. Im Magen und Darm der Wiederkäuer dagegen werden diese Zellen mit Hilfe zelluloselösender Bakterien vollkommen aufgeschlossen, weshalb ja die „Kleie" ein so nahrhaftes Futtermittel ist. Es war also anzustreben, die vom Menschen direkt nicht verwertbare Kleie wieder zur Fütterung der Rinder zu verwenden, die uns durch vermehrte Fleisch- und Milchproduktion für die verringerte Broterzeugung reichlich entschädigt hätten. Allein die ohnehin schon so kärglich bemessenen Brotrationen durften nicht noch weiter verkürzt werden.

Da lag es nun nahe, sich nach einem anderen pflanzlichen Rohstoff umzusehen, der dem Mehl beigemischt, die Einverleibung der vermahlenen Kleie in das Brot entbehrlich macht und womöglich selbst einen nicht zu unterschätzenden Nährwert besitzt. Ein solcher in schier unbegrenzten Mengen vorhandener Rohstoff schien sich im Holze unserer Laubbäume darzubieten. Ich dachte dabei zunächst nicht an die verholzten Zellwände, deren vollständige Unverdaulichkeit als erwiesen galt, sondern an die in den Holzparenchym- und Markstrahlenzellen im Winter aufgespeicherten Reservestoffe des Holzkörpers, und zwar nur des lebenden Splintes, wenn außer diesem noch totes Kernholz vorhanden ist, oder des gesamten lebenden Holzkörpers, wenn die Bildung von Kernholz unterbleibt. Diese Reservestoffe bestehen hauptsächlich aus Stärke oder fettem Öl, das aber zeitlich im Frühjahr allmählich in Stärke umgewandelt wird. Es handelt sich dabei um beträchtliche Stärkemengen. So bestimmte ich z. B. das Volum des mit Stärke vollgepfropften Speichergewebes im Splint der Ulme auf 28 Prozent des Gesamtvolums des Holzes.

Da die verholzten Zellwände für die Verdauungssäfte undurchdringlich sind, so war an eine Verwertung der stärkereichen Zellinhalte für die menschliche Ernährung nur zu denken, wenn durch feinste „Vermahlung" des Holzes die einzelnen Zellen aufgeschlossen werden. Diese Forderung war auch zu erheben, wenn das Holzmehl als Futtermittel dienen sollte.

Die fortgesetzten Untersuchungen schlugen eine andere Richtung ein, als die mikrochemische Untersuchung der dickwandigen Holzzellen der Birke ihre sehr geringe Verholzung ergab. So war zu erwarten, daß wenigstens von den Wiederkäuern auch die Zellwände des Birkenholzes mehr oder weniger vollständig verdaut werden können. Um diese Annahme zu prüfen, wurde gemeinsam mit dem Professor der Physiologie an der landwirtschaftlichen Hochschule, Dr. N. ZUNTZ, unter Mitwirkung von Dr. R. VON DER HEIDE, ein sorgfältiger Fütterungsversuch mit Birkenholzschliff am Schaf ausgeführt. Das Ergebnis war überraschend. Der Holzschliff wurde so ausgiebig verdaut, daß sein „Stärkewert" (35,8) dem von sehr gutem Wiesenheu gleichzusetzen ist. Die mikroskopische Untersuchung der Exkremente des mit Birkenholzschliff gefütterten Schafes ergänzte und bestätigte die chemisch-analytischen Berechnungen und Resultate. Die verdickten Wände der zerrissenen Holzzellen wiesen zahlreiche Korrosionen auf, an deren Zustandekommen nicht nur Darmbakterien, sondern wohl auch Verdauungsenzyme des Schafes selbst beteiligt waren.

Doch nicht nur Birkenholz, auch das Holz der Buche wird vom Wiederkäuer nach mündlicher Mitteilung von ZUNTZ teilweise verdaut. Und unabhängig von uns hat M. RUBNER festgestellt, daß Birkenholzmehl selbst im menschlichen Darmkanal in nicht unerheblichem Maße der Verdauung unterliegt. Irgendwelche schädlichen Wirkungen der Beimischung von Holzmehl zur täglichen Nahrung wurden nicht beobachtet. RUBNER konnte im Gegenteil konstatieren, daß das Holzmehl im Darme eine fäulnishemmende Wirkung ausübt.

So war also von theoretischer Seite her das Problem der Verwendung von Holzmehl für menschliche und tierische Ernährungszwecke im günstigen Sinne erledigt. Warum ist die praktische Verwertung ausgeblieben? Verschiedene Umstände haben zusammengewirkt, um dieses negative Ergebnis sehr zum Schaden der Ernährung des deutschen Volkes im Weltkriege herbeizuführen. Vor allem war da ein psychologisches Moment im Spiele. Die Einverleibung von Holzmehl ins tägliche Brot hätte nicht verheimlicht werden können. Ihr Bekanntwerden hätte wahrscheinlich eine Panikstimmung hervorgerufen, jedenfalls die Ernährungsaussichten noch schlimmer erscheinen lassen und die Widerstandskraft unserer Feinde gestärkt. Letzteres hätte ja in den Kauf genommen werden können. Denn nicht ohne leise Sorge nahm das feindliche Ausland von unseren Bemühungen Notiz. Wenige Monate nach der Veröffentlichung meiner Abhandlung über den Nährwert des Holzes in den Sitzungsberichten der Preußischen Akademie der Wissenschaften erschien im „Petit Parisien" ein

von Theophile Gautier gezeichneter langer Artikel, worin meine
Untersuchungen und Vorschläge mit giftigen Worten lächerlich
gemacht wurden. Zwischen den Zeilen war aber die Sorge zu lesen,
daß an der ganzen Sache doch etwas Wahres sein könnte. — Ein
weiterer Umstand, der die Verwendung von Holzmehl zu Ernäh-
rungszwecken illusorisch machte, war die technische Schwierigkeit,
ja Unmöglichkeit der Vermahlung des Holzes in großem und größtem Ausmaße. Die Papier- und sonstigen Fabriken, die Holzschliff oder Holzmehl herstellen konnten, waren zu dünn gesät, und
die Herstellung neuer Fabriken in genügender Zahl hätte zu viel
Zeit und Opfer gekostet. So schlief die Sache allmählich ein und
die Birken Deutschlands waren einer großen Gefahr entronnen.

Daß nach dem Bekanntwerden meiner, Zuntzens und Rubners
Untersuchungen verschiedene Nutznießer auftauchten, die davon
profitieren wollten, war nicht verwunderlich. Die Waldbesitzer
nahmen zwar eine abwartende Stellung ein, die Holzhändler aber
gaben sich zum Teil größeren Hoffnungen hin. Schließlich fehlte
es auch nicht an einigen komischen Erlebnissen. Ein Althändler
fragte bei mir an, ob nicht alte unverkäufliche Möbel und Kisten
zu Holzmehl verarbeitet werden könnten, und ein Tapetenfabrikant
besuchte mich eines Sonntags und wollte mir einreden, daß er
einen großen Vorrat von aus Holzschliff hergestellten Tapeten
besäße, die sich leicht vermahlen ließen.

Um den Bedarf an grünem Gemüse möglichst billig und in
reichem Maße decken zu können, empfahl ich den Genuß der bisher
nur als wertvolles Futtermittel verwendeten Luzerne, die wie
Spinat zubereitet ganz gut schmeckt. Es ist davon namentlich in
Österreich reichlich Gebrauch gemacht worden. Als verhältnismäßig nahrhaftes Futtermittel kamen die Zweige und dünneren
Äste vieler Laubbäume und Sträucher in Betracht, auf die ich
in einem Aufsatze hingewiesen habe.

Im Jahre 1915 setzte im Auftrage der Obersten Heeresverwal-
tung General Groener über die Köpfe des Reichskommissars für
Ernährung und seiner Beamten hinweg einen Nährstoffausschuß
ein, dem außer Emil Fischer als Vorsitzendem, M. Rubner,

Beckmann, Nernst, Correns, v. Lochow, A. v. Weinberg und andere Vertreter der Wissenschaft und Praxis, darunter auch ich, angehörten. Aufgabe dieses Ausschusses war, die zahlreichen von berufener und unberufener Seite auftauchenden Vorschläge zur Förderung der Volksernährung zu prüfen und die Spreu vom Weizen zu sondern. Der Gedanke, der der Einsetzung dieses Ausschusses zugrunde lag, war sehr gesund und berechtigt, denn die Vertreter der Landwirtschaft allein, die ausgefahrene Geleise ungern verlassen, wären ebensowenig wie die Bürokraten am grünen Tisch der vielen neuen Probleme Herr geworden. Leider waren die Gutachten und Äußerungen, die wir abzugeben hatten, viel häufiger ablehnend als zustimmend. Etwas anderes war ja auch kaum zu erwarten.

Ein chemisch gut geschultes Brüderpaar erbrachte den Nachweis, daß die Rhizome des Schilfrohres zur Zeit der Ruheperiode sehr beträchtliche Zuckermengen als Reservestoff enthalten. Sie schlugen vor, an den Ufern unserer zahlreichen Seen die Wurzelstöcke des Röhrichts auszugraben und an die Zuckerfabriken abzuliefern. Ich sprach mich in einem Gutachten dagegen aus. Die Devastierung der Seeufer hätte die Vernichtung des Wassergeflügels zur Folge gehabt und auch die Fischerei schwer geschädigt.

Noch toller war ein anderes, so viel ich mich erinnere von demselben Brüderpaar ausgearbeitetes und der Regierung vorgelegtes Projekt: ein dem Getreide gleichwertiges pflanzliches Produkt sollte in unbegrenzter Menge fast kostenlos für die Volksernährung zur Verfügung stehen. Als Honorar für dieses Kolumbusei beanspruchten die Herren die nette Summe von einigen 100000 Mark. So weit war unsere Ernährungsnot bereits gestiegen, daß dieses Angebot für ernst genommen und mir zur schleunigen Begutachtung in der Osterwoche 1918 überwiesen wurde. Und worin bestand dieser Vorschlag? Die Blattknospen unserer Laubbäume enthalten im Herbst und Winter bis zu ihrer Entfaltung reichlich Reservestoffe, Stärke, fettes Öl und Eiweißstoffe. Das wurde mit den Ergebnissen chemischer Analysen zahlenmäßig belegt und war ja den Pflanzenphysiologen längst bekannt. Nun ist die Sache ganz einfach: Man schickt die Schulkinder auf die Buchen, Linden, Ulmen usw. hinauf, läßt sie die knospenbesetzten Zweige abbrechen, worauf dann diese getrocknet und wie Getreidegarben gedroschen werden. Obgleich es leicht gewesen wäre, diese wahnwitzige Idee mit ein paar Zeilen abzutun, hielt ich es doch für geraten, einige mikroskopische Untersuchungen anzustellen und Gewichtsbestimmungen vorzunehmen. Es ließ sich unschwer zeigen, daß trotz des hohen Nährstoffgehaltes des Knospeninneren die äußeren Schutzhüllen, die unverdaulichen Knospentegmente so schwer sind, daß der Nährwert der Gesamtknospe erheblich sinken muß. Auch fallen die trockenen Knospen beim Dreschen nicht so leicht ab, wie die Getreidekörner aus den Ähren. Und schließlich hätte wohl auch noch die Forstwirtschaft ein Wörtchen dreinzureden gehabt, wenn die Aussicht bestanden hätte, daß im nächsten Frühjahr die Bäume nicht ausschlagen und im Sommer kahl wie im Winter dastehen würden. — Bis in den Ostersonntagsmorgen hinein arbeitete ich mein Gutachten aus. Es war in der Tat höchste Zeit, denn schon hatte der kommandierende General in einer rheinländischen Großstadt, der von der Sache Wind bekommen, angeordnet, daß die Laubbäume in seinem Machtbereiche zu entknospen seien.

Gegen das Kriegsende zu war noch ein gefährliches Attentat abzuwehren, das leider den Professor der Landwirtschaft an einer norddeutschen Universität, der auch Gutsbesitzer war — ich will seinen Namen nicht nennen — zum Urheber hatte. Im Roggen- und Weizenkorn sitzt der Keim, der sich durch Eiweiß- und Fettreichtum auszeichnet, dem stärkehaltigen Mehlkörper, dem Endosperm, an dem einen Ende des Kornes seitlich auf. Wenn es durch ein technisches Verfahren gelingt — und es ist der Technik gelungen — die Keime von den Mehlkörpern auf maschinellem Wege im größten Ausmaße zu trennen, so steht den besser situierten Volksgenossen ein zwar nicht ganz billiges, dafür aber äußerst wertvolles Nahrungsmittel zur Verfügung, während sich die weniger Bemittelten, vor allem die Arbeiter, mit den nun weniger nahrhaft gewordenen Mehlkörpern des Getreides begnügen müßten. In einer vom Landwirtschaftsministerium einberufenen Sitzung, in der der spätere Reichsminister ROBERT SCHMIDT den Vorsitz führte und an der außer dem Urheber des ganzen Planes auch Vertreter der Maschinenfabriken teilnahmen, die das Entkeimungsverfahren bereits praktisch zur Ausführung brachten, wurde über diesen Vorschlag beraten. Auch ich, RUBNER und einige höhere Beamte der zuständigen Ministerien waren anwesend. Beantragt wurde nicht mehr und nicht weniger, als daß die gesamte Getreideernte Deutschlands erfaßt und der Sonderung von Keim und Mehlkörper unterworfen werden solle. Der Antragsteller meinte nebenher, daß die Sympathien des Heeres für das Unternehmen durch Weihnachtsgaben in Form von Kakes, die aus den Getreidekeimen zu backen wären, gewonnen werden könnten. Als ich zum Worte kam, setzte ich in eingehender Weise, mich auf Gewichtsbestimmungen und andere Zahlenangaben stützend, auseinander, daß die Durchführung dieses Planes zu einer weiteren Verringerung des Nährwertes des Brotes führen würde und als eine durchaus unsoziale Maßregel zu verwerfen sei. RUBNER sekundierte mir in sehr wirksamer Weise, und die Abstimmung ergab die fast einstimmige Ablehnung des ungeheuerlichen Antrages. Sein etwas konsternierter Urheber hatte nach Schluß der Sitzung die Unverfrorenheit, mir, wenn auch schüchtern, ein unkollegiales Verhalten vorzuwerfen. Ich blieb ihm die Antwort nicht schuldig.

Auch in öffentlichen Vorträgen suchte ich das große Publikum über das Wesen und die Bedeutung vegetabilischer Ernährung aufzuklären. Zweimal sprach ich über „Pflanzenkost in Krieg und Frieden" und am 29. Januar 1918 hielt ich unter dem Rektorate PENCK in der neuen Aula der Universität die Festrede zu Kaisers Geburtstag über „Das Ernährungsproblem und die Pflanzenphysiologie". Von der Warte rein wissenschaftlicher Betrachtung aus gab ich einen zusammenfassenden Überblick über die Bedeutung der Pflanzenwelt für die Ernährung des deutschen Volkes im Weltkriege und über die mannigfachen Bemühungen verschiedener Forscher auf diesem Gebiete. Auch Rückblicke in die Vergangenheit und Ausblicke in die Zukunft wurden getan. Am Schlusse meiner Rede hob ich den aufrichtigen Friedenswillen Kaiser WILHELMS II. hervor, an dem ich trotz mancher Bedenken niemals gezweifelt habe. Es war die letzte Geburtstagsfeier für den Monarchen, die die Universität veranstaltet hat.

* * *

Bei meinen der Volksernährung im Kriege gewidmeten Untersuchungen, die ja zunächst rein praktische Aufgaben zu lösen hatten, interessierten mich immer mehr auch rein theoretische Fragen. So beschäftigte ich mich nach Beendigung des Krieges eingehend mit mikroskopischen Untersuchungen über die Verdaulichkeit pflanzlicher Zellwände, nicht nur seitens des Menschen und einiger Säugetiere, sondern auch der Schnecken und Schmetterlingsraupen. Die Ergebnisse habe ich in den von mir herausgegebenen Beiträgen zur allgemeinen Botanik veröffentlicht. Daß rein theoretische Arbeiten zu wichtigen praktischen Folgerungen führen können, kommt bekanntlich oft genug vor. Daß aber auch umgekehrt Untersuchungen, die mit ausschließlich praktischen Zielen begonnen wurden, in rein wissenschaftliche Arbeit ausmünden können, dafür glaube ich damals ein bemerkenswertes Beispiel geliefert zu haben.

Spaziergänge im Grunewald.

In den Kriegsjahren und auch noch später nahm ich regelmäßig an den Spaziergängen teil, die an jedem zweiten Sonntagvormittag von dem Historiker FRIEDRICH MEINECKE in Gesellschaft mehrerer Kollegen und einiger anderer Herren in hervorragender Stellung unternommen wurden. Wir wanderten stets ohne die geringste Abwechslung vom Untergrundbahnhof Dahlemdorf durch den Grunewald am See vorüber und kehrten schließlich an der Hundekehle in einer Konditorei ein, wo dann noch eine Stunde lang lebhaft politisiert wurde. Denn die Politik war das Hauptobjekt unserer Unterhaltung, wenn auch Kunst und Wissenschaft dabei nicht zu kurz kamen. MEINECKEs feinsinnige und wohlabgewogene

Bemerkungen und Ausführungen standen stets im Mittelpunkt des Hin und Wider der Debatten. Lebhaft mischte sich der temperamentvolle Alt- und Kriegshistoriker HANS DELBRÜCK, damals schon hochbejahrt, in das Gespräch, der nicht minder lebhafte, zu früh verstorbene Theologe und Philosoph ERNST TROELTSCH ließ mich, den einzigen Naturwissenschaftler in der Gesellschaft, zuweilen die Überlegenheit des selbstbewußten Geisteswissenschaftlers fühlen, der Geschichtschreiber der Monarchie der Hohenzollern und Vertreter der Verfassungs- und Verwaltungsgeschichte OTTO HINTZE kargte nicht mit kritischen, in aller Ruhe vorgebrachten Aperçus, und WALTER RATHENAU, der bis zu seiner Berufung als Außenminister regelmäßig an den Unterhaltungen teilnahm, glänzte durch geistreiche, oft etwas gesucht formulierte Bemerkungen. Schließlich stellte sich häufig auch der Reichswehrminister General GROENER ein, der mit seinem mich so anheimelnden schwäbischen Tonfall manche höchst interessante Reminiszenz aus dem Weltkriege zum besten gab und mir stets den Eindruck eines aufrechten, weitschauenden deutschen Mannes machte. Ich bedaure sehr, über alle diese höchst anregenden aufschlußreichen Gespräche keine Tagebuchaufzeichnungen gemacht zu haben. Sie würden einen interessanten Beitrag zur Geschichte der geistigen Strömungen bilden, die während des Weltkrieges und auch noch später bis zur Gegenwart in freilich nicht sehr weiten Kreisen der deutschen Hochschullehrer und ihrer Gesinnungsverwandten herrschten. Zur Wiedergabe in diesen Lebenserinnerungen würden sie sich freilich kaum eignen.

Nur eine einzige, unverfängliche Ausnahme sei mir gestattet. Nach dem Erscheinen von O. SPENGLERs „Untergang des Abendlandes" wurde einmal lebhaft über dieses Buch diskutiert. Namentlich TROELTSCH tat sich dabei hervor. Ich selbst brachte meine optimistische Auffassung durch einen biologischen Vergleich zum Ausdruck: Wenn die Raupe sich verpuppt hat, findet innerhalb der harten Chitinschale eine weitgehende Auflösung und Einschmelzung von Geweben und Organen im Puppenleibe statt, es entsteht ein milchiger Brei, ein zelluläres Chaos. Schon lange

vorher sind aber die zarten Anlagen zu den Organen des Schmetter-
lings gebildet worden, die sich nun auf Kosten des Zellenbreies
weiter entwickeln. Ein neues Wesen schlüpft aus der Schale.
So mag sich auch, wenn eine alte Kultur zugrunde geht, aus
unscheinbaren und unbeachteten Anlagen, die übrigbleiben, eine
neue Kultur entwickeln, die, wenn die Menschheit Glück hat, sich
zu der alten so verhält, wie der Schmetterling zur Raupe.

Es braucht aber nicht einmal eine neue Kultur zu entstehen,
die alte kann aus ihren durcheinandergeworfenen Elementen
wieder verjüngt hervorgehen. Auch dafür gibt es einen Vergleich
aus dem Leben der Schmetterlinge: Die herrlichen Tagfalter auf
Westjava werden besonders eifrig von verschiedenen Vögeln
verfolgt, wobei aber manche von ihnen mit halb zerquetschten
Leibern lebend davonkommen. Sie machen nur scheintot ein ähnliches Stadium der Ruhe und der Einschmelzung der zerstörten
Gewebe und Organe durch, wie die Puppe im normalen Entwicklungsgange. An die übriggebliebenen lebenden Reste im Schmet-
terlingsleibe fügen sich die regenerierten Organe, die auf Kosten
des Gewebebreies wachsen, allmählich an, und nach einiger Zeit
ist der Falter zu neuem Leben erwacht. MELCHIOR TRAUB, dem ich
die Mitteilung dieser merkwürdigen Erscheinung verdanke, versicherte mich, daß sich der Vorgang auch experimentell herbei-
führen lasse. Ich weiß nicht, ob die tierische Entwicklungsphysiologie sich mit dieser Sache bereits beschäftigt hat und
glaube nicht, daß TREUB sich nur einen Scherz erlaubt hat, wie
TROELTSCH skeptisch meinte. Jedenfalls hat meine Erzählung die
Zuhörer nachdenklich gestimmt.

Vorträge in Warschau und München.

Noch zweier Erlebnisse muß ich gedenken, die in die Kriegszeit
fielen. Die Oberste Heeresleitung veranstaltete im Westen und
Osten in dankenswerter Weise wiederholt von Hochschullehrern
abgehaltene wissenschaftliche Kurse und Einzelvorträge für die
im Felde stehenden Soldaten, Offiziere sowohl wie Mannschaften.
Im Frühjahr 1917 wurden solche Kurse in Warschau abgehalten.

Mir war die Organisation der naturwissenschaftlichen Vorträge übertragen worden, und es gelang natürlich mühelos, eine Anzahl hervorragender akademischer Lehrer dafür zu gewinnen: Rubner, Correns, Rubens, V. Haecker, H. Winkler u. a. sagten ohne weiteres zu und nach langer Fahrt durch zum Teil verwüstete Gebiete gaben wir uns in Warschau ein kollegiales Stelldichein. Die Fühlung mit den deutschen Offizieren und den übrigen Soldaten war bald hergestellt, wir wurden auf das Zuvorkommendste aufgenommen, und es gewährte uns eine tiefe Befriedigung, zu sehen, wie dankbar und geisteshungrig die Feldgrauen unsere Darbietungen entgegennahmen. Ich selbst hielt nur einen einzigen Vortrag „Über den tropischen Urwald" mit Lichtbildern und versetzte mein großes Auditorium für eine Stunde aus dem reizlosen, öden polnischen Flachland in die Märchenwelt tropischer Vegetation und Landschaft. Den gesellschaftlichen Gipfelpunkt unseres Warschauer Aufenthaltes bildete die Einladung des kommandierenden Generals v. Beseler zur Mittagstafel im alten Königsschloß, wozu auch die Offiziere der Garnison erschienen. Es ging dabei spartanisch einfach zu, nur der Kaffee und die trefflichen Zigarren ließen nichts zu wünschen übrig. Um uns für die entbehrten kulinarischen Genüsse (auf die wir übrigens gar nicht gerechnet hatten) zu entschädigen, suchten Kollege Rubner, mein Schwager Haecker und ich nach aufgehobener Tafel eine der zahlreichen Konditoreien auf, in denen es so raffiniert zubereitete Leckereien zu kosten gab. Sogar bis ins Ghetto drangen wir vor und erstanden hier zu sehr mäßigen Preisen allerlei schmackhafte und nützliche Sachen für den heimischen Haushalt. Die Physiognomie der Stadt selbst erinnerte mich in mancher Hinsicht an österreichische Städte, ja selbst an Wien, und von der großen Weichselbrücke aus genoß man die Aussicht auf ein ganz eigenartiges Stadtbild. — Zum Abschied wurde jedem von uns ein kleiner Schinken nebst einigen anderen guten Dingen überreicht, und so wurden wir von unseren Frauen nach der Heimkehr doppelt freudig empfangen.

Das zweite Erlebnis, von dem ich noch berichten will, trug sich in München zu. Im März 1918 lud mich die dortige Geographische Gesellschaft ein, meinen schon in einer Gesamtsitzung der Gesellschaft für Erdkunde in Berlin und dann in Warschau gehaltenen Vortrag über den tropischen Urwald, genauer gesagt den Regenwald Westjavas, vor ihren Mitgliedern zu wiederholen. Ich kam dieser Einladung gerne nach. Als ich abends im Vortragssaale erschien, machte mich der Sekretär der Gesellschaft darauf aufmerksam, daß König LUDWIG und seine Schwester, die mit dem brasilianischen Urwald wohlvertraute Prinzessin THERESE, ihren Besuch angesagt hätten. Ich möge nur möglichst lange sprechen, denn das liebe der König, und wenn er dann hin und wieder etwas einnickte, so solle ich mir nichts daraus machen. Pünktlich erschien dann vor dem Vortrage der König in Zivilkleidung mit der Prinzessin und dem militärischen Gefolge, und nach erfolgter Vorstellung begab sich die Gesellschaft in einen größeren Nebenraum, um abzulegen. Darin herrschte völlige Finsternis und der elektrische Schalter war nicht aufzufinden. Der König nahm es nicht übel, und schließlich gelang es ihm doch, in einem anderen Raum sich seines Überziehers zu entledigen. Er saß während des Vortrages neben seiner Schwester natürlich in vorderster Reihe auf einem gewöhnlichen Stuhle und hörte zu meiner Überraschung aufmerksam zu, ohne ein einziges Mal einzunicken. Als ich geendet hatte, zog er mich, gleich der Prinzessin, ins Gespräch, das länger als sonst üblich dauerte und sich hauptsächlich um landwirtschaftliche Fragen drehte. Das Publikum wartete anfänglich geduldig auf den Aufbruch des Königs, bald dauerte es ihm aber zu lange, und es verlor sich allmählich. Dann verabschiedete sich auch die Prinzessin, sogar die Adjutanten und das andere Gefolge zogen sich zurück, und schließlich stand der König mit mir allein im Saale. Nun erst machte er Schluß, und da sonst niemand mehr da war, nicht einmal ein simpler Saaldiener, schob er selbst die in Unordnung geratenen Stühle ruhig zur Seite, um freie Bahn zu gewinnen, wobei ich ihm natürlich behilflich war. Nicht das geringste Zeichen des Unmutes ließ der hohe Herr erkennen und ich bewunderte aufrichtig seine echt bajuvarische Gemütlichkeit. — Oder war diese auffallende Lockerung des höfischen Zeremoniells bereits ein symbolhaftes Vorzeichen des kommenden Zusammenbruches?

Familie, Institut und Lehrbetrieb im Kriege.

Mein Familienleben verlief in den Kriegsjahren, wenn auch nicht sorgenfrei, so doch viel ungestörter, ja glücklicher als in tausend anderen Familien. Im Jahre 1915 wurde uns EVA, 1917 GOTTFRIED geboren, die beide trotz der Ernährungsschwierigkeiten kräftig gediehen. Nicht wenig trugen dazu zwei Saanenziegen bei, die in einem Schuppen des Institutsgartens untergebracht waren und uns alljährlich ein paar Osterlämmchen schenkten. Zum Gemüsebau mußten einstweilen überflüssige Beete des Institutsgartens herhalten, wie ja überhaupt die meisten botanischen Gärten Deutschlands und Österreichs im Kriege teilweise als Gemüsegärten dienten. Von den vier in Kriegsdiensten stehenden Söhnen — zwei gehörten der deutschen, zwei der österreichisch-ungarischen Armee an — trafen meist günstige Nachrichten ein. Keiner fiel, keiner wurde verwundet, doch gerieten sie alle mehrmals in schwere Lebensgefahr. RICHARD, der Zeichenlehrer, war bei Verdun eine Zeitlang verschüttet, HEINRICH, der Geograph, wäre auf einem Kärntner Berggipfel beinahe erfroren und FRITZ, der Oberarzt, holte sich in einem Lazarett die Ruhr, in deren Gefolge er sich schweren Operationen unterziehen mußte. Am glimpflichsten kam der Innsbrucker Physiologe LUDWIG davon, der mit einigen Kameraden bei Torbole am Gardasee hinter einem anscheinend schützenden Felsblock gemächlich frühstückend, von italienischer Artillerie erspäht und glücklicherweise erfolglos begrüßt wurde. Nur sein Nachbar wurde leicht verwundet.

Beim akademischen Unterricht, der ja nicht unterbrochen wurde, wenn auch fast ausschließlich Damen daran teilnahmen, mußte ich wieder, wie einst als Privatdozent, alles allein vorbereiten. Alle Assistenten waren ja Soldaten geworden. Bei den Verwaltungsgeschäften des Instituts half mir ein hochbetagter Freund meiner Frau. In Zwischensemestern suchte ich den beurlaubten Feldgrauen die Elemente der allgemeinen Botanik so gedrängt wie möglich vorzutragen. Dabei wurde mir erst recht klar, wieviel Nebensächliches und Entbehrliches in normalen Semestern den Studierenden aufgetischt wird. Einen großen Nachteil hatte freilich diese erzwungene Kürze der Darstellung: Bei dem kritischen Für und Wider konnte man, die Ergebnisse der Forschung beleuchtend, nicht oder nur andeutend verweilen, und so ging der Hauptreiz und Hauptwert des akademischen Unterrichtes verloren. Wissenshungrig gaben sich die Zuhörer auch mit dieser dogmatischen Vortragsweise zufrieden.

Neben meinen im Dienste unserer Volksernährung stehenden Arbeiten beschäftigte mich im vorletzten Kriegsjahre die Redaktion der 5. Auflage meiner Physiologischen Pflanzenanatomie. Zu Weihnachten 1917 schrieb ich das Vorwort. Nun war das Werk 33 Jahre alt geworden und noch sprengte der angeschwollene Stoff nicht den ursprünglichen Rahmen.

Nach köstlichen und doch sorgenschweren August- und Septembertagen des Jahres 1918, die ich mit Frau und Kind in Kipsdorf, der bekannten Sommerfrische im sächsischen Erzgebirge zugebracht, kam es im November zum Zusammenbruch, zur Revolution und zur Ausrufung der deutschen Republik. Wie auch ich und meine Frau im Innersten aufgewühlt wurden, wie wir mit Millionen die ganze furchtbare Härte der Waffenstillstandsbedingungen zutiefst empfanden, soll hier nicht geschildert werden.

Einquartierung im Institut.

Um das Unglück vollzumachen, brach zu Weihnachten 1918 in Berlin der Spartakistenaufstand aus. Am 6. Januar 1919 suchte mich spätnachmittags ein Major der Regierungstruppen mit seinem Adjutanten auf und ersuchte mich dringend um Quartier für einen Teil der Truppen, die in Dahlem und Umgebung zur Niederwerfung des Aufstandes zusammengezogen wurden. Ich zögerte lange, da ich wohl wußte, was eine solche Einquartierung für mein Institut bedeuten würde. Schließlich gab ich nach und räumte etwa 50 Mannschaften mit Offizieren mehrere große leerstehende Räume im obersten Geschoß des Institutsgebäudes ein; 6 Pferde wurden

im Ziegenstall untergebracht, zwei Feldküchen und Maschinengewehre im Garten aufgestellt und schwer bewaffnete Posten
patrouillierten vor dem Institut auf und ab. Im benachbarten
Luisenstift, dessen Mädchenschar längst ausgeflogen war, wurde
das Hauptquartier aufgeschlagen, Militär- und Panzerautos
rasselten durch die sonst so stillen Straßen, das prasselnde Ge-
knatter der Maschinengewehre, mit denen geübt wurde, brachte
die Kinder zum Weinen — kurz, unsere ganze Umgebung glich
einem gewaltigen Feldlager, oder war es vielmehr und wir ahnten
nun doppelt die Schrecken des beendeten Krieges. Zur Ablenkung
gabs am nächsten Sonntagnachmittag im Institutsgarten ein
Militärkonzert, eine große Menschenmenge lauschte am Garten-
zaun. Gegen Abend durchwandelte ich die Alpenanlage und freute
mich der blühenden Primeln. So milde war der Winter. — Schon
zwei Tage nach dem Einzug in das Institutsgebäude wurde seine
Besatzung auf 120 Mann und 10 Offiziere verstärkt. Es ging zu
wie in einem Ameisenhaufen, und zwar um so mehr, als im Diener-
zimmer ein Werbebüro für Freiwillige eingerichtet wurde. Es er-
folgten zahlreiche Anmeldungen, zumal von Studenten. Doch
auch zweifelhafte Elemente waren darunter, und mehr als einmal
ist es später vorgekommen, daß ein eben Angeworbener am nächsten Morgen mit dem Koffer eines Kameraden wieder ausrückte.
Am 11. Januar trat die ganze Truppenmacht Dahlems ihren Marsch
nach Berlin an, die Spartakisten erlitten schwere Verluste. Doch
erst am 15. zog die Besatzung des Instituts mit Musik, zwei Tanks
und den Feldküchen definitiv ab, um das Zentrum Berlins zu be-
setzen und von den Spartakisten zu säubern.

Meine Hoffnung, daß ins Institut nun wieder Ruhe einkehren
würde, war aber eitel. Die Werbebüros waren zurückgeblieben und
nicht so leicht wieder hinauszubringen. Es handelte sich um die
Anwerbung von Leuten für einige Freikorps, die nun auftauchten,
und es war begreiflich, daß die Gesellschaft, die da zusammenkam,
von Tag zu Tag, wir wollen sagen gemischter wurden. Nun hatten
wir's mit einer wenn auch nicht gerade übermütigen, aber immerhin
oft rücksichtslosen Soldateska zu tun, und ich war froh, als es

mir endlich durch energisches Einschreiten bei der Berliner Obersten Militärbehörde gelang, das Institut endgültig von der Einquartierung zu befreien. Ruhe war damit noch immer nicht eingekehrt, denn jetzt begann ein großes Reinemachen, womit neben den Putzfrauen auch Maurer, Schlosser und Anstreicher wochenlang beschäftigt waren.

Ich wundere mich noch immer, daß es mir und den Praktikanten des Instituts möglich war, bei dem militärischen Trubel, der den ganzen Tag über herrschte, nicht nur den Unterricht fortzusetzen, sondern auch ruhig zu mikroskopieren und wissenschaftlich zu arbeiten. Man gewöhnt sich an vieles.

Schwendeners Tod.

Am 27. Mai 1919 starb neunzigjährig SCHWENDENER. Es war ein langsames Erlöschen. Schon in den letzten Jahren seines Lebens nahm er an der Gegenwart kaum mehr Anteil und zehrte nur noch von seinen Erinnerungen. Als ich ihn zwei Tage vor seinem Tode zum letzten Male besuchte, lag er im Halbschlummer ausgestreckt auf dem Sofa, schlug aber die Augen auf, als er meine Stimme hörte, nannte mich auch grüßend beim Namen, verfiel aber alsbald wieder in Bewußtlosigkeit. Er bot den Anblick eines Sterbenden. Erschüttert nahm ich für immer Abschied von ihm.

Das Leichenbegängnis fand auf dem alten Matthäikirchhofe statt, wo er schon vor vielen Jahren sein Grab bestellt hatte; auch das Grabdenkmal mit Namen und Geburtsdatum stand längst da. Von Zeit zu Zeit pflegte er seine künftige Ruhestätte zu besuchen, um nachzusehen, ob alles in Ordnung sei, wohl auch um über Sein oder Nichtsein nachzugrübeln. Er kannte keine Todesfurcht. Am Vorabende seines 70. Geburtstages sprach er mit mir über sein früheres oder späteres Ende und sagte gelassen: ,,Das wird wohl auch noch auszuhalten sein.'' — Bei der Trauerfeier hielt ich in der Friedhofskapelle nach dem Geistlichen im Namen der Universität und der Akademie die Grabrede. Nach mir sprach noch ANDREAS HEUSLER für den Schweizer Unterstützungsverein. Seine Landsleute waren in größerer Zahl erschienen. Sonst war die Beteiligung an der Feier nur mäßig. Die Studenten hatten ihn schon seit langem vergessen.

Seine umfangreiche Bibliothek hat SCHWENDENER dem Pflanzenphysiologischen Institut vermacht. Bei ihrer Durchsicht lernte ich den Meister von einer mir ganz neuen Seite kennen. Es fand sich eine Anzahl von gar nicht kleinen Bändchen vor, die den Titel führten: „Stimmungen und Erinnerungen, Gedichte von S. SCHWENDENER". Sie waren einige Jahre vor seinem Tode im deutschen Verlagshaus Vita, Berlin-Charlottenburg, erschienen. Nie hat er mir verraten, daß er von Jugend auf bis in sein spätes Alter sich auch als Dichter versucht, und man darf wohl sagen, zuweilen auch bewährt hat.

Das Inhaltsverzeichnis des 164 Seiten umfassenden Bandes gibt bereits Aufschluß über die Art seiner Lyrik. In den „Vermischten Gedichten" spielen landschaftliche Schilderungen, besonders aus seiner Heimat, die Hauptrolle. Sie sind mit Schwung und einer meisterhaften Beherrschung des Versmaßes und des Reimes vorgetragen. Dazwischen humoristische Sächelchen und zum Schlusse eine viele Strophen lange, sprach- und reimgewaltige Philippika gegen die „Priesterherrschaft". Ein lehrhafter Ingrimm spricht aus diesen Versen. Die folgenden Gedichte „Im Harz", wo er in seinen letzten Lebensjahren regelmäßig die Ferien verbrachte, spiegeln wieder seine ganze Verbundenheit mit Wald und Berg wieder. Leise Wehmut und Abschiedsstimmung durchzieht schon diese Strophen. Dann folgen „Begleitverse zu kleinen Geschenken bei Vereinsfestlichkeiten" in großer Zahl, mit Witz und Humor gewürzt. Wenn schon in diesen Sächelchen das schöne Geschlecht eine Rolle zu spielen beginnt, so tritt das noch auffälliger in den „Ghaselen" und den „Trioletten" hervor, worin sich die ganze Reimkunst des Dichters in üppigster Weise entfalten kann. Diese Verse geben in unerwarteter Weise Aufschluß über die Beziehungen SCHWENDENERs zu den Frauen, worüber er sich im mündlichen Gespräch nur höchst zurückhaltend geäußert hat. Aus dem Getändel zierlicher Verse geht hervor, daß der Meister oft verliebt gewesen ist; die Leidenschaft wahrer Liebe hat ihn aber wohl nie erfaßt. Er ist ja auch unvermählt geblieben. — In den „Kleinen Gedichten" endlich, die den Schluß der Sammlung bilden, geht es bunt zu, es werden kleine Hiebe ausgeteilt, von denen einer jenem Fachgenossen gilt, der nach seiner Meinung lieber viel beschrieben, als „gegrübelt" hat.

Schloß Dornburg.

Die ersten Jahre nach dem Kriege verliefen trotz zunehmender Teuerung, einbrechender Inflation und mancher politischen Aufregung im ganzen ruhig. Unsere beiden Kriegskinder gediehen und machten uns viel Freude. Im August 1921 waren wir in Ahlbeck an der Ostsee, wo ich fleißig aquarellierte, und im April des nächsten Jahres wohnte ich zum ersten Male im alten Schloß zu Dornburg a. S., wo ein adeliges Fräulein eine Pension besaß, in der damals verschiedene verabschiedete hohe Offiziere und Beamte, auch verarmte Adelige Zuflucht suchten. Die interessanteste Persönlichkeit war der Geh. Legationsrat SCHMIDT-DARGITZ, der mir als Demokrat wacker sekundierte, wenn mit der sonst stockkonservativen Tischgesellschaft politische Gespräche geführt wurden. Er hatte aus dem Bismarckarchipel einen prachtvollen großen Papagei mitgebracht, ein gefährliches Tier, das manchmal im malerischen Schloßhof umherspazieren durfte und mit einem eifersüchtigen Hahn allerlei Händel suchte, wobei dieser stets den kürzeren zog.

Der Aufenthalt auf Schloß Dornburg, das ich noch mehrmals besuchte, bot landschaftliche Reize in reichem Maße, und oft habe ich die prachtvolle Schilderung gelesen, die der alte GOETHE davon entworfen hat. Andachtsvoll wandelte ich auf den Wegen, auf denen der Dichter einst geschritten ist, durch den alten Eschen-Laubgang hinüber zum Schlößchen, wo er gewohnt hat. In Dornburg habe ich auch die Korrekturen zu der kleinen Festschrift gelesen, die ich meinem Freunde BERNHARD SEUFFERT in Graz zu seinem 70. Geburtstage am 23. Mai 1923 gewidmet habe. Sie führt den Titel „Goethe und die Pflanzenphysiologie" und erweitert, ergänzt und korrigiert wohl auch einen Aufsatz über „Goethes botanische

Studien", den ich vor siebenunddreißig Jahren in der Zeitschrift „Humboldt" veröffentlicht hatte. GOETHE galt und gilt noch heute vor allem als Mitbegründer der Morphologie der Pflanzen, auf die seine Metamorphosenlehre den größten Einfluß ausgeübt hat. In jener Festschrift suchte ich zu zeigen, daß GOETHE seiner ganzen Auffassung des Lebendigen zufolge in erster Linie Physiologe war und daß in seinem „Versuch die Metamorphose der Pflanzen zu erklären" entwicklungsphysiologische Ideen, die ganz modern anmuten, eine wesentliche Rolle spielen. Daneben kommen freilich auch rein naturphilosophische Anschauungen zur Geltung, die sich mit den streng physiologischen ganz eigenartig verweben. Noch einmal, diesmal neun Jahre später, habe ich über diesen Gegenstand mich öffentlich ausgesprochen, als ich im GOETHE-Gedächtnisjahre 1932 in der von der Universität Berlin veranstalteten Vortragsreihe den Vortrag über „GOETHEs Pflanzenlehre" hielt. Diese Beschäftigung mit dem Botaniker GOETHE lag mir um so mehr am Herzen, als ich seit meinen Jugendjahren zu den eifrigsten und beharrlichsten Verehrern und Bewunderern GOETHEscher Dichtung, Weisheit und Forschung gehöre. Seit Jahrzehnten liegt auf meinem Nachttischchen, wie bei frommen Christen ein Gebetbuch oder die Bibel, ein Band von oder über GOETHE, und ich kann nicht einschlafen, bevor ich nicht nach dem Staub des Alltags ein Gedicht oder ein paar Sprüche in Versen oder Prosa daraus gelesen habe.

Der Emeritus.

Am 1.April 1923 hatte ich, achtundsechzigjährig, die Altersgrenze für Hochschullehrer erreicht und wurde emeritiert. Ich kann nicht sagen, daß mich das betrübt hat, ich empfand es im Gegenteil als eine Erleichterung, denn nun konnte ich, von keinen Amtspflichten mehr in Anspruch genommen, ungehemmt meiner wissenschaftlichen Tätigkeit und meinen Liebhabereien nachgehen. Doch ging das nicht so schnell, da sich die Wiederbesetzung meines Lehrstuhles hinauszog und erst zu Ostern 1924 durch die Ernennung Professor HANS KNIEPs aus Würzburg zu meinem Nachfolger vollzogen wurde. Schon vorher hatte sich mein chronisches

Blasenleiden so sehr verschlimmert, die Schmerzen wurden so unerträglich, daß ich mich zur Operation entschloß. Tags vorher hatte ich das Manuskript zur 6. Auflage meiner Physiologischen Pflanzenanatomie an meinen Verleger ENGELMANN abgeschickt. Die Heilung ging zwar langsam, aber anscheinend normal vor sich. Ich fühlte mich noch lange recht schwach, und da wir die Hälfte der Dahlemer Amtswohnung gleich nach Ostern meinem Amtsnachfolger abtreten mußten, so trug die vermehrte Unruhe im Hause gerade nicht zu rascherer Erholung bei. Die mir vom Kultusministerium in Wilmersdorf zur Verfügung gestellte neue Wohnung war nämlich noch nicht beziehbar, und erst im September 1924 konnte die Übersiedelung erfolgen.

Die Sommerferien brachte ich mit meiner Familie in Waidring in Tirol am Fuße der gewaltigen Loferer Steinberge zu. ·Es war zum ersten Male, daß ich längere Zeit in Tirol weilte und fing auch bald eifrig zu aquarellieren an. Doch dauerte die Freude nicht lange. Schon nach einigen Tagen erlitt ich einen schweren Rückfall meiner Krankheit, ich wurde in einem Gepäckwagen des Eilzuges, auf improvisierter Bahre zwischen wackelnden Koffern ausgestreckt, nach Innsbruck ins Krankenhaus der Kreuzschwestern gebracht, wo ich am übernächsten Tage mich abermals einer schweren Operation unterziehen mußte. Dank der sorgsamen Pflege, die ich genoß, genas ich allmählich, wenn auch langsamer als zum ersten Male, und Ende September kehrte auch ich in unsere neue Wilmersdorfer Wohnung ein. Sie befindet sich in einem der neuen Siedlungshäuser, die in der Umgebung des Fehrbelliner Platzes mit Unterstützung der Regierung von einer gemeinnützigen Baugesellschaft für verschiedene höhere Beamte, vor allem aber für neuberufene Hochschullehrer erbaut und deshalb sehr bald von den Studenten und anderen munteren Leuten als „Professorenkral" bezeichnet wurden. Wir lebten uns hier bald ein; die Hindenburganlagen mit dem von mancherlei Wassergeflügel bevölkerten Fenn, eine griechische Kirche, eine indische Moschee mit zwei schlanken Minaretts, ein großer Sportplatz, der gegenüber unserer Wohnung liegende Friedhof, der mir im Winter mit seinen immergrünen Bäumen und wucherndem Efeu die Mediterranflora vortäuscht und endlich das nahe Krematorium als ernstes Memento mori — dies alles bringt Abwechslung und Zerstreuung. — Wenn mir auch im Dahlemer Institut ein Arbeitszimmer reserviert ist, so habe ich es doch vorgezogen, in meiner jetzigen Wohnung einen Mikroskopiertisch aufzustellen und mir aus unserem Hausgarten, dem Friedhof, aus Parkanlagen und von wüsten Bauplätzen das Untersuchungsmaterial heimzuholen. Wenn ich hier in den ersten Jahren bei blauem Himmel mikroskopierte, so war mir das ganz nahe vor meinem Fenster stehende von der Sonne grell beleuchtete, schneeweiße Minarett der Moschee ein willkommener Beleuchtungskörper und strafte den Ausspruch Ben Akibas Lügen: „Alles schon dagewesen". Jetzt freilich ist das Minarett bereits bedenklich angeräuchert und erfüllt seine optische Aufgabe nur noch in unvollkommener Weise.

Am 28. November 1924 feierte ich meinen 70. Geburtstag. Im großen Hörsaal des Dahlemer Pflanzenphysiologischen Institutes, der reich mit Palmen und Blumen geschmückt war, fand mittags eine Feier statt, an der außer fast allen Familienmitgliedern zahlreiche Freunde, Kollegen und Schüler aus nah und fern teilnahmen. Es wurden verschiedene Ansprachen gehalten, von denen mir die meines Freundes CORRENS, der für die Deutsche Botanische Gesellschaft sprach und die schlichten Dankesworte meines achtzigjährigen Kollegen ENGLER besonders zu Herzen gingen. Prof. v. GUTTENBERG überreichte mir im Namen einer großen Zahl von Fachgenossen, Kollegen und Schülern meine von seiner Gemahlin, einer rühmlich bekannten Bildhauerin, meisterhaft modellierte Bronzebüste, mein Sohn LUDWIG in Innsbruck und Freund SEUFFERT widmeten mir Festschriften, und mein Verleger WILHELM ENGELMANN in Leipzig schickte mir das erste Exemplar der 6. Auflage meiner Pflanzenanatomie. Ich dankte zum Schluß mit bewegten Worten und schilderte kurz meinen wissenschaftlichen Lebenslauf.

Die Crataegomespili.

Die folgenden Jahre verliefen im ganzen ruhig und friedlich, wie sich's für einen Emeritus geziemt. Noch einmal wagte ich mich an eine größere, schwierige Untersuchung, die mich im Winter 1925/26 bis tief in den Sommer hinein beschäftigte und erst im Jahre 1930 ihren Abschluß fand. Es handelte sich um ein scheinbar sehr spezielles Problem, um „Das Wesen der Crataegomespili".

Diese Sträucher sind sogenannte „Pfropfbastarde", die zuerst in einem Garten zu Bronvaux bei Metz nach Pfropfung eines Mispelzweiges (Mespilus germanica) auf einer Weißdornunterlage (Crataegus monogyna) an der Verbindungsstelle in Gestalt zweier Ästchen aufgetreten sind, später durch Stecklinge vermehrt wurden und gegenwärtig in fast allen botanischen Gärten zu finden sind. Der eine Zweig glich mehr dem Weißdorn und wurde Crataegomespilus Asnieresii genannt; der andere erinnerte mehr an die Mispel und erhielt den Namen Crataegomespilus Dardari. Über das Zustandekommen dieser beiden Pfropfbastarde standen sich, als ich an die Untersuchung ging, zwei Ansichten gegenüber. NOLL war geneigt, ihre Entstehung auf die Verschmelzung von Crataegus-Zellen und -Kernen mit Mespilus-Zellen zurückzuführen, sie also als „Burdonen" anzusprechen, wie wir jetzt mit HANS WINKLER sagen. ERWIN BAUR dagegen erblickte in den Crataegomespilis „Periklinalchimären", die aus einem Kern von echtem Crataegus-Gewebe bestehen, der von einem Mantel aus echtem Mespilus-Gewebe umhüllt wird. Dieser Mantel besteht nach BAUR bei Crataegomespilus Asnieresii nur aus der Epidermis, bei Cr. Dardari dagegen aus dieser und noch einer subepidermalen Zellschicht. Die morphologischen und besonders die anatomischen Argumente, die für diese beiden Auffassungen geltend gemacht wurden, waren aber nicht hinreichend fundiert, um der einen oder der anderen zum Siege zu verhelfen.

Eine äußerst langwierige, zum Teil auch langweilige Untersuchung des Blattbaues der beiden Pfropfbastarde und ihrer Eltern ergab nun das überraschende Resultat, daß bei ersteren die einzelnen anatomischen Merkmale nicht so verteilt sind, wie es die Periklinalchimärentheorie verlangen würde, daß sie vielmehr teils Mittelbildungen zwischen den Merkmalen der beiden Eltern vorstellen, teils mosaikartige Kombinationen der elterlichen Merkmale. Insbesonders war es auffallend, daß die Blattepidermis von Crataegomespilus Asnieresii, wie schon vorher der englische Botaniker F. E. WEISS gefunden hatte, nicht gewellte Seitenwände aufweist, wie bei der Mispel, sondern gerade wie beim Weißdorn. Sind die Crataegomespili Chimären, so wäre gerade das Umgekehrte zu erwarten. So schien, was der Blattbau betrifft, alles dafür zu sprechen, daß die Crataegomespili Verschmelzungs-Pfropfbastarde, Burdonen sind. Andererseits ließen sich die auf den Bau der Blüten und Früchte beruhenden Argumente zugunsten der Periklinalchimärentheorie nicht übersehen. So mußte ich es mir in meiner ersten Abhandlung „Über den Blattbau der Crataegomespili von Bronvaux und ihre Eltern" versagen, mich für die eine oder andere Auffassung zu entscheiden.

Die definitive Beantwortung der Frage konnte nur durch die anatomische Untersuchung von Sämlingen erfolgen, die mir CORRENS zur Verfügung stellte. Wenn nämlich alle Gewebe von Cretaegomespilus Asnieresii — nur diese Form trägt Früchte — mit Ausnahme der Mispelepidermis Crataegus-Gewebe sind, so müssen seine Nachkommen echte Weißdornpflanzen sein. Denn die Eizellen dieses Pfropfbastards werden subepidermal gebildet. Gleich der Beginn der Untersuchung brachte eine große Überraschung: Die oberseitige Epidermis der ersten Jahrestriebe des Sämlings besitzt gewellte Seitenwände, wie die Mispel, so daß seine Burdonennatur erwiesen schien. Zu meiner noch größeren Überraschung zeigte sich aber, daß auch die unteren Blätter der Weißdornsämlinge eine gewellte Epidermis besitzen und daß sich erst in den oberen jüngeren Blättern der Übergang zur Geradlinigkeit der Seitenwände vollzieht. Dasselbe zeigt sich aber auch, obgleich etwas später, an den Sämlingen von Crataegomespilus. Und auch betreffs der übrigen anatomischen Blattmerkmale verhalten sich die Crataegomespilus- und die Crataegus-Sämlinge im wesentlichen gleich. Sie weisen zunächst entschiedene Anklänge an den Bau des Mespilus-Blattes auf, und erst später kommen bei beiden die reinen Crataegus-Merkmale zum Durchbruch. Damit

15*

war der definitive Nachweis erbracht, daß die Crataegomespili Periklinalchimären sind. Die histologische Ähnlichkeit ihrer Sämlingsblätter (sowie auch die der ältesten Crataegusblätter) mit Mespilusblättern hat nichts mit ihrer vermeintlichen Burdonennatur zu tun, sondern beruht vielmehr darauf, daß hier das sogenannte biogenetische Grundgesetz sich äußert, daß nämlich die Gattung Crataegus von Vorfahren abstammt, die Mespilusähnlich gewesen sind.

Die Lösung des so speziellen Crataegomespilus-Problems hätte mich nicht befriedigt, wenn sich daran nicht sehr weittragende allgemeine Folgerungen in bezug auf die Reichweite des Kerneinflusses einer Zelle und auf die Mannigfaltigkeit der gestaltbildenden Substanzen geknüpft hätten, die von den im Kern und vielleicht auch im Protoplasma lokalisierten Genen und Genkomplexen jeder einzelnen in Entwicklung begriffenen Zelle ausgeschieden werden. Verfolgt man die Konsequenzen weiter, die sich daraus ergeben, so wird man zur Annahme eines geheimnisvollen Bauplanes gedrängt, der der Funktion der Zellkerne, ihrer Chromosomen und Gene übergeordnet ist.

Erfreuliches und Unerfreuliches.

Die Sommerferien 1926 brachte ich mit den Meinigen im Thüringer Wald zu. Schon früher war ich mehrmals in Friedrichroda, diesmal weilten wir in Tabarz, am Fuße des Inselberges. So herrliche alte Edeltannen wie dort hatte ich noch niemals vorher gesehen. Und wenn man sich bückte, konnte man sich der reichsten Moosflora erfreuen.

Am 11. November feierte ich mein goldenes Doktorjubiläum. Bei hellstem Sonnenschein erschienen in unserer Wohnung der Rektor der Universität mit den vier Dekanen, der vorsitzende Sekretar der Preußischen Akademie der Wissenschaften, der Vorstand der Deutschen Botanischen Gesellschaft und eine Anzahl von Freunden, Kollegen und ehemaligen Schülern. Auch ein Kranz von Damen fehlte nicht. Es wurden Ansprachen gehalten, Glückwunschadressen überreicht, und in meiner Dankrede wiederholte ich das SCHILLERsche Distichon, das ich vor 50 Jahren bei meiner Promotion im Senatssaale der Wiener Universität zitiert hatte. Dem Ganzen zustrebend habe ich mich stets nur als sein dienendes Glied gefühlt.

Im nächsten Jahre fesselte mich wieder die Gattung Oenothera, diese schwierige Pflanzengruppe, die es seit HUGO DE VRIES schon so vielen Botanikern angetan hat. Diesmal beschäftigte ich mich mit der Zytologie und Physiologie des weiblichen Gametophyten dieser Gattung, wobei das für mich bemerkenswerteste Resultat nichts mit der eigentlichen Oenothera-Forschung zu tun hatte. Es fußte vielmehr auf der Beobachtung, daß wenn bei anormalem Bau des weiblichen Gametophyten die sogenannten Synergiden des Eiapparates fehlen, die Wand des Pollenschlauches nicht aufgelöst wird und dieser nun mehr oder minder tief in den Embryosack hineinwächst. Daraus dürfte gefolgert werden, daß die Auflösung der Wand der Pollenschlauchspitze, wodurch erst der Austritt des männlichen Zellkerns und die Befruchtung ermöglicht wird, durch ein zelluloselösendes Enzym erfolgt, das die Synergiden ausscheiden. Damit erscheint die lange rätselhafte Funktion dieser Zellen, die bei den Angiospermen so allgemein vorkommen, im wesentlichen geklärt zu sein.

Im August 1927 hielt ich mich mit meiner Frau in Wolfshau bei Krummhübel im Riesengebirge auf und beneidete die unzähligen Wanderer, die an der Pension Helene vorbei, in der wir wohnten, durch den Melzergrund hinauf zur Schneekoppe strebten. Ich durfte mir ihre Besteigung nicht mehr zumuten, doch wurde ich dafür auf andere Weise entschädigt. In der gleichen Pension lernten wir eine liebenswürdige junge Dame kennen, die Tochter eines Landwirtes in Oberschlesien, Fräulein LOTTE SCHMIDT, die ich manchmal beim Geigenspiel auf dem Klaviere begleitete. Als sich ein paar Regentage einstellten, schlug ich ihr vor, sie zu porträtieren. Ein hübsches Fräulein läßt sich das nicht zweimal sagen und die Aquarellskizze fiel zur Zufriedenheit aus. Abends an der gemeinsamen Tafel warf ich zu ihrem Schrecken die „Honorarfrage" auf und leitete sie mit einer GOETHE-Anekdote ein. Vor ungefähr hundert Jahren sei eine junge Schülerin ZELTERs, des Freundes des alten GOETHE, Fräulein LILLI PARTHEY, aus Berlin nach Weimar gefahren und hätte dem Dichter nach einigem Zögern nicht nur einen Gruß ZELTERs überbracht, sondern auch den — Reim darauf. Und denselben Reim beanspruche ich nunmehr als mein wohlverdientes Honorar. Zur großen Heiterkeit aller Gäste verweigerte mein Modell errötend die Zahlung und so blieb nichts anderes übrig, als das hartnäckige Fräulein zu uns nach Berlin einzuladen, wo dann die Angelegenheit gütlich geregelt wurde. LOTTE kam noch mehrere Male zu uns auf längeren Besuch, und so entwickelte sich zwischen ihr und unserer Familie eine dauernde herzliche Freundschaft.

Im Sommer 1928 führte ich meine Untersuchungen „Zur Entwicklungsphysiologie des Periderms" aus und konnte nachweisen, daß in den meisten Fällen die ersten Zellteilungen, die zur Entstehung des Phellogens, des Bildungsgewebes des Korkes führen, in unmittelbarer Nähe abgestorbener Epidermiszellen, Haare oder Rindenparenchymzellen erfolgen. Für die Bedeutung der „Nekrohormone" als Erreger von Zellteilungen war damit ein neuer Beweis erbracht.

Nach Vollendung dieser Arbeit fuhr ich im August nach Obermieming in Tirol, wohin meine Familie schon vorher gereist war. Wir wohnten in einem abseits von der Landstraße einsam gelegenen großen alten Bauernhause, das für Sommerfrischler gut eingerichtet war. Von der rückwärtigen Veranda oder vom Liegestuhle im großen Obstgarten aus gab's eine herrliche Aussicht auf die zerklüfteten Kalkfelsen der Mieminger Kette, die Griesspitze, den Hochflattich, die Hohe Munde, während jenseits des Inns das Urgebirge mit seinem höchsten Gipfel, dem Hocheder emporragt. So gab es reichlich zu malen.

Auch im nächsten Jahre weilte ich wieder in Obermieming und hatte die Freude, daß auf meine Empfehlung hin zwei Berliner Kollegen sich in derselben bäuerlichen Pension einlogierten. Zuerst kam der Psychologe CARL STUMPF mit seinem Sohne, berühmt durch seine grundlegenden Untersuchungen über Ton-

analyse und Tonempfindungen, der, obwohl er die 80 bereits über-
schritten, noch weite Touren machte und in vielseitigem Gespräch,
sich den weißen Vollbart streichend, über wissenschaftliche und
menschliche Dinge mit ruhigen treffenden Worten sich ausließ.
Das waren für mich höchst anregende Tage. Nach STUMPF kam
dann in strömendem Regen über den Fernpaß der Ägyptologe
ADOLF ERMAN mit seiner Gattin und seinem Sohne angereist,
dessen kleiner, gebückter Gestalt man es nicht ansah, daß er in
seinen jüngeren Jahren in diesen Gegenden die schwierigsten Bergtouren unternommen hat. Jetzt saß er vormittags meist auf der
Veranda und schrieb Hieroglyphen für seine ägyptische Grammatik.
Nach dem Abendessen gingen wir noch oft vor dem Hause unter
dem nächtlichen Sternenhimmel auf und ab, gedachten vergange-
ner Zeiten und schüttelten skeptisch die Köpfe, wenn von den
neuen und neuesten Errungenschaften der europäischen Zivilisation und Kultur die Rede war. ERMANs liebenswürdiger Sarkasmus würzte die Unterhaltung, doch auch wehmütige Resignation
kam in unseren Gesprächen zur Geltung.

Noch ein drittes Mal genoß ich in Obermieming die Reize der
Tiroler Landschaft. Auch diesmal leisteten uns liebe Bekannte
aus Berlin Gesellschaft, vor allem aber mein Sohn LUDWIG und
seine Familie aus Innsbruck, der leider mehr über Korrekturbogen
saß, als daß er die völlige Ausspannung in stärkender Bergluft
genossen hätte. Im Anschluß an diesen Tiroler Aufenthalt fuhr
ich mit meiner Frau nach Torbole am Gardasee, wo wir drei
köstliche Wochen im Genusse der einzigschönen Landschaft und
der süßesten Weintrauben verlebten.

Doch bin ich mit diesen Zeilen des Zusammenhanges halber
den Erlebnissen und Ereignissen bereits vorausgeeilt und will nun
wieder in chronologischer Reihenfolge erzählen.

Der 25. Oktober 1928 war für mich ein Dies ater. Im Begriffe
vom Fehrbelliner Platz aus nach Dahlem ins Pflanzenphysiologische Institut zu fahren, wurde ich beim Einsteigen in einen
Wagen der Untergrundbahn von dem zu rasch abfahrenden Zug
so heftig hineingeschleudert, daß ich schwer verletzt, mit einigen

Rippenbrüchen, vom Breitenbachplatz aus nach Hause transportiert werden mußte. Nach qualvollen 24 Stunden wurde ich ins Krankenhaus gebracht, wo mein Befinden, da auch Lunge und Zwerchfell verletzt waren, in den nächsten Tagen ein recht übles war. Aus Tübingen eilte mein Sohn FRITZ, aus Innsbruck im Flugzeug LUDWIG an mein Krankenlager. Nach einer Woche war aber die Krisis überwunden und dank der sorgfältigen ärztlichen Behandlung sowie meiner zähen Konstitution ging die Rekonvaleszenz glatt von statten. Meine gute Frau besuchte mich täglich zweimal im Krankenhause, was mir den Aufenthalt darin sehr erleichterte, und nach mehr als einem Monate durfte ich am Vorabende meines 74. Geburtstages wieder heimkehren.

Wieder in Italien.

Als Entschädigung für die erlittene Unbill unternahm ich im nächsten Frühjahr 1929 eine Italienreise. Schon längst war es mein Wunsch, noch einmal an der zoologischen Station in Neapel zu arbeiten, wo ich vor 25 Jahren so schöne, von Arbeitsglück begünstigte Tage verlebt habe. So reise ich Anfang April, von unserer Akademie unterstützt, von meiner Frau begleitet, nach Neapel ab, wo mir der Direktor der Station, Prof. REINHARD DOHRN, der Sohn ANTON DOHRNs, auf das freundlichste entgegenkam. Ich führte eine Untersuchung „Über Regenerationsvorgänge bei Bryopsis und Codium" aus, diese merkwürdigen großen einzelligen Meeresalgen, mit denen sich schon so mancher Pflanzenphysiologe und Algenforscher intensiv beschäftigt hat. Die Ergebnisse der Untersuchung warfen interessante Streiflichter auf die enorme Regenerationsfähigkeit dieser niederen Pflanzen, auf das Bestreben ihrer kleinsten Fragmente, das Ganze wieder herzustellen. Am bemerkenswertesten war mir die Beobachtung, daß der Zusatz von geringen Mengen eines durch Zerreiben gewonnenen Breies aus den gleichen Algen zum Meerwasser die Regenerationsvorgänge wesentlich begünstigte und das Amlebenbleiben der Regenerate verlängerte. Da machte sich wieder der Einfluß der Wundhormone geltend.

Mit großer Freude kam mir zum Bewußtsein, daß meine Aufnahmsfähigkeit für all die Genüsse, die Italiens Landschaft und Kunst darbieten, seit meinem erstmaligen Aufenthalte nicht abgenommen, sondern eher zugenommen hatte. Ich fing nämlich zu — dichten an und kann es mir nicht versagen, einige meiner „Elegien" die ich meiner Frau gewidmet habe, an dieser Stelle einzuschalten. Die Rückreise ging über Rom, Florenz, Venedig und den Gardasee und überall ritt ich den Pegasus.

Neapel.

I.

Im Aquarium wandelst du staunend von Scheibe zu Scheibe,
  Dunkel und· kühl ist der Raum, leise nur hallet dein Tritt.
Hinter den Scheiben allein ist es hell, und sonnige Strahlen
  Leuchten brütend hinein in das gesalzene Naß.
Was bewegt sich da alles, kribbelnd und krabbelnd und schwimmend,
  Wunderliches Getier, ungestalt, zierlich und zart:
Gräuliche Fische spreizen die stachelbewaffneten Flossen,
  Blöd ist ihr tückischer Blick, blitzesschnell wenden sie sich,
Und in Scharen gleiten dahin gleich silbernen Blättchen
  Niedliche Fischlein, verfolgt von dem bedrohlichen Feind.
Krabben kriechen hölzern dahin und öffnen die Scheren,
  Und der böse Polyp schlängelt nach Beute den Arm,
Auch den zweiten und dritten, die andern auch, und erschrocken
  Weichst du zurück vor dem Aug', das dich feindselig erspäht.
Wendest den Seeanemonen dich zu, den beweglichen Blüten,
  Die das Meer sich erzeugt, rosig und bläulich und bunt;
Freust dich der schöngezeichneten Schneckengehäuse, der Muscheln,
  Die auf dem sandigen Grund sitzen und dösen dahin.
Zwischen roten Korallen erheben Seepferdchen sich eilig,
  Ringeln das Schwänzchen vergnügt, streben zum Lichte empor.
Seestern und Seeigel liegen behaglich und friedlich beisammen,
  Daß sie nahe verwandt, lehrt dich ihr stachlichtes Kleid. —
Und zum Schlusse frägst du verwirrt: wozu denn dies alles,
  Dieses Formengewirr, diese buntfarbige Pracht?

Welcher Sinn liegt in all diesem ewigen Hasten und Treiben?
    Niemand weiß es, und nie wird dieses Rätsel gelöst.

II.

Mussolini, was hast du bewirkt, es ist nicht zu glauben:
    Peitschenknallend umkreist kein Vetturin mehr den Gast,
Keine Bettler umschwärmen almosenheischend den Wandrer,
    Und im behaglichen Bett sticht ihn kein einziger Floh.

Capri.

Sei mir gegrüßt, paradiesische Insel, du liebliches Eiland,
    Vom azurenen Meer brandend und kosend umrauscht.
Blumen und Früchte haben die Götter in köstlicher Fülle
    Über die Felsen gestreut, starres Gestein dir geschmückt.
Trotzig ragen aus schäumender Flut die Faraglioni
    Wachehaltend empor, einsam bei Tag und bei Nacht.
Palmen streben zum Himmel hinauf wie in indischer Heimat,
    Lorbeer- und Myrtengebüsch schmiegt an die Klippen sich an.
Goldne Orangen leuchten zu beiden Seiten des Weges,
    Wenn du vom steinigen Strand dich in das Städtchen bemühst,
Und nur zuweilen ein trippelnder Esel dem Wandrer begegnet,
    Niemals ein Auto dir droht, niemals die Hupe dich kränkt.
Göttliche Ruhe umfängt dich, die würzigen Düfte des Salbei
    Atmest du wohlig ein, schreitest gelassen hinan.
Plötzlich stehst du bestürzt: ein mächtiger felsiger Bogen
    Türmt vor dir sich auf; staunend nun blickst du hindurch
Auf das Meer und die fernen Gestade, die leuchtenden Städtchen.
    Sitzest behaglich sodann auf einer steinernen Bank,
Und die Alte reicht dir das rosige Fleisch der Opuntie,
    Saftig ist es und süß, herbe der dunkelnde Wein.
Und dann erblickst du die Ungetüme am Rande der Gärten,
    Wo ein stachlichtes Glied sich an das andere reiht,
Ein verworrenes Zickzack vom Himmel sich abhebt und dräuend
    Dich an die Vorwelt gemahnt. Unsicher guckst du dich um,
Ob nicht aus dem Opuntiengedränge ein Ichthyosaurus
    Sachte heranschleicht und sich in deine Wade verbeißt.

Doch bald lachst du über den Spuk und eilest in Sprüngen
    Zu dem leckeren Mahl, das dir PAGANO serviert. —
Auch die blaue Grotte versäumst du nicht, und die Barke
    Schießt durch das finstere Loch rasch in das Märchen hinein;
Hinter dir rast die Woge und gießt ihren Schwall so behende
    Dir auf Nacken und Brust, triefend dann schlüpfst du heraus. —
Ach, ein Märchen ist ganz Capri, die selige Insel,
    Die dich so glücklich geseh'n, dich noch im Traume entzückt.

Paestum.

Welch ein Anblick! Erhaben und breit, so stehen die Tempel
    Vor dem staunenden Aug', unverwandt starrst du dahin.
Goldbraun heben die Säulen sich ab vom blauenden Himmel,
    Zwischen den Stolzen hindurch glitzert ganz ferne die See.
Und du schreitest voll Andacht weiter und windest dich mühsam
    Durch das dichte Gestrüpp sachte und sachte heran.
Über den Flor der Asphodelus-Wiese wagst du dich näher,
    Kletterst die Stufen hinauf, trittst in den Tempel hinein.
Schreckhaft fährst du zurück, denn flinke Lazerten in Menge
    Schlängeln sich eilends dahin, selbst an den Säulen hinauf.
Sonst ist alles tot, und in der Stille des Mittags
    Lauschest du ganz umsonst. Tot ist der göttliche Pan,
Tot sind alle die Götter, die Nymphen, die munteren Faune,
    Und ein Seufzer entflieht deiner tiefatmenden Brust.

* * *

Zwei Jahre später, 1931, weilte ich im August wieder einmal an der Ostsee, und zwar in dem von SCHINKEL nach Art eines griechischen Tempels erbauten Friedrich Wilhelm-Bad zu Lauterbach auf Rügen. Die mächtige Säulenreihe nimmt sich hier mit dem alten Buchen- und Eichenwald im Hintergrunde sonderbar genug aus. Das vom Meere angefressene Steilufer bot zahlreiche malerische Motive. Weit großartiger aber war die nahe gelegene Insel Vilm mit ihrem als Naturschutzgebiet behüteten Urwald, dessen nicht ganz mit Unrecht als „tausendjährig" bezeichnete

Buchen und Eichen einen ehrfurchtgebietenden Eindruck auf mich machten. Seitdem ich im westjavanischen Urwald bei Tjibodas die mächtigen Rasamahlabäume angestaunt, habe ich solche Baumriesen wie auf der Insel Vilm nicht wieder gesehen.

Botanische Träume.

In seiner „Analyse der Empfindungen" fordert ERNST MACH die Naturwissenschaftler auf, doch auch zuweilen von ihren Träumen zu erzählen. Er selbst berichtet von einem Traum, in dem er einen komplizierten physikalischen Apparat erfand, der sehr sinnreich konstruiert war, aber den einen Fehler hatte, daß in einem Glasrohre ohne Kraftaufwand das Wasser aufwärtsfloß. Dem Träumer fiel das gar nicht auf. Auch ich habe, wenn auch selten, Träume gehabt, in denen die Naturgesetze schlecht wegkamen. Häufiger gaukelte mir meine Phantasie pflanzliche Gebilde vor, die wert waren, daß ich sie mir gut merkte.

Von drei solchen Träumen will ich hier erzählen.

Das einemal träumte mir von einer Pflanze, die auf der Oberseite ihrer Laubblätter zahlreiche, lebhaft grüne Brutknospen trug. Sie bestanden aus einem Stiel, der eine einzige Zellreihe war, und einem keuligen, zweizelligen Köpfchen, das reichlich Chlorophyll enthielt. Ich kombinierte sonach im Traume die Brutknospen von Marchantia mit den Teleutosporen eines Rostpilzes.

Phantastischer war schon ein anderer Traum. Unter einem Baume lagen auf dem Erdreich unzählige Pollenkörner. Auch an der Rinde des Stammes haftete massenhaft Pollen. Die einzelnen Körner hatten Schläuche getrieben, die aufwärts wuchsen und sich an ihren Enden verzweigten und lappig verbreiterten. Am Stamme bildeten sie einen pelzartigen Überzug. Diese Pflänzchen waren nicht grün, sondern von weißgelblicher Farbe. Im Traum sagte ich mir: „Das ist ja ein ganzer Rasen von Gametophyten."

Bemerkenswert ist, daß mir im Traume gar nicht zum Bewußtsein kam, daß Brutknospen und Pollenschläuche winzig klein, die letzteren nur mikroskopisch wahrnehmbar sind, während ich sie mit freiem Auge als verhältnismäßig große Gebilde sah. Das hängt natürlich damit zusammen, daß der Mikroskopiker während der Untersuchung gar nicht mehr an die Kleinheit der beobachteten Objekte denkt.

Und nun der dritte Traum. Ich sah zuerst eine Blüte mit röhrenförmiger gelblicher Krone, aus der ein langer Griffel mit kugeliger Narbe hervorragte, von der nach allen Seiten dichtgedrängt lange weiße Haare ausstrahlten. Das war zunächst nichts Besonderes. Gleich darauf verschwand dieses Traumbild, und ich sah mit Entzücken eine zweite ähnliche Blüte, aus der ein langer federschaftartiger Griffel oder eigentlich eine Narbe hervorragte, die von oben bis unten in zwei Längszeilen, wie bei einer Vogelfeder mit langen, zarten, seidenglänzenden Haaren besetzt war, die eine wunderschöne azurblaue Farbe besaßen. Diese Narbe erschien mir im Traume so groß wie die Schwungfeder eines Raben. Ich wachte gleich danach auf und war noch eine Weile ganz beglückt von dem Anblick des märchenhaften Traumgebildes. Hier war es die Kombination von einem pflanzlichen mit einem tierischen Organe, die ein chimärenhaftes Produkt erzeugte.

Vom Pflanzensammeln, -einlegen und -trocknen sowie von Herbarien habe ich nie geträumt. Ich habe das ja auch im wachen Zustande nur selten getan.

Schluß.

Nach meiner Emeritierung habe ich meine akademische Lehrtätigkeit nicht wieder aufgenommen. Ich hätte zwar noch gerne einige Spezialkollegien abgehalten, allein ich mußte auf mein hohes Alter Rücksicht nehmen und konnte die Fahrt von Wilmersdorf nach Dahlem, unbekümmert um Wind und Wetter, nicht mehr riskieren. Dafür bin ich noch einige Male mit öffentlichen Vorträgen und Festreden hervorgetreten. Zuerst habe ich am 9. Februar 1929 in der Festsitzung der Deutschen Botanischen Gesellschaft die Gedenkrede auf SIMON SCHWENDENER aus Anlaß seines 100. Geburtstages gehalten. Noch einmal faßte ich alles zusammen, was ich über meinen großen Lehrer zu sagen wußte und auf dem Herzen hatte. — Dann sprach ich im Dezember 1930 in der Reihe der von der Akademie der Wissenschaften veranstalteten öffentlichen Vorträge „Über Ähnlichkeiten und Unterschiede zwischen Tier und Pflanze im Lichte physiologischer Forschung". Ich hatte mir damit, wie ich bald bemerkte, etwas zuviel zugemutet, denn das Thema lief im Grunde auf eine vergleichende Physiologie des Tier- und Pflanzenreiches in nuce hinaus. — Von der Rundfunkgesellschaft aufgefordert sprach ich am 23. Juni 1931, dem 50. Todestage MATTHIAS JAKOB SCHLEIDENs vor dem Mikrophon über diesen streibaren Reformator der wissenschaftlichen Botanik und konnte mit dem Satze schließen, daß alles, was ich vor 50 Jahren als junger Dozent der Botanik zu Beginn meiner Vorlesung in einem kurzen Nachrufe über den dahingeschiedenen großen Mann gesagt habe, im wesentlichen noch heute gilt. — Am 18. Mai 1932 las ich beim Festmahle der Deutschen Botanischen Gesellschaft anläßlich ihres 50jährigen Bestehens aus diesen „Erinnerungen" den Ausschnitt über die Eisenacher Gründungstage im Jahre 1882 vor und erzielte damit einen großen Heiterkeitserfolg. — Und endlich hielt ich am 16. Juni 1932 in der Reihe der von der Universität veranstalteten Vorträge zum Gedächtnisse GOETHEs den Vortrag über „GOETHEs Pflanzenlehre", womit ich mein öffentliches Auftreten in für mich feierlicher Weise beendet habe.

*　*　*

Wenn ich nunmehr auf mein Lebenswerk zurückblicke, so darf ich mir dankbaren Herzens sagen, daß es im ganzen abgeschlossen und gerundet ist. Stückwerk bleibt freilich jedes Menschenwerk und mancher schöner Plan blieb unausgeführt. So mußte ich auf die Ergänzung meiner Physiologischen Pflanzenanatomie durch eine zusammenhängende Darstellung der Anatomie der Fortpflanzungsorgane sowie durch eine Entwicklungsphysiologie der pflanzlichen Gewebe verzichten. Nicht minder bedauere ich, daß ich nicht dazu kam, einen „Grundriß der Botanik für bildende Künstler und Kunstgewerbler" zu schreiben. Wie oft habe ich mich geärgert, wenn ich in einem Hotelzimmer Tapeten sah, auf denen Pflanzenmotive in einer Weise stilisiert waren, die den morphologischen Gesetzen der Pflanzengestaltung auf das Ärgerlichste widersprach, oder wenn ich Landschaftsbilder betrachtete, auf denen die Bäume sich in naturwidrigster Weise verästelten und verzweigten. Wenn der Akt- oder Bildnismaler sich analoge Abweichungen von der Natur erlauben würde, so sähe er sich dem allgemeinen Gespötte preisgegeben. Um das zu verhüten, gibt es ja eine ganze Anzahl von anatomischen Lehrbüchern für den bildenden Künstler. Ein Werkchen, wie das von mir geplante, wäre ebenso nützlich.

Daß ich außer diesen größeren Plänen auch noch manche Einzelbeobachtung, die der Mitteilung wert wäre, manchen wissenschaftlichen Gedanken, den zu prüfen sich lohnen würde, auf meinen Notizblättern schlummern lassen muß, ist selbstverständlich. So ist es ja allen Forschern ergangen, die ihr Lebenswerk abgeschlossen haben. —

Die Reihe der Bekenntnisse, die dieses Buch enthält, wäre unvollständig, wenn ich am Schlusse nicht sagen würde, welche Erkenntnis und Überzeugung ich aus der Gesamtheit meiner wissenschaftlichen Arbeit und grübelnden Nachdenkens gewonnen habe. Es ist, kurz gesagt, der biologische Monismus, zu dem ich mich weltanschaulich bekenne. Alles Lebendige, von der kleinsten Amöbe, der einzelligen Alge an bis hinauf zum genialen Menschen, bildet eine Einheit, die alles Werden und Geschehen im Bereiche der lebenden Wesen umfaßt, im körperlichen Dasein sowohl wie im geistigen. Darum sind auch Leib und Seele eine untrennbare Einheit. Die höchsten geistigen Leistungen der Menschheit wurden nur möglich, weil schon in den niedrigsten Organismen die Keime zu psychischen Vorgängen vorhanden waren. Entwicklung ist alles.

Dieser biologische Monismus ist nicht identisch mit dem Monismus HAECKEL- und OSTWALDscher Prägung. Die Lebewesen sind freilich derselben Naturgesetzlichkeit unterworfen wie die anorganische Welt. Allein es erscheint mir zu kühn, die Kluft zwischen beiden Welten in ihrer rätselhaften Tiefe zu ignorieren oder gar zu leugnen. Sie ist nun einmal da, und der Biologe muß sich mit ihr resigniert, doch in dem Glauben abfinden, daß sie für den menschlichen Geist zwar unüberbrückbar, aber kein metaphysisches Rätsel ist.

*   *   *

Nun nähert sich mein Leben seinem Ende, und wenn ich auch alles Neue, was der Tag gebiert, mit offenem Auge vorurteilslos prüfe und mich über vieles freue, so muß ich doch bekennen, daß ebensoviel mich abstößt und anwidert. In der Wissenschaft erhebt die Metaphysik von neuem ihr Haupt und führt verworrene Reden, die Naturphilosophie treibt neue wunderliche und nur zu rasch verwelkende Blüten, und die klare Vernunft muß der mystischen Intuition weichen. Das Maschinenzeitalter, das laufende Band, der Kollektivismus drohen alle Persönlichkeitswerte zu ersticken, die neue Musik schwelgt in Disharmonien und Kakophonien, die bildende Kunst wird nüchtern oder geschmacklos und der moderne Sport mit seiner Rekordsucht artet nur zu oft in rohes Gebaren aus. So ziehe ich mich am liebsten auf mich selbst zurück, auf die Freuden, die das Familienleben und ein kleiner Freundeskreis gewähren, und wenn ich bei fleißigem Schachspiel eine gute Zigarre rauche, so bin ich zufrieden und wünsche mir nichts Besseres.

*   *   *

Am 22. Juli 1932 starb plötzlich mein ältester Sohn LUDWIG, erst 47 jährig, in Innsbruck. Seit seinen Kindesjahren hat er durch sein herzliches, offenes Wesen, durch seine hervorragenden geistigen Gaben, die von rastlosem Fleiß und strenger Selbstzucht unterstützt wurden, und durch sein allem Hohen und Edlen zugewandtes Streben sich Liebe und Sympathien in reichem Maße zu erwerben vermocht.

Am humanistischen Gymnasium in Graz war er stets einer der besten Schüler. Obwohl er nach glänzender Absolvierung der medizinischen Studien an der Grazer Universität seine Eignung zum praktischen Arztberuf in überzeugender Weise an den Tag

gelegt, trieb ihn doch eine innere Stimme zu rein theoretischer
Forschung, zur Physiologie, in der OSKAR ZOTH in Graz und
SIGMUND EXNER in Wien seine Lehrer waren. Nach kurzer Assistentenzeit in Graz und Berlin übersiedelte er als Assistent W. TREN-

LUDWIG HABERLANDT, 1925.

DELENBURGs nach Innsbruck, wo er sich auch habilitierte und
später zum beamteten a. o. Professor ernannt wurde.

Nach einigen kleineren Arbeiten wandte sich LUDWIG mit dem
unermüdlichen Eifer, der ihn bis an sein frühes Ende beseelte, der
Physiologie des Herzens zu, bewies durch entscheidende Versuche
die Richtigkeit der Annahme TH. ENGELMANNs, daß die Erregungs-

leitung im Herzen eine rein muskuläre ist, ohne Vermittlung durch Nervenfasern, und entdeckte 1924 unabhängig von DEMOOR in Brüssel, der sich mit dem gleichen Problem beschäftigte, das Hormon der Herzbewegung. Außer dem Frosch, dem Hauptobjekt seiner Untersuchungen, wurde später auch die Weinbergschnecke, an der zoologischen Station in Neapel Aplysia, und später noch Limulus, der Pfeilschwanzkrebs, zu den Versuchen benützt, und auch bei diesen erwies sich das aus Säugetierherzen gewonnene Herzhormonpräparat selbst bei phantastisch hochgradigen Verdünnungen noch als vollkommen wirksam. Aber auch andere Hormonfragen beschäftigten ihn lebhaft. Die hormonale Sterilisierung des weiblichen Organismus gab, wie schon das Herzhormon, zu seinem Ärger auch der sensationslüsternen Tagespresse willkommenen Anlaß zu aufgebauschten Berichten und Perspektiven, und nicht anders erging es seinen letzten Untersuchungen über ein anregendes Hormon der Hirnsubstanz, die noch nicht abgeschlossen waren. Bei all diesen mühsamen Arbeiten bewährte sich der Scharfsinn, die Selbstkritik und die große Experimentierkunst des zu früh vollendeten Forschers.

Mich tröstet, wenn auch nur schwach, der Gedanke, daß mein Sohn alles in allem ein glücklicher Mensch gewesen ist. Er hat alle Freuden der erfolgreichen Entdeckers voll ausgekostet — wenn ihm auch auf seiner wissenschaftlichen Laufbahn Hemmungen mancherlei Art und Anfeindungen nicht erspart geblieben sind —, er hat auf seiner geliebten MAGGINI-Geige, von seiner hochmusikalischen Gattin auf dem Klavier begleitet, begeistert der Tonkunst gehuldigt und auf Ausflügen und oft recht schwierigen Bergtouren in die Alpenwelt Tirols, an der er mit ganzem Herzen hing, Zerstreuung und Erholung gefunden. Doch war es ihm nicht gegeben, mit seinen körperlichen und geistigen Kräften hauszuhalten, und so hat schließlich sein Herz versagt und ist nachts, während er ahnungslos schlief, müde stillegestanden. Es war ein naturgesetzliches Ende.

*   *   *

Als dieses Buch geschrieben und teilweise auch schon gedruckt war, starb CARL ERICH CORRENS am 14. Februar 1933 nach langem schwerem Leiden. Mit ihm ist ein großer Forscher dahingegangen, der tief in die Geheimnisse des Werdens der Organismen eingedrungen ist. Ein schwerer Verlust für die Wissenschaft, doppelt schmerzlich für mich, den um zehn Jahre älteren, der ich einen treuen Freund verloren habe, mit dem ich 45 Jahre lang eng verbunden war.

*　　*　　*

Doch nicht der Tod soll in diesem Buche das letzte Wort behalten. Den Schluß mögen die folgenden Verse aus GOETHEs West-östlichen Divan bilden:

> „Die Jahre nahmen dir, du sagst, so vieles:
> Die eigentliche Lust des Sinnespieles,
> Erinnerung des allerliebsten Tandes
> Von gestern, weit und breiten Landes
> Durchschweifen frommt nicht mehr; selbst nicht von oben
> Der Ehren anerkannte Zier, das Loben,
> Erfreulich sonst. Aus eignem Tun Behagen
> Quillt nicht mehr auf, dir fehlt ein dreistes Wagen!
> Nun wüßt ich nicht, was dir Besondres bliebe?“

> Mir bleibt genug! Es bleibt Idee und Liebe!

———